レガシーコードからの脱却

ソフトウェアの寿命を延ばし価値を高める9つのプラクティス

David Scott Bernstein　著

吉羽 龍太郎、永瀬 美穂、原田 騎郎、有野 雅士　訳

本書で使用するシステム名、製品名は、それぞれ各社の商標、または登録商標です。
なお、本文中では ™、®、© マークは省略しています。

Beyond Legacy Code

Nine Practices to Extend the Life
(and Value) of Your Software

David Scott Bernstein

The Pragmatic Bookshelf

Dallas, Texas • Raleigh, North Carolina

© 2015 by David Scott Bernstein. Title of English-language original: Beyond Legacy Code, ISBN978-1-68050-079-0.

© 2019 O'Reilly Japan, Inc. Authorized Japanese translation of the English edition of ©2015 The Pragmatic Programmers, LLC. This translation is published and sold by permission of The Pragmatic Programmers LLC., the owner of all rights to publish and sell the same.

本書は、株式会社オライリー・ジャパンが The Pragmatic Programmers, LLC. との許諾に基づき翻訳したものです。日本語版についての権利は、株式会社オライリー・ジャパンが保有します。

日本語版の内容について、株式会社オライリー・ジャパンは最大限の努力をもって正確を期していますが、本書の内容に基づく運用結果について責任を負いかねますので、ご了承ください。

本書への推薦の言葉

本書は、現代のソフトウェア開発プロセスにおける新たな視点を与えてくれるものだ。本書を読めば、エンジニアは、日々起こる問題に対する解決策を見つけられるはずだ。エンジニア以外の人は、ソフトウェアを作ることの難しさと困難さを正しく理解できるようになるだろう。

スタース・スヴィンヤツコフスキー
Yahoo シニアプリンシパルソフトウェアアーキテクト

本書は、自分がどこにいるのかを知る手助けになるし、私たちの助けになるようなことを教えてくれるし、考えるべきことを教えてくれる。本書は、ソフトウェアのことを考えている人への贈り物だ。ぜひ活用してほしい。

ロン・ジェフリーズ
RonJeffries.com

あなたがソフトウェアデリバリープロセスの改善に行き詰まっていて無力感があるなら、本書が役に立つはずだ。彼の長年の経験をいくつかの重要なポイントとしてまとめたのが本書だからだ。頻繁に繰り返しソフトウェアのデリバリーを行おうとしている人、アジャイルなプロセスを適用しようとして失敗してしまった経験がある人向けの素晴らしい本だ。

ゴイコ・アジッチ
Neuri Consulting LLP パートナー

本書の良い点は、たとえニーズが変わったとしても顧客を喜ばせ続けるために何ができるか、という点に関する素晴らしい議論が展開されていることだ。

デビッド・ウェイザー

Moz ソフトウェアエンジニア

本書は、どんな会社であろうが、どんなコードであろうが、開発者であろうがマネージャーであろうが、みんなが読むべき本だ。

トロイ・マゲニス

『Forecasting and Simulating Software Development Projects』の著者

Focused Objective CEO

デビットの説明はとても明快だ。開発チームのマネージャーや顧客のソフトウェアを開発する会社のリーダーはこの本を手に取って、経済的で、保守や拡張がしやすいソフトウェアを作るためのプラクティスを理解してほしい。

ジム・ファイオレック

Black Knight Financial Services ソフトウェアアーキテクト

本書には、私に安心感を与えてくれた点がいくつもあった。人生やソフトウェアが本書で紹介する原則に従うことで、ものごとはもっと簡単でストレスなく進められるようになるはずだ。

ニック・キャピト

Unboxed Technology ソフトウェアエンジニアリングディレクター

私たちは、実際のプロダクトの一部となるコードを書くために日々戦っている。その戦いがどうして私たちを惑わせるのかを理解してほしい。顧客が今そしてこの先必要としている本当のプロダクトを作る際に、あなたとあなたのチームがより生産的になる方法を本書で見つけてほしい。

マイケル・ハンター

ギーク、ハッカー、プリンシパルエンジニア、アーキテクト

序文

レガシー

レガシーとは、影響力を持ち続ける古（いにしえ）の一部だ。レガシーが残っている生活は良いものだ。だが、それはソフトウェアには当てはまらない。毎日実行され、過去の意思決定をもとに逃れようのない影響を及ぼし続けるが、なんの活力もないようなコードがある。それを丁寧な言葉で「レガシー」と呼ぶ。

私たちはソフトウェアとハードウェアを区別している。私たちがハードウェアと呼ぶのは、それが固定のもので、ドライバーで解体しない限り変えようがないからだ。私たちがソフトウェアと呼ぶのは、それがアイデアのかたまりで、コードで記述されていて、ハードウェアにロードされて、何か役立つことをするからだ。

皮肉なことに、私たちの業界では、完成して開発者がいなくなると、コードはハードウェアよりも「ハード」なものになる。

開発者がプログラムのロジックにニーズや意思決定を埋め込むことで、ソフトウェアは誕生する。それは、なぜそれが欲しいのかが明らかになるまでは、まるで無から有を生み出すようなものだ。

アジリティ

私たちが組織をアジャイルだと言うのは、組織が脅威や好機に対してその場に応じた方法で対処しているときだ。アジャイルな組織は歴史から見出されたものだ。すぐに変えられないようなソフトウェアによって束縛を受けることはない。

私も含めた17人の思想家が「アジャイル」という用語を選んだ。ソフトウェアが変化し続けるニーズにすぐに適応できるようになっていることが重要である、という

ことを説明するためだ。このフォースは新規ソフトウェアの開発で強く感じるものだが、あとで消滅するようなものではない。とても重要なので、ソフトウェアのライフサイクルを通じて健全に維持しなければいけない。

思想家たちが取り上げた問題は、ソフトウェア開発者が将来の予測を求められ、予測がどれくらい当たったかによって有能か無能かを判断されるという「占い」のようなマネージメントプラクティスについてだ。

考え得るすべての選択肢を判断して下流での「ごくわずかな問題」を避けようとする「Big Design Up Front（BDUF）」のような開発プラクティスの問題も扱った。

そして、開発者とマネージャーの双方へのアドバイスとして「アジャイルソフトウェア開発宣言」を投げかけた。これは今日、10 年以上前に作ったとき以上の注目を集めている。

だが、この宣言に弱点がないわけではない。2 つの点で不足がある。1 つは、その簡潔さゆえに、読者が宣言のことをソフトウェアの書き方に関する具体的なアドバイスではなく、一般的な知恵として捉えてしまう点だ。

そしてもう 1 つは、タイトルに「開発」と入っているため、読者が新規開発だけに適用し、本番稼働すると適用しなくなってしまうことだ。

仕事

対価として金銭を受け取る開発者は、長持ちする価値を他人に対して提供するという自分たちの義務を認識しなければいけない。

言われたとおりのことをやっているだけでは不十分だ。プログラミングの複雑さは不注意によってどんどん増していき、プログラマーには負担がかかり、複雑さを減らすこともほとんど不可能となる。一般的なアジャイル開発手法、そして特に本書では、組織がこの現実を踏まえてどう働くかを説明している。

本書では、過去 20 年にわたって繰り返し有効性が証明され、一方で驚くべきことにいまだ適用が難しいプラクティスについて説明している。

「名ばかりアジャイル」というフレーズは、数多くの本に書かれているような動きをしてはみるものの、ほとんど利益を得られないといった組織に向けたものだ。本書ではその背後にある動きとその道理を紐解いてゆく。「名ばかり」の失望を診断できるのは、アジャイルの論理をしっかりとわかっている場合だけだ。

一方で、コンピューティングコストの著しい低下は、よくできたソフトウェアの真

価を高める。ビジネスが変化に対応すれば、それだけ富が生まれる。参入障壁が低く
なり、すべてのビジネスは生き残るためにソフトウェアを上手に作らなければいけな
くなっている。

おかしなことに、安価なコンピューターの急増によってプログラミングは難しいも
のとなった。ほとんどのアジャイル開発者、いわゆる「多言語プログラマー」はア
ジャイル組織以外では自分たちのスキルが評価されないことをわかっている。

デビット・バーンスタインは本書でなぜ、そしてどうやってアジャイル開発手法が
機能するのかを説明している。彼は自身の深い経験をもとに、プラクティスの価値を
説明している。

本書は、プラクティスを成功裏に導入してそこから最大限の成果を引き出すために
何をすべきかを明らかにしてくれる。

オレゴン州ポートランドにて

ウォード・カニンガム

訳者まえがき

　本書は、David Scott Bernstein 著『Beyond Legacy Code: Nine Practices to Extend the Life (and Value) of Your Software』（ISBN：978-1680500790）の全訳である。翻訳は株式会社アトラクタのアジャイルコーチ 4 人で行った。原著の誤記・誤植などについては著者に確認して一部修正している。

　昨今では、最初に要求をすべて洗い出してそのとおりに作るウォーターフォール型のソフトウェア開発プロセス以外に、短い期間に区切って繰り返しフィードバックを得ながら進めるアジャイル型の開発プロセスが増えてきた。これはビジネス環境の変化であり、複雑で変化が激しい状況を乗りこなす上では、必然的な流れと言える。

　フィードバックを得ながら進めるということは、つまり新しい機能を追加したり、機能を拡充したり、不要な機能を捨てる（これができない組織が多い……）といった活動をずっと続けることを意味する。一方で、時間の経過とともに、以前は短い時間で完成した作業に長い時間がかかるようになってしまうと、予測精度は下がり、ビジネス側も計画も立てにくくなってしまう。もしくは、同様のソフトウェアやサービスを提供している競合に追い抜かれてしまうかもしれない。これはまずい状況だ。ビジネスの観点で見ると、ソフトウェアの開発や機能追加はいつでも同じペースで進められるようにしたいと考えるはずだ。

　そこで対処が必要になるのが、レガシーコードの問題である。著者は、レガシーコードを「修正や拡張、作業が難しいコード」と定義している。本書では、まずレガシーコードがどのような影響を及ぼすのか明らかにした上で、そもそも「レガシーコードを作らない」ためにどうすればよいかに多くの紙面を割いている。品質は作り込むのが基本であり、あとから品質を上げようとすると、最初から品質を作り込むのに比べると何倍ものコストがかかるからである。

実際にどうすればよいかは、9つのプラクティスにまとめられている。プラクティスはエクストリームプログラミングに由来しているものが多い。たとえば、テスト駆動開発や継続的インテグレーションといったプラクティスはすでに実施しているチームも多いだろう。だが、重要なのはプラクティスの背後にある原則を理解し、体現することである。原則を理解せずプラクティスを真似るだけだと、かえって問題を作り出してしまうこともある。

本書では、プラクティスがなぜ必要なのか、その背後にどんな原則があるのかを繰り返し説明している。ぜひチームや関係者でその原則を共有した上で、日々の開発に取り組んでいってほしい。

謝辞

刊行に際しては、多くの人に多大なるご協力をいただいた。

秋元 利春さん、岩瀬 義昌さん、太田 陽祐さん、岡野 誠さん、小久保 翔平さん、小芝 敏明さん、佐藤 竜也さん、蛸島 昭之さん、西川 茂伸さん、松木 雅幸さん、綿引 琢磨さんには翻訳レビューにご協力いただいた。皆さんのおかげで読みやすいものになったと思う。

オライリー・ジャパンの高 恵子さんには企画段階から発売まで数多くのアドバイスや励ましをいただいた。

2019 年 9 月
訳者を代表して
吉羽 龍太郎

はじめに

　本書は、ソフトウェアの開発と保守のコストを下げるのを助けるために書かれた。
　読者が開発者なら、変更可能なコードを書くための原則とプラクティスを学べる。
使われるコードとは変更されるものだからだ。読者がソフトウェア開発者のマネー
ジャーなら、9つの開発プラクティスにどう投資をしたらよいかを学べる。これらの
プラクティスは、チームが効率的に働き、レガシーコードにならないソフトウェアを
作るために必須のものだ。目標の達成は技術的な TODO リストだけではおぼつかな
い。なぜそうやるのかという原則に対する深い理解が必要だ。
　毎日、レガシーコードのせいで私たちの時間、お金、機会が失われている。
　レガシーコードの定義は人によって異なる。いちばんシンプルに説明するなら、レ
ガシーコードとは理由はなんであれ修正、拡張、作業が非常に難しいコードのこと
だ。
　レガシーコードはどこにでも山ほどある。私が見た実際に使われているコードは、
すべてレガシーコードと言っても過言ではない。
　ソフトウェア業界は全体としてコードの保守性に重きを置いてこなかった。結果と
して、最初に開発に使ったよりもはるかに多額のコストと努力をソフトウェアの保守
に費やすことになった。「2章　CHAOS レポート再考」で述べるように、ソフトウェ
ア開発プロセスの非効率性がアメリカ合衆国だけでも年間何十億ドルもの損失をもた
らしている。これは会計ソフト上の架空の数字ではないのだ。レガシーコードの影響
を日々感じる。ソフトウェアは高価で、バグだらけで、拡張しづらい。
　プロジェクトマネジメント手法は多数あり、その多くに素晴らしいアイデアが含ま
れている。業界内外では、それらの手法に対して賛成派と反対派に分かれている。だ
が、変更をよりよく長持ちするものにするためには、まずソフトウェア開発の基本的

なゴールについてお互いに理解する必要がある。

本書の目的はより良いソフトウェアを作ることだけではない。より良いソフトウェア業界を作りたいのだ。過去30年間にわたるプロの開発者としての最良の学びを本書に含めた。キャリアの最初の20年間を、私は伝統的なウォーターフォールのソフトウェア開発者として過ごした。システムを計画、開発、テストのフェーズに明確に区切って開発した。問題だったのは、開発の計画を立てても見えていなかった問題が多数見つかり、品質と予算の両方で深刻な妥協をせざるを得なくなることだった。

だが最近の10年は、エクストリームプログラミング（XP）と呼ばれるアジャイルソフトウェア開発手法の実践により、私やほかの開発者にとっても状況が変わった。初めに全部洗い出すことを諦め、作りながら考えることにした。設計、開発、テストを一度に少しずつだけ進めるのだ。

テスト駆動開発やリファクタリングといったエクストリームプログラミングのプラクティスは、ソフトウェアの開発と拡張のリスクとコストの双方を減らす重要な学びをもたらしてくれた。プラクティスを使うことで、ソフトウェアの問題解決にさまざまなアプローチがあるのを知ることができた。プラクティスを使うことで、品質が高くて保守可能なソフトウェアを作る方法を学べるだろうか？

私の答えは完全に**イエス**だ。

駆け出しプログラマーの頃、スタンダード・アンド・プアーズ（S&P）のフィードから株価のデータを集計して、顧客のデータベースに登録する仕事をしていたことがある。それまで、その作業は手動で行われていた。手作業のためエラーも多く、1日14時間もかかっていた。このプロセスを自動化することが私の仕事だった。だが、どうやるのがいちばんよいか最初はわからなかった。

数週間経って40ページほどにもなるコードを書いた頃、私はひらめいた。データをどう構成したらよいかを理解したのだ。それから数時間でプロジェクトは完成した。いらないコードを全部捨てて、必要なコードは5ページほどになった。朝出社したときはあと数か月はかかると思っていたのに、その日の夕方までには完成していたのだ。それから、そんなひらめきを何回も経験した。問題に隠れているパターンを見抜いて理解すれば、非常にすばやく保守可能な解決策を実現できるのだ。

これは、同じ問題に別のやり方で取り組むことで劇的に生産があがる一例だ。似たような話はほかの開発者からも聞ける。難しい問題が一瞬でシンプルに理解できる。そういうひらめきを経験したことのある読者も多いだろう。

私の経験上、生産性の高い開発者と平均的な開発者を隔てる溝は深い。私は自分の

キャリアの大部分を、通常の何倍もの生産性を誇る希少な人たちの研究に費やしてきた。そこでわかったのは、生まれついてすごい開発者というのはいないということだ。ほかの人との違いはあとからできたのだ。もしかしたら普通ではないプラクティスに従っていたのかもしれないが、それらはすべて習得可能なスキルである。

まだ成熟したとは言えない業界で、重要なものと重要でないものをどう見分けたらよいか、今でも考え学んでいる。ソフトウェアの開発は物理的なモノの開発とは大きく異なる。ソフトウェア業界の問題における原因の1つはソフトウェア開発を間違って捉えていることかもしれない。ソフトウェア開発を理解し、予測可能にしようとする努力の中で、ソフトウェア開発は、製造業や土木業と比較されてきた。ソフトウェアエンジニアリングと他分野のエンジニアリングでもちろん似た点もある。だが、毎日ソフトウェアを作っている人にしか見えない本質的な違いもあるのだ。

ソフトウェアエンジニアリングが他分野のエンジニアリングと似ていないということについては、なんの驚きもない。医学は法学とは似ていない。大工仕事は料理とは違う。ソフトウェア開発はソフトウェア開発で、唯一のものだ。より効率的に、より検証可能に、より変更可能にするために、プラクティスが必要だ。プラクティスがあれば、ソフトウェア開発での短期的なコストを減らし、問題となりやすい長期的な保守コストも削減できる。

私は本書で9つのプラクティスを提案する。それらのプラクティスは、アジャイル開発手法のエクストリームプログラミング、スクラム、リーンから来たものだ。プラクティスをただ適用するのではなく理解した上で適用できれば、書いたコードが将来レガシーコードになるのを防げるだろう。

そして、修正不可能なコードや時代遅れになりつつあるコードに囲まれていたとしても、同じプラクティスを使って、積み上がったレガシーコードの山にゆっくりと穴を開けることができる。

9つのプラクティスは、開発チームがより良いソフトウェアを作るのを助け、業界がお金、時間、リソースの無駄遣いをやめる助けにもなる。

9つのプラクティスは、今まで見た中でもっとも巨大で複雑なソフトウェアを作っている私の顧客でも有効に機能した。プラクティスを使うことで桁外れの結果を出すことが可能だ。だが、使っているだけでは結果は保証されない。プラクティスの背後にある原則を理解して、正しく使わなければいけない。

自分たちがその一部になれるおもしろい時代がある。未踏の地に踏み込むパイオニアにも誘導灯がある。私にとって9つのプラクティスとは、ソフトウェア開発者と

しての、そしてそれからのキャリアの誘導灯であった。本書があなたにとっての誘導灯にもなることを祈っている。

本書の使い方

『レガシーコードからの脱却』はソフトウェア開発についての本だ。だが、読者はソフトウェア開発者に限らない。

ソフトウェア開発は多くの人にとって未知のコンセプトだが、ソフトウェアの影響を受けない人はいない。ソフトウェア開発という活動は非常に複雑になってしまい、顧客に、ときには自分のマネージャーにも説明するのが難しい。特に良い参考文献もない。本書はそのようなコミュニケーションギャップを埋めるために書かれた。一般的な言葉で技術的なコンセプトを説明し、実際の良いソフトウェア開発はどんなものかという共通理解を作る助けになればと思っている。

さまざまな読者に対して、技術プラクティスを説明するのは簡単ではない。本書は、以下の5種類の読者がソフトウェア開発についての共通理解を得られるように設計されている。

- ソフトウェア開発者
- ソフトウェア開発とITのマネージャー
- ソフトウェアの利害関係者
- さまざまな業界のプロダクトマネージャー、プロジェクトマネージャー
- この欠くことのできない技術に興味を持つ人すべて

ソフトウェア開発を誰にでもわかりやすくするために、技術コンセプトの説明に経験にもとづく寓話、アナロジー、メタファーを利用している。ソフトウェア開発を正確に伝えるのは難しいため、私の話に例外を見つけるのは簡単だろう。だがたいていは、そこから深い洞察を得られると思う。

開発者でない人にとってわかりやすく、かつ技術プラクティスの重要性を説明するために、**ハウツー本**にはしていない。ストーリーの書き方からリファクタリングまで、すでに良い本がいくつかある（参考文献を見てほしい）。本書の中では具体的なアドバイスもするが、いちばん価値があるのは**なぜ技術プラクティスが有効なのか**という

議論だと思う。このアプローチを採用したのは、マネージャーやステークホルダーといった開発者以外の人に、ソフトウェアを開発するときに開発者がどんな課題に直面するかを理解してほしいからだ。

第 I 部　レガシーコード危機

「第 I 部　レガシーコード危機」ではソフトウェア業界が直面する重大な問題について説明する。不適切なソフトウェア開発プロセスのために、何十億ドルものお金が毎年失われている。

私たちの生活がかかっているソフトウェアも、バグが多くて壊れやすく拡張もほぼ不可能なレガシーコードだ。どうしてこうなったのか。そして、ソフトウェア業界以外のソフトウェアに関わる人たちに対して、このことはどんな意味を持つのだろうか？

ソフトウェア業界を知っており、おそらく不満を持っている読者にとっては、釈迦に説法かもしれない。だが、なぜ計画どおりに行かないのか、なぜより良いやり方が必要なのかといった点について、より深い洞察が得られると思う。

ソフトウェア業界で働いている人にとっても、第 I 部は重大な問題のコンテキストを認識するのに役立つだろう。マネージャーや開発者も、業界が日々直面している課題の新しい視点を見い出せるかもしれない。「この議論は武器になる」といってくれたマネージャーもいる。問題があるという認識を広げるのに役立つかもしれない。問題を認識しないと解決はできないのだ。

ソフトウェア業界以外の読者は第 I 部の内容に驚くと思う。ショッキングかもしれない。

第 II 部　ソフトウェアの寿命を延ばし価値を高める 9 つのプラクティス

「第 II 部　ソフトウェアの寿命を延ばし価値を高める 9 つのプラクティス」では、第 I 部で定義した問題に紙面の 3/4 を使って取り組む。この悲惨な状況から抜け出すのために実際に使える一連のプラクティスを紹介する。まずは、マネージャーにとって有用なプラクティスからだ。

「5 章　プラクティス 1　やり方より先に目的、理由、誰のためかを伝える」と「6 章　プラクティス 2　小さなバッチで作る」では、複雑なソフトウェア開発プロセス

の始め方、完成までそのプロセスをどう扱うかについて説明する。これら2つのプラクティスはソフトウェア業界以外の人にとって特に興味深いものになるだろう。そこでのアドバイスはどんなプロジェクトマネジメントの場でも簡単に取り入れられるはずだ。これらのプラクティスを取り入れることで、以下のことができるようになる。

- 今より効率的に進める
- 短期的にも長期的にも資金を節約する
- 品質の高いソフトウェアを作る
- 顧客満足を向上させて、リピート率を上げる

それに続く7つのプラクティスはよりソフトウェア開発者向けで、私のキャリアの中でもっとも役に立った技術プラクティスだ。

プラクティスがうまくいったのを見たこともあるし、失敗に終わったのを目にしたこともある。ベストプラクティスを適用しても、技術力が低く、望むものが何も得られなかったソフトウェア開発チームもある。成功するチームと失敗するチームの差は、プラクティスがなぜ重要なのかを理解していたかどうかだ。本書では、特にその点を強調する。

技術プラクティスであるとはいっても、マネージャーやほかの業界の人にも、基本のコンセプトは理解してほしいと思っている。あなたの組織の開発者がどんな困難に直面しているかを知り、今からすぐにでも始められる実用的なプラクティスがある事実を知れば、壊れたプロセスで苦しむチームを救い、これまでにない効果と効率のレベルに導けるかもしれない。

プラクティスの説明を読んだら、実際にプロジェクトで試そうとする前に、なぜプラクティスが有効なのかを考えてほしい。そうすれば、より効果的にプラクティスを適用できるようになるだろう。

私のお勧めは、9つのプラクティスをすべて勉強し、適用することだ。だが、プラクティスをどの順で使うかは読者の自由だ。読者の抱える課題、問題やニーズはそれぞれ異なるだろう。そのため、第II部はプラクティスごとに独立している。課題をもっとも速く、もっともよく解決できるプラクティスに集中してほしい。しかし、そこで止まらないでほしい。

一緒に考えていこう

　本書をどう読み、何を得るかは、あなたの自由だ。アジャイル、スクラム、エクストリームプログラミングの周りを説明するだけの本にはしたくなかった。私は本書によって、まだ若いソフトウェア業界に対するこれまでの考え方が変わり、新しい考え方が主流になることを望んでいる。ソフトウェアのコミュニティでオープンな議論を広げたいとも思っている。どちらかの肩を持ったり、詳細の議論ばかりして大義を見失ったりしがちなためだ。もしくは、どうやったら最高のソフトウェアを作り上げられるかという共通のゴールに向けて、一緒に塹壕に潜ってアイデアを共有したい。

お問い合わせ

　本書に関する意見、質問等は、オライリー・ジャパンまでお寄せいただきたい。

　　株式会社オライリー・ジャパン
　　電子メール　japan@oreilly.co.jp

　この本の Web ページには、正誤表やコード例などの追加情報を掲載している。

　　https://www.oreilly.co.jp/books/9784873118864 （和書）
　　https://pragprog.com/book/dblegacy/beyond-legacy-code （原書）

　オライリーに関するその他の情報については、次のオライリーの Web サイトを参照いただきたい。

　　https://www.oreilly.co.jp

謝辞

　何よりもまず、私が本書に取り組んだり夢を追ったりするのを許して支えてくれた妻のステーシー・バーンスタインと、執筆中もずっと一緒にいてくれたミニチュアプードルのニッキーに感謝したい。
　また、私を励まし、本書の序文を書いてくれたウォード・カニンガムに特に感謝したい。

本を書くのは大変だが、本書の執筆に際しては多くの人が助けてくれた。本当に感謝している。執筆中、多くの議論と手助けをしてくれた私の仲間、同僚、顧客にも感謝したい。

本書をよくするために時間を割いて専門分野のフィードバックをしてくれたレビュアーの皆さんにも非常に感謝している。以下の皆さんにご協力をいただいた。スコット・ベイン、ヘイディ・ヘルファンド、ロン・ジェフリーズ、ジム・ファイオレック、スタース・スヴィンヤツコフスキー、エド・クレイ、ジェームズ・コーベル、パット・リード、ステファン・ヴァンス、レベッカ・ウィフズ・ブロック、ジェフ・ブライス、ジェリー・エバーランド、グレッグ・スミス、イアン・ギルマン、ルウェリン・ファルコ、フレッド・ダーウード、マイケル・ハンター、ウッディ・ズイル、ゴイコ・アジッチ、トロイ・マゲニス、ケヴィン・ギジ、デビッド・ウェイザー、ニック・キャピト、サム・フー、マイケル・ハンガー、ケン・ピュー、マックス・ガーンジー、クリス・スターリング。

最後に、過去30年私のトレーニングに参加してくれた何千ものソフトウェア開発者の皆さんに感謝したい。参加者の皆さんからたくさんのことを学んだことに感謝する。

目　次

本書への推薦の言葉 v

序文 vii

訳者まえがき xi

はじめに xiii

第I部　レガシーコード危機 1

1章　何かが間違っている 3

1.1　レガシーコードとは何か？ 5

1.2　滝（ウォーターフォール）に流される 7

1.3　一か八かの勝負 9

1.4　なぜウォーターフォールは機能しないのか？ 10

　　1.4.1　レシピと公式 11

　　1.4.2　開発とテストの分離 11

1.5　「プロセス」が「忙しい仕事」になるとき 12

1.6　ガチガチのマネジメント 14

1.7　ここにドラゴンがいる 15

1.8　未知を見積もる 16

1.9　素人業界 17

1.10　本章のふりかえり 19

2章　CHAOSレポート再考 21

2.1　CHAOSレポート 22

　　2.1.1　成功 22

	2.1.2	問題あり	22
	2.1.3	失敗	22
2.2	スタンディッシュレポートの誤り		24
2.3	プロジェクトがなぜ失敗するのか		25
	2.3.1	コードの変更	27
	2.3.2	蔓延	28
	2.3.3	複雑性の危機	29
2.4	失敗のコスト		30
	2.4.1	ここにも 10 億ドル、あそこにも 10 億ドル	31
	2.4.2	新しい研究、相変わらずの危機	32
2.5	本章のふりかえり		33

3章	**賢人による新しいアイデア**	**35**
3.1	アジャイルに入門する	35
3.2	小さいほどよい	37
3.3	アジャイルを実践する	38
3.4	芸術と技能のバランスを保つ	41
3.5	アジャイルがキャズムを超える	42
3.6	技術的卓越性を求める	43
3.7	本章のふりかえり	44

第II部	**ソフトウェアの寿命を延ばし価値を高める 9つのプラクティス**	**45**

4章	**9つのプラクティス**	**47**
4.1	専門家が知っていること	49
4.2	守破離	50
4.3	第一原理	52
4.4	原則となるために	53
4.5	プラクティスとなるために	54
4.6	原則がプラクティスをガイドする	54
4.7	予測か対応か	56

目次 | xxiii

4.8	「良い」ソフトウェアを定義する	57
4.9	9つのプラクティス	59
4.10	本章のふりかえり	60

5章 プラクティス1 やり方より先に目的、理由、誰のためかを伝える ... 63

5.1	やり方は言わない	64
5.2	やり方を目的に転換する	65
5.3	プロダクトオーナーにいてもらう	67
5.4	ストーリーで目的、理由、誰のためかを語る	69
5.5	受け入れテストに明確な基準を設定する	72
5.6	受け入れ基準を自動化する	73
5.7	実践しよう	74
	5.7.1 プロダクトオーナーのための7つの戦略	74
	5.7.2 より良いストーリーを書くための7つの戦略	76
5.8	本章のふりかえり	77

6章 プラクティス2 小さなバッチで作る ... 79

6.1	小さなウソをつく	80
6.2	柔軟に進める	81
6.3	ケイデンスがプロセスを決める	83
6.4	小さいことはよいこと	85
6.5	分割統治	86
6.6	フィードバックサイクルを短くする	88
6.7	ビルドを高速化する	90
6.8	フィードバックに対応する	92
6.9	バックログを作る	93
6.10	ストーリーをタスクに分解する	94
6.11	タイムボックスの外側を考える	95
6.12	スコープを管理する	96
6.13	実践しよう	99
	6.13.1 ソフトウェア開発を計測する7つの戦略	99

xxiv | 目次

6.13.2　ストーリーを分割する 7 つの戦略 101
　　6.14　本章のふりかえり 103

7章　プラクティス 3　継続的に統合する 105

　　7.1　プロジェクトの鼓動を確立する 106
　　7.2　完了と、完了の完了と、完了の完了の完了が違うことを知る 107
　　7.3　継続的にデプロイ可能にする 107
　　7.4　ビルドを自動化する 109
　　7.5　早期から頻繁に統合する 111
　　7.6　最初の一歩を踏み出す 112
　　7.7　実践しよう 113
　　　　7.7.1　アジャイルインフラストラクチャーの 7 つの戦略 113
　　　　7.7.2　リスクを減らす 7 つの戦略 115
　　7.8　本章のふりかえり 116

8章　プラクティス 4　協力しあう 119

　　8.1　エクストリームプログラミング 120
　　8.2　コミュニケーションと協働 122
　　8.3　ペアプログラミング 123
　　　　8.3.1　ペアリングのメリット 124
　　　　8.3.2　どうやってペアを組むか 126
　　　　8.3.3　誰とペアを組むか 127
　　8.4　バディプログラミング 130
　　8.5　スパイク、スウォーム、モブ 130
　　　　8.5.1　スパイク 130
　　　　8.5.2　スウォーミング 131
　　　　8.5.3　モブ 131
　　8.6　タイムボックスの中で未知を探求する 132
　　8.7　コードレビューとレトロスペクティブのスケジュールを立てる 133
　　8.8　学習を増やし、知識を広げる 134
　　8.9　常にメンター、メンティーであれ 135
　　8.10　実践しよう 136

目次 | **xxv**

　　　8.10.1　ペアプログラミングの7つの戦略 136
　　　8.10.2　レトロスペクティブの7つの戦略 138
　8.11　本章のふりかえり 139

9章　プラクティス5　「CLEAN」コードを作る 141
　9.1　高品質のコードは凝集性が高い 142
　9.2　高品質のコードは疎結合である 144
　9.3　高品質のコードはカプセル化されている 146
　9.4　高品質のコードは断定的である 149
　9.5　高品質なコードは冗長でない 151
　9.6　コード品質が私たちを導いてくれる 153
　9.7　明日のベロシティのために今日品質を上げる 155
　9.8　実践しよう 156
　　　9.8.1　コード品質を上げる7つの戦略 156
　　　9.8.2　保守しやすいコードを書く7つの戦略 158
　9.9　本章のふりかえり 160

10章　プラクティス6　まずテストを書く 161
　10.1　テストと呼ばれるもの 162
　　　10.1.1　受け入れテスト = 顧客テスト 162
　　　10.1.2　ユニットテスト = 開発者によるテスト 163
　　　10.1.3　それ以外のテスト = QAテスト 163
　10.2　QA 165
　　　10.2.1　テスト駆動開発はQAの代わりではない 165
　　　10.2.2　ユニットテストは万能ではない 166
　10.3　良いテストを書く 167
　　　10.3.1　テストではない 168
　　　10.3.2　ふるまいの集合体 168
　10.4　テスト駆動開発はすばやいフィードバックをもたらす 170
　10.5　テスト駆動開発はリファクタリングをサポートする 170
　10.6　テスト可能なコードを書く 171
　10.7　テスト駆動開発は失敗することがある 173

xxvi | 目次

10.8 テスト駆動開発をチームに広める 174

10.9 テストに感染する 175

10.10 実践しよう 175

10.10.1 優れた受け入れテストのための 7 つの戦略 176

10.10.2 優れたユニットテストのための 7 つの戦略 177

10.11 本章のふりかえり 179

11章 プラクティス 7　テストでふるまいを明示する 181

11.1 レッド / グリーン / リファクタ 182

11.2 テストファーストの例 183

11.2.1 テストを書く 184

11.2.2 コードをスタブアウトする 185

11.2.3 ふるまいの実装 188

11.3 制約を導入する 188

11.3.1 テストを書いてコードをスタブアウトする 189

11.3.2 ふるまいの実装 190

11.4 作ったもの 191

11.5 テストは仕様だ 195

11.6 完全であれ 195

11.7 テストを一意にする 197

11.8 コードをテストでカバーする 197

11.9 バグにはテストがない 198

11.10 モックを使ったワークフローテスト 199

11.11 セーフティネットを作る 199

11.12 実践しよう 200

11.12.1 テストを仕様として使うための 7 つの戦略 200

11.12.2 バグを修正する 7 つの戦略 202

11.13 本章のふりかえり 204

12章 プラクティス 8　設計は最後に行う 205

12.1 変更しやすさへの障害 205

12.2 持続可能な開発 208

12.3 コーディング対クリーニング 209

12.4 ソフトウェアは書かれる回数より読まれる回数のほうが多い 210

12.5 意図によるプログラミング 211

12.6 循環複雑度を減らす 212

12.7 生成と利用を分離する 213

12.8 創発する設計 215

12.9 実践しよう 216

    12.9.1 創発設計をマスターする 7 つの戦略 216

    12.9.2 コードをクリーンにする 7 つの戦略 217

12.10 本章のふりかえり 219

13章 プラクティス 9　レガシーコードをリファクタリングする 221

13.1 投資か負債か？ 222

13.2 怠け者になる 224

13.3 コードの変更が必要なとき 225

    13.3.1 既存コードへのテストの追加 226

    13.3.2 良い習慣を身に付けるために悪いコードを
　　　　　　リファクタリングする 227

    13.3.3 不可避なことを先送りする 227

13.4 リファクタリングのテクニック 228

    13.4.1 ピンニングテスト 228

    13.4.2 依存性の注入 228

    13.4.3 ストラングラーパターン 229

    13.4.4 抽象化によるブランチ 230

13.5 変化に対応するためのリファクタリング 230

13.6 オープン・クローズドにリファクタリングする 231

13.7 リファクタリングで変更しやすさを確保する 232

13.8 2 回めは適切にやる 233

13.9 実践しよう 234

    13.9.1 リファクタリングから価値を得るための 7 つの戦略 234

    13.9.2 いつリファクタリングを行うかについての 7 つの戦略 236

13.10 本章のふりかえり 238

14章 レガシーコードからの学び 241

14.1 もっと良く速く安く 244

14.2 不要な出費はしない 247

14.3 まっすぐで狭いところを歩く 248

14.4 ソフトウェア職のスキルを高める 249

14.5 アジャイルの向こうへ 252

14.6 理解を体現する 254

14.7 成長する勇気 255

参考文献 259

索引 263

第 I 部
レガシーコード危機

　気づいているのは私だけだろうか？　他の誰も、ソフトウェアが約束どおり動いていない、ソフトウェアが長いこと動かない、直すのも不可能に近い、といったことに気づいてもいないし、気にかけてもいないのだろうか？

　ソフトウェアは成功にはほど遠い。だが、ソフトウェア開発業界は実際にどうやっているのだろうか？　何％のソフトウェアプロジェクトが成功しているのだろうか？　「成功」や「失敗」はそもそもどういう意味だろうか？　どうやってそれを計測するのだろうか？

　私はこの質問を業界内外のたくさんの人にぶつけてきた。業界外の人のほとんどは、この質問を奇妙な質問だと受け止めて、「失敗するプロジェクトもあるのか？」と聞いてきた。だが、ソフトウェア業界の人は「成功するプロジェクトもあるのか？」と聞いてくる。

1章
何かが間違っている

　何かが間違っていた。

　組織内に信頼はなかった。重量級のソフトウェア開発プロセスは大きな妨げになっていて、もはやまったくコードを生み出せないほどだった。会社全体が死のスパイラルに陥っていて、7億5,000万ドルの事業全体が危機に瀕していた。

　チームの中心的な開発者たちは優秀で、あなたもそのうちの1人だ。一方で、チームには経験の少ない開発者が含まれており、ほかにオフサイトのチームもあった。彼らはコードモンキー[†1]で、自分の機能を作ることだけしか目に入っていなかった。その機能が全体にどのように統合されるかについては考えておらず、彼らがしていたことのいくつかが短期間で大きな問題を引き起こし、そのあとさらに大きな問題を引き起こすことに気づいていなかった。

　開発作業はとても賢くて経験豊富なプロの開発者がリードしていたのにも関わらず、作られたソフトウェアは良い標準には従っておらず、扱いづらいものだった。開発チーム全体は、技術プラクティスの背後にある理由を理解してはいなかった。しまいには、あっちで工程を省き、こっちで抜け道を使い、小さなサブチームや1人チームができあがった。異なる標準を使って作業を進め、システム全体は見ていなかった。これにより、コードの統合は、誰も楽しみにしていない悪夢のような体験になった。

　あるいは、あなたはマネージャーの1人で、このソフトウェアを完成させ、出荷し、経費以上の売上を上げる責任があったとしよう。マネージャーたちも賢くて経験豊富だったが、結局、開発者と同じようにイライラしやる気を失った。この会社のマネージャーは、締切が変わって不安定なリリース候補が本番環境に投入されるのを見

---

†1　訳注：アーキテクチャーや設計のことを考えずにただコードだけを書く人のこと

ていた。まるで開発者に正しいことをさせるために何を指示すればよいかわからない
かのようだった。そこで経営陣は、多くのプロセスを追加する対応を取った。それが
さらに信頼を損ね、締切がさらに変更となった。

　組織において、開発、QA、運用の関係が対立主義になることがとても多い。それ
が、このもがき苦しんでいる会社で起こったことだ。開発者も経営陣も、一歩下がっ
て自分たちの仕事にどう対処しているかを見なければいけないことをまったく理解し
ていなかった。現実のバーンダウンを見れば何をすべきか明らかだったのにも関わら
ずだ。

　私は彼らが雇った3人目のコンサルタントだった。私は、この問題を「人の問題」
として扱わなかった最初の人間だった。私は、この問題を「レガシーコードの問題」
だと考えたのだ。彼らのソフトウェアはもろくて扱いにくいものだった。会社は過去
10年間で飛躍的に成長し、結果としてコードはひどいことになっていた。

　この会社は何年にもわたって「アジャイル」を進めようとしていた。ところが、多
くのチームでアジャイルプラクティスのいくつかを導入すると、既存のコードがいつ
も邪魔をした。目論見は外れ、活動は下火になった。既存のレガシーコードと、こん
な状況になるまで蓄積してきたすべての悪習の両方に対処しなければいけないことを
彼らはわかっていた。

　私は本書で、しっかりとしたエンジニアリングプラクティスと、それが**機能する理
由**に焦点を当てた。開発者もマネージャーも賢くて経験豊富な専門家であると言った
のは、冗談で言ったのではない。彼らは耳を傾け、そして自らの変化を受け入れられ
る協調的なプロセスに対して心を開いていった。ソフトウェアとプロセスの双方の問
題点を直すのに必要なだけの労力をかけたのだ。

　あなたがそこでソフトウェア開発者をしていたなら、もはや、サーバーダウンのた
めに午前3時に電話がかかってこなくなったことに気づいただろう。追加したテス
トからすばやく役立つフィードバックが得られるようになり、コードがまだ意図した
とおりに動いていることも知らせてくれた。チームで見ると、既存のコードをクリー
ンアップするのに20%の時間をかけたが、その努力がたった1年もしないうちに大
きな成果を上げ始めていることがわかった。

　あなたがそこでマネジメントチームの一員だったら、チームメンバーがより効果
的に協力しあっているのを見たことだろう。個々の開発者という「貴重なリソース」
が、ほかの誰もその人の書いたコードを解明できないまま会社を去ってしまい、会社
にダメージを与えてしまう。そんなことを恐れることもなくなっただろう。開発者

は、レガシーコードが存在しないように装うのではなく、レガシーコードの問題に対処するようになった、というチームの態度の変化も見て取れたことだろう。

数か月かけてコードの品質は向上し始め、それとともにベロシティも上がった。チームの見積りは信頼性が上がり、手抜きをしなくてもいつも締切を守れるようになりだした。

彼らは文字どおりの意味でも比喩的な意味でも、壁を壊し始めた。部署同士がお互いに話すようになった。協力しあって、QAのやり方や要件の扱い方を変えた。テスターは開発者と一緒に座って、どうやってリリース候補を自動的に検証するかを考えた。やがて、リリース候補の検証は2週間にわたる大がかりな手動テストから、たいていの場合2分以内に終わる完全に自動化されたテストプロセスへと変わった。これによって毎年膨大な金額が節約でき、組織変革の土台となった。

肝心なのは、みんなが再び関心を持つようになったことだ。

これは実話だ。私は、こういった話が何度も何度も繰り返されているのを見てきた。あなたがソフトウェア開発者かソフトウェア開発者のマネージャーで、こういった死のスパイラルに向かっているのを恐れているなら、本書はあなたに、この会社がやったことをどうやるのか示すだろう。あなたは奮闘しているだろうが、孤独ではないのだ。

ほとんどのソフトウェアの作り方や保守の仕方には問題がある。だが、そのようなやり方をする必要はない。

1.1　レガシーコードとは何か？

ソフトウェアは私たちの世界のほかのものとは異なる。ソフトウェアの性質と、時間とともに変化する必要性を理解すれば、私たちが作るコードの適合性を高める方法を見つけられる。そうすれば保守や拡張にお金がかからなくなる。

マイケル・フェザーズ著の『レガシーコード改善ガイド』（翔泳社）のviページで、彼は、「レガシーコード」という用語を聞いたときに私たちがどう考えるかを尋ねている。

仮に私と同じような立場であれば、変更が必要なものの、本当に理解することができない、構造のわかりにくい、複雑に絡まりあったコードを思い出すことでしょう。簡単なはずの機能追加をしようとして徹夜したことや、士気

を喪失してしまったこと、チーム全員がコードにうんざりしてどうでもよくなってしまった感覚、死んでしまいたくなるようなコードなどを思い出すでしょう。そのコードを改善しようと考えることすら嫌な気持ちになるかもしれません。そんな手間をかけるのは無駄に思えるからです。

　私たちはソフトウェアがいかにしてレガシーコードになるか知っている。ほかのものと同じように、ソフトウェアにもライフサイクルがある。プログラムは、作り出され、使われて、パッチが適用され、最終的に使われなくなる。ソフトウェアは生き物と同じように死ぬ。ソフトウェアが動いている OS がなくなっただけでもだ。医者と同じように、ソフトウェア開発者ができるのは、せいぜい延命させることくらいである。患者が生活の質を上げられれば、治療は成功と見なされる。だが、いつか避けられないことが全員に起こるのをみんな知っている。ソフトウェアもそれと同じなのだ。

　プログラムの一生の中で、コードがハックされたり変更されたりすると、設計が弱体化し、ソフトウェアがどんどん扱いづらくなっていく。事実上、今あるソフトウェアのほとんどが変更不可能なので、結局修正するのではなく置き換えることになる。

　このことが「ソフトウェア考古学」と呼ばれる新たな分野を生み出した。『達人プログラマ』の著者であるデイブ・トーマスとアンディー・ハントが 2002 年に提唱した[2]。何年も前に書かれた、ドキュメントもなく変数名も適当なシステムを見ると、失われた古代文明の謎を考古学者が陶器の破片から解こうとしているかのように感じることもある。ほんの少しずつしか進まないのだ。

　ソフトウェアの作り方の欠点を深く調べれば、どのようにレガシーコードが作られ広がっていくかがわかる。未経験のことをやるのに必要な時間、コスト、プロセスを見積もることがどれほど難しいか、そしてソフトウェアエンジニアリングがほかのエンジニアリングとどのように異なるかを理解できれば、レガシーコードがどこからやって来て、私たちはそれに対して何ができるかを理解できる。

　マイケル・フェザーズは、テストのないコードをレガシーコードと定義している。コードを実行し、意図したとおりに使われていることを検証する優れた自動ユニットテストに高い価値を置いているためだ。これは私も同じである。

---

[2]　Hunt, Andy, and Thomas, Dave. "Software Archaeology." Software Construction/IEEE Software March/April 2002. http://media.pragprog.com/articles/mar_02_archeology.pdf

しかし、優れたユニットテストを行うには、テスト可能な優れたコードがあることが前提となる。これはレガシーコードには当てはまらない。したがって、コードを整理して、先に良い状態にしなければいけないことになる。これは言うは易く行うは難しだ。テスト不能なコードをテスト可能なコードにするのには、システム全体の再設計が必要になる。それに役立つテクニックはあるものの、大がかりな仕事になる可能性が高い。

レガシーコードに対する簡単な対処法はないし、すぐに直ることもない。「2章 CHAOS レポート再考」では、この問題がどれくらい蔓延しているのか、どれだけのコストになっているのかを見ていく。このような大きな問題は、一歩下がって違う角度から見ることが必要だ。もし過去の対処方法がうまくいかなかったのであれば、違う対処方法を探さなければいけないのだ。

1.2　滝（ウォーターフォール）に流される

ソフトウェア開発のウォーターフォールモデルは製造業や建設業をもとにしており、1970 年にウィンストン・ロイス[†3]がソフトウェアを作る一連のステージとして言及したのが始まりだ。そして彼は、このやり方は機能しないだろうと次のページに書いていた。どうやら、これまでに誰もそれを読んでいないようだ。

ウォーターフォールモデルがソフトウェア開発における主要な方法論になると、モデルの概念が単純化され、図1-1 に示す7つの異なるステップを順番に経ていくものとされた。

---

†3　http://agileconsortium.pbworks.com/w/page/52184647/Royce%20Defining%20Waterfall

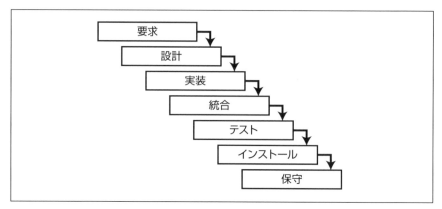

図1-1　ウォーターフォール開発のステージ

要求

要求文書を作るために、情報を専門家や将来のユーザーから集める。これは現在のリリースで開発予定の機能を指示する文書となる。機能とはソフトウェアが行うことである。

設計

ソフトウェアは記述された要求を満たすように設計される。設計は通常、設計図や設計を説明する別の作成物の形を取る。これそのものはコードではなく、別の文書である。すなわちソフトウェアの作り方に関する図と**説明**だ。建物を作る際に必要なものすべてを明記する青写真とは違って、ソフトウェアのアーキテクチャーは正確でも完全でもない。

実装

設計の次が実装フェーズだ。ここで設計に従ってコードを書く。コーディングは、設計資料に記述されている設計を単に満たすだけのことだ。

統合

すべてのコードが書き終わったら、統合フェーズに入る。ここで、チームメンバーそれぞれが書いたコードすべてがまとめられる。すべてのコードが1つのコンピュータープログラムとして組み立てられる初めての機会であることが普通だ。

テスト

　ソフトウェアが統合されたら、テストフェーズが始まる。ここではソフトウェアが意図したとおりにふるまうかを確認する。これには、ソフトウェアが機能するのを証明するための一連のテストを実行することが含まれる。

インストール

　インストールのフェーズでは、ソフトウェアがユーザーにリリースされる。これには、CD-ROM でのプログラム配布、オンラインでダウンロード可能にするといった方法が含まれる。

保守

　最後は、継続的なソフトウェアの保守だ。ここでは、問題の修正、新機能の追加、アップデートが行われる。

　ウォーターフォールモデルは、橋の建設や部品の製造では理にかなっている。機能の要求をリリース単位でまとめたほうが効率的だからだ。だが、ソフトウェア開発は製造プロセスではない。ソフトウェア開発者は、あらかじめできあがった部品を組み立てるわけではないのだ。確かに、一部の部品は事前に用意できるかもしれない。だが、必要としている部品の大部分は、自分たちで開発、修正、そして発明しなければいけない。その上、何を作り、何を修正し、何を発明しなければいけないのかは、その場になってみないとわからないことがほとんどだ。それでも、しっかりしたアーキテクチャーにしなければいけないのだ。

1.3　一か八かの勝負

　ウォーターフォールのソフトウェア開発プロジェクトでリスクを貯め込むさまは、ラスベガスで賭けをするのに似たものがある。

　従来のウォーターフォール開発では、**何か**が動作するためには、**全部**が動作しなければいけない。プログラマーは、統合フェーズになるまで、コードがシステムの残りの部分と組み合わさって動く様子を見ることはない。統合フェーズはリリース前の最後のステージで、バラバラのコードがここで組み合わさって1つのものになる。

　統合を最後まで先送りすると、成功するためにはルーレットで10回連続して勝たなければいけないのと同じことになる。コードのたった1行のミスでもプログラムは実行コードにコンパイルできないし、コンパイルできたとしても実行するとクラッ

シュする。これが、私たちが「バグ」と愛称をつけているものの正体だ。

多くのバグは、**統合フェーズで露見し、それより前には見つからない**。プロジェクトの最後に統合すると、開発プロセスの全期間を通じて巨大な未知のものを作り出す。統合が先送りにされることで、修正が必要な箇所や不可解なバグが増え、修正するのに多大な労力を必要とする高価な問題になってしまう。ソフトウェアを作るのに、こんなにリスキーで間違いやすい方法はほかに想像できない。

そして、これがソフトウェアを最後に変更すると高価になる理由だ。再テストとコードの再統合に多くの人手による作業が必要になる。ある領域で小さな変更を加えると、プログラムのほかの多数の領域に影響を与える可能性がある。そのため、システムのいかなる箇所にいかなる変更が加わった場合でも、再テストをするのが賢明ということになるのだ。これが手動のプロセスのままだと、途方もないコストがかかることになるため、開発サイクルの後半で手に入れた新たな重要情報や良いアイデアを取り入れて最後に変更をかけることも妨げるようになるのだ。

1.4　なぜウォーターフォールは機能しないのか？

長いリリースサイクルの中でソフトウェアを作っていると、コードが動くのを開発者が見るのは書いてから何か月もあとになる。「テストハーネス」を作っていれば、デバッガー（バグを見つけるための別のソフトウェア）の中ではコードに到達するだろう。だが、それはシステム全体のコンテキストの中でコードが動いているのとは同じではない。

これが機能をまとめて作ってリリースする主な問題の1つだ。ものごとをまとめてやるというのは直感的には正しそうに見える。私たちが何かをするときの典型的なやり方だ。家を作っているのであれば、基礎を作るのに必要なものすべてを現場に渡したいと思うだろう。そうすれば追加のコンクリートや何かを待って止まることもないからだ。全部の木材を用意しておけば、天井の梁となる木材が来なくて大工が座っているだけなのにお金を払うということもない。

これが仮想的なものと物理的なものとの大きな違いの1つだ。結局のところ、まとめて何かをするのは**仮想空間**ではうまくいかない。

まとめて何かをするのは非効率なだけでなく、さまざまなリリースサイクルの流れを見るのも非効率であることも触れるつもりだ。こういうやり方は**変更不可能なもの**を作ることを強いられる。細かい点ではあるが、極めて重要なポイントだ。

インクリメンタルに作るときだけ、あとで拡張できるようにジョイントをつけられる。リリースにあわせてソフトウェアを作るように最適化していると、このようなことは考えもしないだろう。ウォーターフォールの世界では、優先順位もなければ、課題もない。家を作るときに、誰もあとで部屋が追加になるなどとは考えもしない。設計図に従って家を作るだけだ。家に部屋を追加するということがどれだけあるだろうか？　ソフトウェアに新しい機能が追加される頻度と比べてみてほしい。

1.4.1　レシピと公式

レシピと公式には違いがある。あなたは**レシピ**からマリナーラソース[†4] を作れるし、それは誰かほかの人が同じレシピから作ったものと同じ味になるだろう。それぞれがレシピの詳細に従ってそのとおりにやった場合に限るが。

片方が胡椒をちょっと多めに入れ、もう片方がバジルを多くしオレガノを減らしても、まだそれはマリナーラソースだ。一方で、2 人のパン職人がパンを作っていて、片方が水と小麦粉とイーストのバランスを変えた場合には、パンはできない。台無しになるだろう。パンを作るのには**公式**が必要なのだ。

ソフトウェア開発は、厳密に従うべき公式ではなく、それぞれのシェフが特定の状況に応じて調整できるように創造的に解釈できるレシピと見なすようにしなければいけない。

プログラミングは、かなり日常的なタスクを除いては、「ペイント・バイ・ナンバー」[†5] のような活動ではない。多くのタスクは、新しい領域を切り開いて未知の領域に入っていくことを要求する。ソフトウェア開発では、ある状況で「正しい」アプローチが、別の状況では**間違った**アプローチになるようなことが数多くある。

未知の領域に踏み入れるという感覚は、次々と起こる未知のことがらを予測し減らそうとすることで、従来のウォーターフォールプロセスをさらに複雑にする。だが、何かを複雑にすることが自動的に改善につながるわけではなく、すぐに手に負えなくなることもあるのだ。

1.4.2　開発とテストの分離

「私の仕事は、頼まれた機能を全部作るために、全力で、可能な限りすばやく進め

---

†4　訳注：トマトソースの一種でピザなどに使われる

†5　訳注：1950 年代にアメリカで流行った絵画キット。指示に従って進めるだけで絵が完成する

ることです。そして、QAチームが守護神として後ろに控えています。私の仕事はラフなドラフトを作って、それを完璧なものにしてくれるQAチームに引き渡すことなので、雑にやっつけて大丈夫です」

あなたはソフトウェア開発者として、そのように思ったり言ったりしたことがどれだけあるだろうか？　マネージャーとして、そう言っているのを聞いたことがどれくらいあるだろうか？　だが、実際のところ、QAチームはソフトウェア開発者の「共著者」ではない。QA全員が、「戻ってやり直してください。あー、ところで時間切れですね」と言うかもしれないのだ。

こうなったとき、どうすれば勝てるだろうか。開発者が、自分たちがやっていることに注意を払わない。そんなことが推奨されていて、いつもそのような仕事のやり方をしているのであれば、大きな問題だ。

この問題はウォーターフォールでの開発に限った話ではない。ソフトウェア開発プロジェクトの多くで、いまだにQAを分離して、リリース候補を検証するのに数日から数週間かかるような手作業のやり方をしている。

私たちの習慣を変えるためには、刺激と反応をできるだけ近づける必要がある。開発者たちが自分たちの行動の結果を1か月経っても見ていないのであれば、刺激の印象づけがうまくできていない。まるで、こんなモットーで生きているかのようだ。

エラーを探すのは自分の仕事じゃない。作るのが仕事だ。

ウォーターフォールと同じように、シックスシグマ、TQMといった製造において一貫性と品質をもたらしてくれるプロジェクトマネジメント手法は、ソフトウェアに適用すると大きな問題になる。皮肉なことに、方法論のチェックとバランスに多くの時間を費やしているため、プロダクトに品質を作り込むことに焦点を当てる時間がないのだ。

従来型のソフトウェア開発手法では、将来を予測し、ワークフローを事前に測定することに重点を置いていた。そのため、開発者やマネージャーは、プロセスの煩わしい箇所を回避して、仕事を終わらせる方法を見つける必要に迫られるのだ。

1.5　「プロセス」が「忙しい仕事」になるとき

私がIBMでプログラマーだったとき、そこではコードのすべての行に開発者のコ

メントが含まれていなければいけないというルールがあった。これは、開発者がデータや関数に悪い命名規則を用いてしまうという予期しない影響を与えた。そうすれば、コメントの中で「説明」が必要になるからだ。みんなコードを読む代わりにコメントを読み始めた。だが、危機的な状況になると、開発者はコメントを更新せずコードだけを変え、コメントとコードの同期が取れていない状態になった。期限切れのコメントはコメントがない以上にひどい。コメントはウソになり、コードに入ってほしくないと思うようになった。

こんなコードがあることを想像してほしい。

x++; /* ここで x をインクリメント */

このような（/* ここで x をインクリメント */）コメントは不要だ。読み手が言語の基礎を理解しているのは当然だからだ。過度なコメントはよくてノイズであり、ひどい場合は、意図的でなくてもウソになる。

「なぜ」そうしているのかではなく、「何」をしているのかを説明している「Whatコメント」が大量にあるのを見ると、それを書いた開発者は神経質で、開発者がコードの中でやっていることを読み手が理解できるかどうか心配しているのではないかと思ってしまう。コードはそれ自体で表現されているべきである。追いかけやすくて明確な名前や一貫したメタファーを使うことで実現する。

過度なコメントは良い品質のコードを書いていない言い訳になる。それが何をするかの意図がわかる名前をつけたプライベートメソッドの中にふるまいを押し込める代わりに、コードのかたまりに対して複数行の説明をするブロックコメントを使うと、コードは読みにくくなり、メソッドは多くのことをやりすぎるようになる。

IBM がこのコメントポリシーの背後に最善の意図以外の何かを持っていたとは思えない。事実、ソフトウェア開発という地獄への道は、善意で舗装されているのだ。だが、私たちがソフトウェア開発の本当の性質を理解し始めるまでは、利益よりも害の多いマネジメント「ソリューション」を適用する運命にあるかもしれない。

たとえば、ある企業では、コードを 1 行書く前に、12 の主要なドキュメントを書いて全部署のトップの承認を得る必要があった。過去にうまくいっておらず、マネジメント側と開発者との信頼関係が明らかに欠如していたのだ。皮肉だが、彼らの多くの問題は、実際のところ、複雑なプロセスによって引き起こされていて、開発者のことを気にしていないわけではなかったのだ。マネジメント側の対応は、プロセスの追

加だったが、それによって事態はさらに悪化した。

いかなるプロジェクトでも、最初は、みな自分の最善を尽くして品質と結果を届けたいと願っていると考えてよい。しかし、どういうわけか、準備ができて貢献できることにワクワクしている状況から、やる気をなくし相反する感情を持つようになる。

成果に影響を与える力がないとか力不足だと**感じる**と、人はやる気をなくす。これは毎日すべての人に何らかの形で起こることだ。逆に、人を何かに巻き込むいちばん強力な方法は1つの言葉で言い表せる。尊敬だ。

1.6　ガチガチのマネジメント

現代のマネジメント技術は産業革命の結果生まれた。初期のマネージャーはストップウォッチを持って工場の中を歩き回り、さまざまなタスクについて作業者の時間を計測し、「早くしろ！」と単純な指示をしていた。

だが、ソフトウェア開発では、正しく終わったか、もっと速くできるかをたった1つの基準で判断できるような、繰り返しのタスクはない。確かに、私たちはキーボードで手を小刻みに動かしている。しかし、本当にやっているのは、考えること、可視化すること、モデル化すること、そしてそれらをコードで表現することだ。すべてのタスクは違っていて、解決策を見つけるには、常に新しいことを学習しなければいけない。

マネージャーは、開発者が正しいことをしていることを保証したいと考える。だが、ここで質問がある。

「正しいこと」とは何だろうか？

ソフトウェアを作っているときの私たちのゴールは何だろうか？　どんな原則に従うか？　ほかの職業における専門家のほとんどは、この質問に簡単に答えられる。だが、ソフトウェア開発者で答えられる人はほとんどいない。

マネージャーは「正しいこととは何か」という質問に対して、昔の生産ラインのマネージャーがしたかのように生産性を計測したり、結果的に正反対の効果が出て人の**やる気がなくなる**ような複雑なスケジュールを課したりすることで答えようとする。プロセスを追加すればするほど事態は悪化する。**プロセスは創造性に影響しない**からだ。ソフトウェア開発は基本的に創造的なプロセスであることを私たちは認識しなければいけないのだ。

1.7　ここにドラゴンがいる

　私たちは地図を使って歩き回ったり、旅行を計画したり、2つの場所を決めて最短ルートを求めたりする。古代の地図には、ラテン語の「Hic sunt draconnes」や「here be dragons（ここにドラゴンがいる）」という記載はなかったが、このフレーズは、私たちがまだ知らない探索すべき場所の代名詞となった。地図の端は恐ろしいところで、モンスターだらけ……。そして、ソフトウェア開発者がすることの大部分はその領域のどこかにあるのだ。

　数字やグラフ、締切に頼れば、経営層（実際には誰でも）が安心に感じられるのはわかっている。だが、どんな職業でも、素晴らしいことをするというのは未知なものに思い切って取り組むことを意味する。未知なものは数字で簡単には測れない。

　ソフトウェア開発が主に「ドラゴン」の領域で行われるのであれば、なぜ、どのように、そして何を計測するのだろうか？

　私たちは改善点を見つけ、予測性を向上し、リスクを減らすといった目的で計測する。しかし、何よりも、未知の領域に安心して向かっていけるようにするために計測するのだ。計測することで、プロジェクトにどれくらいの時間がかかるか、どれくらいのコストがかかるか、経験にもとづいて推測できるのだ。

　しかし、推測であることには代わりない。

　究極的には、対象を理解してコントロールできるという感覚を与えてくれるから、計測しているのだ。

　だが、これは単なる幻想だ。

　推測と幻想は進める上で必要な自信を与えてくれる。しかし、それは私たちを間違った方向に導くような悪い情報も与え、あとになってそのツケを払うことになるのだ。

　扱うプロジェクトが難しければ難しいほど、そのときどきで、進ちょくを正確に定量化するのは難しい。形の見えない製品を作っているときには、プロセスについてもっと抽象的に考えられるようにしなければいけない。そのような製品を作っているときの進ちょくの計測は、ほとんどの人にとって明白なものではない。

　伝統的に、ソフトウェア開発のマネージャーは、システムを設計し、コードを書き、テストする時間を考慮してスケジュールを作成する。この段階的なアプローチによって、みんながプロジェクトの進ちょくをなんとなく理解できる。しかし残念なことに、それがウソであることが発覚することが多い。9か月のプロジェクトの8か月

目に、スケジュールから6か月遅れていることがわかるのだ。どうしてこんなこと
が起こるのだろうか？

そう、ずっと6か月遅れていたのだ。今更どうにもならない8か月目までそれが
発覚しなかっただけなのだ。

マネージャーはいつも開発者に作業終了の見込みを聞くが、開発者はわからないと
答えることがほとんどだ。開発者は責任逃れをしようとしているのでもないし、権力
闘争をしているわけでもない。単にわからないのだ。ソフトウェア開発の業界にはこ
んな冗談がある。

**開発者には3つの状態がある。それは「終わった」、「始めていない」、そして「ほとんど
終わった」だ。**

1.8　未知を見積もる

特定のタスクにどれくらいの時間がかかるかわからない理由は、それを一度もやっ
たことがないからだ。

手順を間違える可能性もあるし、実際に間違えるだろう。やらなければいけないこ
との一部で使えるコードがすでにあると想定していて、実際にはそんなものはなかっ
たとわかることもある。自分たちがやらなければいけないタスクは、全然特別なもの
ではなく、すでにライブラリもあって必要な機能がそのまま提供されていることがわ
かることもある。私たちはものごとをじっくり考える必要がある。そして、それは実
際にタスクをこなしているときほど効果的にはできないのだ。

ソフトウェアを作るときに私たちが行うタスクは刻々と変化し、日ごと、月ごと、
そしてプロジェクトごとに大きく異なる。もちろん、設計、テスト、コーディングな
ど、いつもやっていることと似たものはあるし、自分たちが使っているテクニックや
問題への取り組み方と似たようなものもある。だが、問題自体やその解決方法は、自
分たちがかつて遭遇したものとは著しく異なることが多い。

チームの時間のうちコードを書く時間はごくわずか、という会社（特に大企業）が
ある。この事象は品質向上を装っているときに出現する。

たとえば、内部設計書を書くことと、それを開発プロセス中ずっと最新に保つこと
にかなりの労力が割かれていることがある。このようなプロセスでは、すべての設計
書が等しく価値のあるものとされる。だが、多くの設計書は、一時的に役に立ったこ
とはあったとしても、結局捨てられ、まったく価値がないものになる。

顧客がこういった膨大な分析・設計書を書くことにお金を払わないとしたら、どうして私たちはそんなことをするのだろうか？　答えは、それが問題を理解し表現するのに役立ち、良い解決策にたどり着けると信じているからだ。だが、多くの場合、最終的には顧客に価値を提供していない問題に時間を費やすことになってしまう。間違った仮定にもとづいて見積もった時間と実際の時間を比較するような、意味のない計測に重点を置いてしまうと、間違った方向に進んでしまう。

ソフトウェア開発にはリスクがある。うまくいくことはめったになく、書いた瞬間から時代遅れになる。複雑さの増大に直面したとき、ソフトウェア開発における伝統的な問題解決の方法は、良いプロセスを作ることだ。何をすべきかを教えてくれて、予定どおりに進めることができて、誠実にスケジュールどおりに進められるといったプロセスに頼るのだ。

これがウォーターフォール開発の背後にある基本哲学だ。初期の設計フェーズが終わったあとにコードを変更するのは難しいので、設計が終わったら変更を避ける。テストには時間もお金もかかるので、一度だけで済ませるために最後まで待つ。この方法は理論的には意味があるが、実際は明らかに非効率だ。私たちの多くのやり方は、痛みや困難を意図的に避けている。これは良いソフトウェアを作る助けになるからではなく、大変で、最初の見積り以上に時間がかかり、コストもかかるからだ。

1.9　素人業界

ソフトウェア業界はずっと素人業界と言われてきた。悲しいかな、いろんな意味でそのとおりだ。

ソフトウェア開発者が持つことを期待されるような一般的な知識体系はなく、開発者が問題にアプローチする方法にはとてつもない多様性がある。プログラミング言語を知っていればソフトウェア開発者になるわけではない。文章が書けるからといって、作家になれるわけではないのと同じだ。

コンピューターサイエンスのカリキュラムの多くは、学生をソフトウェア開発者に仕立てるものではない。カリキュラムでは規律や厳格さを教えるが、多くのソフトウェア開発者はやらないような数学的なプログラミングに焦点を当てている。これは、画家になる前に、まず複雑な微分の方程式が解けることを証明しなければいけないと主張しているようなものだ。だが、ソフトウェア開発者はさまざまなバックグラウンドを持っており、さまざまな方法で問題にアプローチする。結果として、設計の

アイデアを伝えて合意するのが難しくなる。

科学と工学の分野は一般的な標準や慣行に従っているが、ソフトウェア業界にはそういったものはほとんどない。これは、私たちが解決しようとしている問題が多岐にわたっていること、私たちの業界がまだ成熟していないことが理由だ。

私が知っている最高の開発者たちは、自分たち自身でなんとかして問題を解決する人たちだった。ソフトウェア開発では、車輪の再発明がたくさんあるのだ。

土木工学では建物の美観についての議論があるが、建設においてはそれはない。建築物のサイズと使用する材料が決まれば、規定の補強材の量がわかるし、細かい建設プロセスもある。これらの原則にもとづいて建築工事基準が作られた。だが、ソフトウェアにはそれは当てはまらない。

私たちが「土木工学ハンドブック」のように「ソフトウェア工学（ソフトウェアエンジニアリング）ハンドブック」にたどり着くことはないだろう。前者は意図せず具体的であるのに対して、後者は抽象的だ。目に見えないし、聞こえないし、臭いもしなければ、触ることもできない仮想的な領域なのだ。

それゆえに私たちにとっては理解が難しい。抽象的に考えることに慣れていないし、ソフトウェア開発のコンテキストも理解していないからだ。物理領域にとっての重力のように、仮想領域に影響を与える法則が何なのか、まだ説明できていないのだ。

現代医学のコンテキストは、ヒポクラテスの「決して害を与えてはならない」という言葉に集約される。医者のゴールは患者を治療することであり、感染した足を切断するといった患者を傷つけることをしなければいけない場合でも、医者が介入する最終的な目的は患者の生命を救うことにほかならない。

だが、ソフトウェア開発においては、ヒポクラテスの誓いに相当するものは存在しない。最善の選択を下す道標のようなものはないのだ。

ソフトウェア開発プロセスのあらゆる段階で選択肢はほぼ無数に存在する。与えられた状況で最善のトレードオフを理解するには、それぞれの選択肢によって得られること、失うことを理解する必要がある。

本章の冒頭で述べたような問題を解決するには、ソフトウェア開発者とマネージャーが共通理解を持つところから始める必要がある。ソフトウェアの性質と、ソフトウェアが時間の経過とともに変化する必要がある点についてだ。そうすればもっと変化に強いコードを作れるようになる。私たちが基本的な知識を持っていると思っている領域は実は大きなブラックホールで、そこを埋めなければいけないのだ。

ソフトウェア業界が抱える問題は、その問題を直視できる人にとっては、莫大な利益を引き出せる格好の機会でもある。この若い業界での失敗は、私たちの仮説を見直すのに役立つアプローチや、より効果的な働き方を示してくれる。

そして、私たちは、ただ難しい質問をするだけでなく、自分たちの根強い考え、身近な信念、排他的なコミュニティを乗り越える勇気を持たなければいけない。難しい質問に答えるために一緒に働き、効率的で、信頼性が高く、品質重視の職業となるように働いていかなければいけないのだ。

1.10　本章のふりかえり

ほとんどのソフトウェアは作り方や保守の仕方を**間違えている**。典型的なウォーターフォールの環境では、動くかどうかは最後の最後まで待たなければいけない。バグがわかっても、難解で時間を浪費する。それゆえ、追跡と修正は高くつくことになる。

本章では、以下のことがわかった。

- ほとんどの人は、ソフトウェアがどのように作られ、どのようにレガシーコード（扱うのが難しくコストがかかるソフトウェア）になるのか、そして、それを防ぐ方法についてほとんど知らない
- 機能をまとめてリリースすることは非効率である
- 従来のウォーターフォールプロセスは、レガシーコードを作り出し拡散する
- ソフトウェアエンジニアリングは、すべてのソフトウェア開発者が知らなければいけない基本原則や共通の知識体系をまだ確立していない

ソフトウェア開発のウォーターフォールモデルは保守できないソフトウェアを作り出す。ウォーターフォール手法は建物を作る上ではうまくいくが、ソフトウェアを作るときにはうまくいかない。機能をまとめてリリースするのはリスクがあり高くつく。従来のマネジメント手法はソフトウェアには適用できないし、開発者は共有できるような知識体系をまだ手に入れていない。

私が関わったプロジェクトに対して従来の考え方が与えた負の影響について見てきたが、ほかのプロジェクトではどれほどの影響を受けてきたかはわからなかった。次の章では、ソフトウェア業界全体でどのようにしていたのかを見ていこう。

2章
CHAOS レポート再考

　私と同じような経験の持ち主なら、たいていのソフトウェアの作り方や保守の仕方はどこか間違っていることはわかっているだろう。だが、その結論を導く確たる事実を発見できずにいる。もしデータがなければ、レガシーコードはビジネスのコストの問題ではなくビジネスそのものを脅かす危機であることを、同僚やマネージャーに認めてもらうのは難しいだろう。だが、ソフトウェアプロジェクトの失敗を避けたいなら、これらの重要な問題から目を背けてはいられない。

　ソフトウェアはまだ研究や調査が足りていない業界だ。ほかのすべての産業にソフトウェアが与える影響を考えれば、研究や調査がかなり不足していることがわかる。スタンディッシュグループ[1] は、歴史が浅くて、複雑で、混沌としたこの業界を、少なくとも理解しようとしている。彼らの集めたデータではすべてを説明することはできないことは認めながらも、この業界のプロジェクト成功率は決して高くないことを示したのだ。

　自分が参加したプロジェクトが苦難にあえいでいたこともある。失敗したこともある。しかし、業界全体が同じような危機的状況にあり、ソフトウェア開発プロセスが壊れている中で、毎年何十億ドルも損失を出していようとは、まったく考えたことはなかった。だが、世界最大級のソフトウェア会社にアドバイスをする立場になって、自分の経験がどれほどありがちなのかを調べたいと思った。そこで、業界最大で、いちばん期待されていて、いちばん多く引用される調査を調べることにした。スタンディッシュグループの CHAOS レポートだ。

---

[1]　http://www.standishgroup.com

22 | 2章 CHAOS レポート再考

2.1 CHAOS レポート

　スタンディッシュグループは、ソフトウェア業界を対象とする調査機関である。CHAOS レポートというわかりやすい名前がついた彼らの調査では、広範囲のソフトウェア開発の成功率をさまざまな指標から評価している。調査は 34,000 プロジェクトが対象となっており、パッケージソフトウェア、OS から、カスタム開発のソフトウェア、組み込みシステムまでさまざまなプロジェクトが含まれている。10 年間にわたる調査では、さまざまなスポンサーのさまざまなソフトウェア開発プロジェクトが対象とされた。毎年、10 年前から追跡していたプロジェクトのうち 3,400 プロジェクトを調査対象から除外し、新たに 3,400 の新規プロジェクトを対象に加えている。

　スタンディッシュグループは、365 社の 8,380 のアプリケーションを 3 つのカテゴリに分類している。

2.1.1 成功

　スタンディッシュグループが用いている成功の定義は、「当初指定した機能を納期どおりに完成し、予算内に収める」ことだ。

2.1.2 問題あり

　問題のあるプロジェクトの定義は少し難しい。完成したが予算を超過した、または納期に間に合わなかった。もしくは、想定した機能を削ってリリースした。これらをスタンディッシュは「問題あり」と呼んでいる。

2.1.3 失敗

　失敗プロジェクトは、日の目を見る前にキャンセルされたプロジェクトのことだ。プロジェクトがキャンセルされる理由は、たいてい開発チームのあずかり知らぬところにある。失敗する理由は予算不足、市場の変化、会社の優先順位の変化などいくらでもある。

　図2-1 の 1994 年の CHAOS レポート[2] では、34,000 プロジェクトのうち 16% が成功、53% が問題あり、31% が失敗と報告した。10 年後[3]、成功は 29% になり、失敗は

---

†2　http://www.projectsmart.co.uk/docs/chaos-report.pdf
†3　http://www.infoq.com/articles/Interview-Johnson-Standish-CHAOS

18%まで下がった。

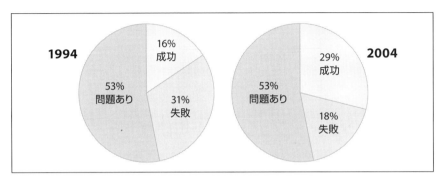

図2-1　1994年のCHAOSレポート

　図2-2の2010年[†4]のレポートでは、成功は37%、問題ありは42%、失敗は21%だった。わずか2年後の2012年[†5]では、成功は39%で、失敗は18%だけだった。

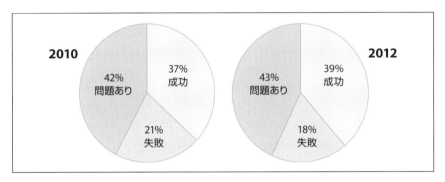

図2-2　2010年のCHAOSレポート

　大きく改善はしている。それでもソフトウェアプロジェクトがスタンディッシュの定義で「成功」する確率は、わずか1/3でしかなく決して高くはない。2004年に数字が改善した理由は、業界の成熟と業界内でのアジャイル開発手法の普及によるものだと私は思っている。だが、アジャイルのような新しいアイデアを使っても1/3と

[†4] https://web.archive.org/web/20140722123110/http://www.versionone.com/assets/img/files/ChaosManifest_2011.pdf
[†5] https://web.archive.org/web/20131101063759/http://versionone.com/assets/img/files/ChaosManifesto2013.pdf

24 | 2章　CHAOS レポート再考

いうことだ。私が巨大な組織で働いた経験では、すべてが失敗なわけではないにせよ、成功率は 1/3 よりもはるかに低かった。ソフトウェア開発を主業務としない会社では、成功率が 5% 台のこともあった。ソフトウェア業界はこのような調査を待ち望んでいたため、リリースはちょっとした熱狂とともに迎えられた。だが、まもなく熱狂は重要な疑問に取って代わられることになる。調査の成果についてではなく、調査そのものについての疑問だ。

2.2　スタンディッシュレポートの誤り

どんな調査にも客観的な基準が必要とはいえ、スタンディッシュグループが使った成功の定義ははなはだ不正確だ。「初期仕様の納期・予算・機能がすべて満たされていること」というものである。

「当初」の予算、納期、機能は、どう頑張ってもただの予測にすぎない。実際に市場で売り出されたあと、どれだけうまく市場に適合していたかのデータはまったくない。

そのソフトウェアのやること、そのソフトウェアの作り方、そのソフトウェアを作るのにかかる時間、作る際に直面する課題をどれだけ**正確**に知っているかが、初期仕様のすべてだ。より良い方法を探す余裕はまったくない。

スタンディッシュグループの成功の定義は「失敗のレシピ」としか言いようがない。ソフトウェアについての情報を正確に予測できるという誤った前提にもとづいている。さらに悪いことに、すべてのソフトウェアの作り方はプロジェクトを始める前にわかっていることになっている。そのため、より良いやり方を見つけるための実験、議論、改定、再検討の余裕はまったく含まれていないのだ。IT 業界の研究者であるローレンツ・エヴァリーンズとクリス・フェルフーフは論文「The Rise and Fall of the Chaos Report Figures（カオスレポートにおける数字の上下）」[6] の中で、スタンディッシュの成功プロジェクトと失敗プロジェクトの定義は誤解を招く一方的なもので、見積り手法を歪めてしまい、結果的に意味のない数字になることを示した。

この調査で計測されているのはすべて、プロジェクトマネジメントチームの見積り能力にすぎない。時間とコスト、要件を満たすのに必要な工数の見積り能力だ。エ

---

[6]　Eveleens, J. Laurenz, and Verhoef, Chris. "The Rise and Fall of the Chaos Report Figures," IEEE Software, 2010, 27(1) https://www.computer.org/csdl/magazine/so/2010/01/mso2010010030/13rRUNvyaiO

ヴァリーンズとフェルフーフが指摘したように、スタンディッシュの定義には有用性、利益、ユーザー満足度などのソフトウェア開発のコンテキストが考慮されていない。

当初の目標を達成するのは、どちらかと言えば**失敗**の定義に近い。顧客が本当に必要とすることをまったく学んでおらず、最初に示された仕様よりも良いプログラムを開発するのに失敗しているからだ。必要なことは終わらせることだけ。納期と予算どおりに最初の要求に示された基本的な機能を出荷するだけだ。

スタンディッシュの定義によれば、以下のようなプロジェクトも「成功」となる。

- 1か月後にクラッシュしたプログラム
- ユーザーから簡単な機能追加を依頼されたが、実現が簡単ではない。多大な投資と時間が必要になったり、新たなバグを大量に生んだりする
- システム内のひどいコードがだんだん拡がっていき、レガシーコードとなって莫大な技術的負債を生む
- 二度とその顧客から発注が来なくなった

こう見ると、CHAOSレポートで「成功」とされているプロジェクトはとうてい成功とは言えないことがわかる。

同じく「問題あり」とされているプロジェクトも、初期の機能、納期、予算を守れなかっただけで、マーケットで成功している可能性もある。

CHAOSレポートで本当に確かなのは、「失敗」プロジェクトがキャンセルされて顧客に届けられることはなかったということだ。

こんな単純な基準では、プロジェクトが**なぜ**失敗するのか、もしくはプロジェクトが**なぜ**問題を抱えることになるのかといった深い疑問には答えられない。結局、「何らかの理由で、よく失敗するんだ」としか言えないことになる。

私はこのままでよいとは思わない。

2.3　プロジェクトがなぜ失敗するのか

私たちは失敗を語りたがらない。失敗によって、何かを理解していなかったことがわかる。現実に失敗は起きるし、ほかの業界と比べてソフトウェア業界では確かに失敗が多い。CHAOSレポートの手法に課題があるとはいえ、ソフトウェア開発業界に

は大きく改善の余地が残っていることに議論の余地はない。データの集計方法に関わらず、この業界でしばらく働けば、新しいソフトウェアプロジェクトは成功するよりも失敗しやすいということに気がつく。このような状況のせいで、多くの会社ではソフトウェア開発部門は「あてにならない」と思われていることが多い。そして、失敗は衆目の注意を引くことになる。

資金が足りなくなったスタートアップだけにこういうことが起こっているわけではない。十分な資金を持つ世界中の大企業でも同じようなことが起こっている。

1994 年、連邦航空局は航空管制システムの更新のための巨大プロジェクトを 26 億ドルの税金を使ったあとでキャンセルした。2004 年、フォード自動車は 4 億ドル使った新しい購買システムを放棄した。2014 年のワシントン・タイムズの記事[7] は、不具合だらけだったオバマケアのウェブサイトの改修コストが 1 億 2,100 万ドルに達し、当初の開発コストを 2,730 万ドル上回る見込みだと報じた。

このような問題は数年に 1 回のペースで起こっている。

スタンディッシュによれば、失敗したプロジェクトとは「開発サイクルのどこかの時点でキャンセルされた」プロジェクトのことだ。この定義は、「成功」したプロジェクトや「問題あり」のプロジェクトの定義のような曖昧さはない。プロジェクトがキャンセルされたかどうかは明確だからだ。

ただ、プロジェクトがキャンセルされる理由の多くは、ソフトウェア開発作業の失敗によるものではない。ビジネスの優先度の変化や市場ニーズの発展といった理由のほうが多い。いずれの理由にせよ、プロジェクトのキャンセルはたいていは開発サイドのコントロール外の理由によって起こる。プログラミングのプラクティスが貧弱といった技術的な理由の場合は、プロジェクトが「問題あり」になることのほうが多い。

この複雑な問題を、成功率を下げる要因となっている 3 つの主要な要素に分解すると以下のようになる。

1. コードの変更
2. バグの修正
3. 複雑さの扱い

---

[7]　Howell Jr., Tom, and Dinan, Stephen. "Price of fixing, upgrading Obamacare website rises to $121 million," The Washington Times, April 29, 2014. http://www.washingtontimes.com/news/2014/apr/29/obamacare-website-fix-will-cost-feds-121-million/?page=all

それぞれについて順番に見ていこう。

2.3.1 コードの変更

ソフトウェアが勝手にひとりでに変化することはない。ソフトウェアは常に書かれたままだ。自然淘汰によって、Windows 7 が Windows 8 になったりはしない。だが、ソフトウェアが使われているのであれば、変更は避けられず、誰かが実際にコードを**変更**することになる。それ自体はよいことだ。ソフトウェアから価値を得る新しい方法を見出しているということだからだ。変更の必要がないソフトウェアは使われていないソフトウェアだけだ。

機能追加はよくある要望の1つだ。ただ、最近になるまで、私たちは適切に機能追加を行う方法を持っていなかった。コードを保守しているチームは、多くの場合、最初にコードを開発したチームではない。仮に機能拡張を頼まれたのが元の開発者だとしても、どういう理由で現在の設計になっているのかを思い出すのは困難である。

多くの場合、開発者はコードを書くよりも、読むことに多くの時間を必要とする。そのため変更が大規模な場合は、現状のコードを読んで理解する手間をかけるよりも、その部分を書き直そうとする。既存の設計を理解するのではなく、自分たちの方法で要求された機能を継ぎ足してしまおうとするチームが多い。その結果、システム全体の品質は低下し、以後のコードの拡張はさらに難しくなる。

既存のソフトウェアに機能を追加するコストは桁外れに高い。ほとんどのソフトウェアは機能拡張をうまく扱えるように設計されておらず、機能追加には再設計が必要となるからだ。リスクが高くコストも高い。そのため開発者は、既存コードは触らずに追加することになる。いろいろなところで絡み合いやすいソフトウェアの性質は、ドミノ効果なしに機能追加するのを難しくしている。新機能が新しいバグを生み、さらに別のバグを生む。それがさらに続いていく。拡張可能なように作られていないソフトウェアを拡張するのは、結び目だらけのロープにさらに結び目を足すようなものだ。

コードを変更すると、変更が小さなものであってもシステム全体の再テストが必要な場合が多い。多くの場合、再テストは手作業で、システムのすべてをテストし、新機能の追加によって既存機能が壊れていないことを確認しなければいけない。

トランプで作った家みたいだと思ったとしたら、その認識は間違っていない。開発者は**変更できない**コードを書きすぎている。

2.3.2 蔓延

ソフトウェア開発プロジェクトが失敗する理由の多くはバグである。バグ修正のコストは高い。開発コストを幾何級数的に増加させ、プロジェクトを止め、システムをダメにする。

ソフトウェア開発者でバグ修正に多くの時間を費やす人は少ない。バグの中には有害で修正に時間がかかるものもあるが、多くは些細なものだ。些細な問題で済まないのは、まずバグを**見つける**のが難しいということだ。

最新バージョンの Mac OS X には、およそ 8,500 万行のソースコードが含まれている[†8]。『戦争と平和』が 1,200 冊にもなる計算だ。世界最長と言われる本を 1,200 回読まないと、1 つのタイプミスを見つけられないという状況を想像してみてほしい。

1 つのタイプミスが、8,500 万行のプログラムをクラッシュさせることができるのだ。

つまり、本当の問題はどうやったらバグを**見つけやすく**できるか？という点にある。もしくは、バグを書くのを防げればもっとよい。

私のプログラムに含まれるバグを書いたのが自分だということに気づいたとき、私はちょっとびっくりして困惑した。開発者は、コードを書くのと同じようにバグを書く。違いは、バグを書くために賃金が払われているわけではないという点だ。

バグにはいろいろな種類がある。コンパイラが見つけられないタイプミスのような小さなものから、システム全体の設計の欠陥のような大きなものまで、すべてがバグに含まれる。

バグは氷山の一角にすぎない。1 つのバグを直すあいだに、ほかの複数のバグを直すことになる。ソフトウェアの構造は絡み合っていることが多く、1 つのバグを直すともぐら叩きのような状況に陥る。数分で直ると思っていた修正が、システム全体に到達する変更の波となることもあるのだ。

私は開発者として、バグと何年も向き合ってきた。だが、本当の姿が見えるようになってきたのは最近のことだ。バグはソフトウェア開発プロセスの欠陥なのだ。

本物の虫と同じように、バグには繁殖に最適な条件がある。

[†8]　Information Is Beautiful. "Codebases: Millions of lines of code," v 0.71, October 30, 2013. http://www.informationisbeautiful.net/visualizations/million-lines-of-code/

2.3.3　複雑性の危機

2002 年、国立標準技術研究所（NIST）は、以下のようにコメントした[9]。

> ソフトウェアの複雑さは増大し続ける。これが、ソフトウェアがバグに悩まされる理由の 1 つである。千行単位で計測されてきたソフトウェア製品のサイズは、今や百万行単位で計測されるようになっている。ソフトウェア開発者はすでにほぼ 80% の開発コストを障害の特定と修正のために使っている。それでも、ソフトウェアほど不具合が多い状態で出荷されている製品はほぼない。

80% の開発コストが「障害の特定と修正」にかかっている！　つまり、価値を作るために使える予算は 20% しかないということだ。私たちが急ぎすぎたために多くの間違いをし、結果として 80% のコストを使って戻って修正をしているのだ。開発者に時間が足りないのも無理はない。「最初から正しくやれ」といわれたところで解決にはならない。これから説明するように、本当の解決方法はもっと複雑なものだ。

ほとんどのソフトウェアは、読みやすさよりも書きやすさを優先して書かれる。ソフトウェアは依存性にまみれている。ある部分が別の部分に、その部分はさらに別の部分に依存する。システム全体は結び目だらけの大きなロープのかたまりのようで、どの開発者も部分的には「車輪を再発明」している。ある機能がどのようにモデル化され、実装されているかを予想する方法はない。

これを CHAOS レポートが明らかにした事実と一緒に見てみよう。実際にユーザーが使う機能の割合だ。スタンディッシュグループが調査した 34,000 プロジェクトでは、いつも使われる、もしくは、よく使われる機能は 20% にすぎず、45% もの機能はまったく**使われない**ことがわかった[10]。

使われない機能には、バックアップをリストアする機能などは含まれない。毎日使うわけではなくても、めったに使わないとしても、それらは非常に重要だ。「使われない機能」とは本当に**一度たりとも**使われない機能という意味だ。

---

[9]　National Institute of Standards and Technology. "Software Errors Cost U.S. Economy $59.5 Billion Annually: NIST Assesses Technical Needs of Industry to Improve SoftwareTesting," June 28, 2002. http://www.abeacha.com/NIST_press_release_bugs_cost.htm

[10]　Fowler, Martin. "Build Only the Features You Need," July 2, 2002. https://martinfowler.com/articles/xp2002.html

開発者がデバッガーで機能を使っているかもしれない。だが、顧客はその機能を見たことさえない。

誰も欲していない機能がなぜ作られることになるのだろうか？　答えの一部はマーケティングにある。機能比較表にあるマルの数が多いほうが見栄えがよいし、顧客がその機能を必要だと思うかもしれないからだ。そのため、ただでさえ長い要求リストに、さらに要求が付け加えられることになる。ウォーターフォールプロジェクトでは機能追加できる機会は1回しかないので、それを逃すわけにはいかないからだ。

だが、開発者にも作りすぎの罪はある。**コードにちょっとした機能を足すくらい数分で終わるし、コストもかからないと思っている**。だが、コストがかからないように見える機能追加でも、将来的に保守に大金がかかるかもしれないのだ。

この「ちょっと」が次から次へと連鎖しこの業界全体を覆うまでになると、ソフトウェアの開発、保守、拡張といった作業は膨大なお金がかかるものになってくる。しかしそれでもまだ止まらない。そして、故エヴァレット・ダークセン上院議員が言ったような状況になるのだ。「ここにも10億ドル、あそこにも10億ドル。そろそろ実際のお金の話をしなくちゃいけない」

2.4　失敗のコスト

ソフトウェア業界について発表された調査や研究は10年以上前のものが多く、その後更新されていないことが多い。それでも、多くの発見は本書の執筆時点でも当てはまる。

私のトレーニングに参加した数千人のプロのソフトウェア開発者にソフトウェア開発プロジェクトの成功率の感覚を質問した結果、回答は5%〜30%だった。

レポートの詳細は議論していないが、肌感覚のデータもCHAOSレポートの値と大きくかけ離れてはいない。開発者の回答は、確固とした統計のバックアップがあるかどうかに関わらず、私たちの知っている何かを反映している。

私たちの業界が効果的で効率的になるには、まだ遠い道のりが残っている。

ソフトウェア開発プロジェクトは成功より失敗が多いとしたら、それは業界、顧客、開発者にとってどういう意味を持つだろうか？　失敗したプロジェクトの時間やリソースに費やしたお金は計算することができても、プロジェクトが失った機会に値段をつけることはできない。

手荷物管理システムの開発失敗により開港が1年以上も遅れ、5億6,000万ドルも

の損失を出したデンバー空港のような事例[11] はよく耳にする。一方、小さな失敗があちこちで起こっているせいで、それらを合計するとあっという間に同じような損失になるという話はあまり聞かない。

今日、ソフトウェアはあらゆるビジネスの中心にあると言ってもよい。私たちが行うすべてのことに、手続き、ポリシーとして埋め込まれている。あらゆる業界の企業がソフトウェア企業へと変貌を遂げつつある。

2.4.1　ここにも10億ドル、あそこにも10億ドル

2002年、NISTは、「The Economic Impacts of Inadequate Infrastructure for Software Testing（不適切なソフトウェアテストインフラの経済的インパクト）」[12] というタイトルのレポートで、ソフトウェア障害がアメリカ合衆国経済に年間600億ドル近いコストとなっていると報告した。

どれくらいの金額か検討してみよう。

- 世界の180か国のうち、GDPが600億ドル以下の国は70%である[13]
- フェイスブックの創業者マーク・ザッカーバーグとアマゾンの創業者ジェフ・ベゾスの総資産を足し合わせると、およそ600億ドルである[14]

そして、この600億ドルは**毎年**失われている。

アメリカ合衆国だけでだ。

数値の正確さを検証するのは難しいが、この問題は私たちが議論している問題にとって非常に重要だ。ソフトウェアの失敗のコストを数値化するため、別の方法を試してみよう。

---

[11]　Calleam Consulting "Case Study - Denver International Airport Baggage Handling System - An illustration of ineffectual decision making." (2008) http://calleam.com/WTPF/wp-content/uploads/articles/DIABaggage.pdf

[12]　National Institute of Standards and Technology. "The Economic Impacts of Inadequate Infrastructure for Software Testing," May 2002. http://www.nist.gov/director/planning/upload/report02-3.pdf

[13]　Serafin, Tatiana. "Just How Much Is $60 Billion?" Forbes (blog), June 2006. http://www.forbes.com/2006/06/27/billion-donation-gates-cz_ts_0627buffett.html

[14]　Forbes 400. https://www.forbes.com/forbes-400/list/#tab:overall

2.4.2　新しい研究、相変わらずの危機

ダン・ガローラスの「Software Project Failure Costs Billions: Better Estimation & Planning Can Help（ソフトウェア開発プロジェクトの失敗によるコストは10億ドル単位に上る。見積りと計画の改善がカギ）[15]」というブログ記事によると、ソフトウェア開発プロジェクトの失敗に関する複数の研究を総合すると、「年間コストは、500億ドルから800億ドルのあいだ」だそうだ。これが真実なら、下限でもフォード自動車の時価総額、上限なら中国石油化工集団（世界で5番目のサイズの企業）の時価総額を毎年失っていることになる。

注目を集めたホワイトペーパー「The IT Complexity Crisis: Danger and Opportunity（新しいITの複雑さの危機：危険度と機会）[16]」の中で、ロジャー・セッションズは、以下のように警告した。

> ITのメルトダウン、IT失敗の拡大を制御できなくなる未来は、どんな国や企業も逃れられない現実である。アメリカ合衆国で収益性をむしばんでいるITの失敗は、オーストラリアでも同じような影響を与えている。ITの失敗は民間セクターに限らない、公共セクター、非営利セクターも影響を受ける。どの国も、どの企業も、どのセクターも安全ではない。これは本当の危機である。

これはすごく悪いニュースだ。私たちは半数以上のプロジェクトで失敗し、巨大なコストを負担することになっている。

NISTの600億ドルの年間損失を半分割り引いて考えたとしても、100億ドル台前半の損失を受けていることになる。後半ではないからといって安心はできない。マネージャーは誰でも立ち止まって考えなければいけない。「その100億ドル単位の損失に、私たちの組織はどれだけ加担しているだろう？」

ソフトウェア開発の膨大なコストも、ソフトウェアの保守コストという巨大なコストと比べると小さく見える。ソフトウェアにかかるコストの最大80%は、最初のリ

---

[15]　Galorath, Dan. "Software Project Failure Costs Billions: Better Estimation & Planning Can Help." (blog) June 7, 2012. https://web.archive.org/web/20180818220845/http://galorath.com/blog/software-project-failure-costs-billions-better-estimation-planning-can-help/

[16]　http://simplearchitectures.blogspot.com/2009/11/it-complexity-crisis-danger-and.html

リースよりあとに発生する[17]。保守を含めたコスト全体が初期開発コストの5倍以上にもなる会社が17社もあると報告されている。図2-3のグラフのとおり、保守コストの60%は機能拡張に使われ17%は不具合の修正に使われる。

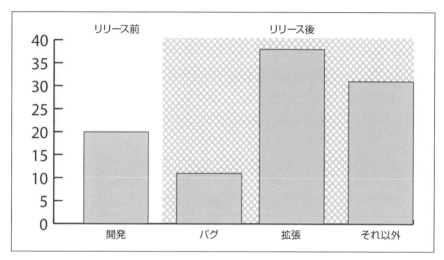

図2-3　リリース前コスト対リリース後コスト。ソフトウェアの保有コストの割合

　なぜ保守コストはそれほどまで高額なのだろうか？　簡単に言えば、ソフトウェアを開発するときに保守性に価値を置いてこなかったからだ。そのため変更のリスクとコストが高いソフトウェアを作ってきてしまった。誰もその経済的インパクトを知らなかったのだ。

　どうやって成功と失敗を計測するかを知らず、この巨大な業界でどうやってお金が使われているかを追跡する方法を知らないとしても、私たちは十分に頭の良い人間のはずだ。「もっとうまくできる」と思っているし、少なくとも、もっとうまくやれるようにするところから始めるつもりだ。

2.5　本章のふりかえり

　CHAOSレポートから、レガシーソフトウェア保守のための巨大なコストの身の引き締まるような見方を学んだ。研究方法に疑問はあるものの、100億ドル単位のコス

---

[17]　Glass, Robert L. "Frequently Forgotten Fundamental Facts about Software Engineering," IEEE Software archive, 18(3), May 2001, pp. 111-112. http://dl.acm.org/citation.cfm?id=626281

トを見れば、この業界がどれだけのお金や努力を無駄にし、顧客の信用を損なってきたがわかる。

本章では、以下のことがわかった。

- ソフトウェア開発の非効率なやり方はビジネスに巨大な損失を毎年もたらしている。私たちはこの危機に取り組まなければいけない
- ソフトウェア業界でもっともよく引用される CHAOS レポートには本質的な問題があるが、業界が課題を解決する道のりは遠いという結論は正しい
- ソフトウェア業界についての主要な研究は、破綻したソフトウェア開発プロセスのためにアメリカ合衆国だけで毎年 100 億ドル単位の損失を出していると結論づけている
- 私たちの誰もがレガシーコードというグローバルな問題を生み出すのに一役買っている。ゆえに、私たちはその問題を解決する責任がある

スタンディッシュグループの CHAOS レポートは、私たちの業界におけるソフトウェアプロジェクトの成功率に目を向けている。レポートは多くのプロジェクトは成功しないと結論づけているが、「成功」の定義が非常に不適切なため、研究自体は有用ではない。それでも、ほかの研究によって、不適切なソフトウェア開発プラクティスが、この業界に毎年最低でも 100 億ドル単位の損失をもたらしていることが明らかになっている。

多くのプロジェクトの失敗が避けられないとしても、それでも成功しているプロジェクトはあり、その多くはこれまでと違う開発アプローチを採用している。私は、ソフトウェアを開発するこれまでとは違うアプローチを探り始めた。ソフトウェア開発に良い影響を与えている頭の良い人たちの、新しいアイデアを見ていこう。

3章
賢人による新しいアイデア

　2000年の終わり頃には大きな成功を収めたソフトウェア開発者は気づいていた。ソフトウェア開発プロセスには、余計なものはないほうがよいのだと。彼らは、それぞれに異なる方法をとりながら、ソフトウェア開発のための軽量なプロセスを探し出そうとしていた。当初それを「軽量ソフトウェア開発プロセス」と呼んでいたが、真剣に受け止められないかもしれないと恐れ、「アジャイルソフトウェア開発プロセス」と改名した。

　アジャイルの「祖父」はエドワード・デミングとリーンの概念だと言うのが正しいかもしれないが、メアリー・ポッペンディークがソフトウェア開発にリーンの原則を持ち込んだのはアジャイル以降である。アジャイルの背後にあるエクストリームプログラミング（XP）の哲学を礎にして、ケン・シュエイバーとマイク・ビードルは『アジャイルソフトウェア開発スクラム』[1]を書いた。チームがより早く自らの現場でエクストリームプログラミングを導入できるようにしたのだ。

　これらはすべて正しい方向に向かうための歩みであり、CHAOSレポートなどで目にするようにソフトウェア業界に蔓延した非効率との闘いの始まりでもあった。しかし15年経った今、当時、賢人たちがなぜ漸進的に改善を重ねるしかなかったのか、それをどのようにやったのかを知ることで、この「新しい」考え方をじっくり見ていく必要がある。

3.1　アジャイルに入門する

　有名な統計学者であるエドワード・デミングが日本に行ったのは1950年のことだった。想像できるだろう。彼が見たのはボロボロになった国だった。第二次世界大戦が終わってたかだか5年、日本のインフラはまだボロボロだった。日本再建はよく

いえば難しい闘い、悪くいえば不可能な夢だった。彼はもともと日本の国勢調査に協力するために派遣されたチームの一員であったが、トップエンジニアやマネージャーたちと共に、国の経済や産業を単に戦前のレベルに立て直すためだけではなく、誰も想像し得なかった方法で活性化するために働くようになった。ほかの誰よりもエドワード・デミングは日本の戦後における奇跡的な高度経済成長に責任を負っていたのだ。

しかしそれは奇跡ではなかった。

デミングが持ち込んだアイデアは日本人が取り組むべき課題を継続的な品質改善の概念に集中させるというものだった。そのためには、品質を第一とする基準を確立することと仕事の品質や顧客に提供する価値の最大化に組織の全員が責任を持って集中することが必要だった。デミングのアイデアはトヨタの文化に組み込まれて適応し、やがてリーンと呼ばれた。トヨタで非常にうまくいったことはよく知られたとおりである。

リーンは20年の実績を持ち、トヨタがアメリカ合衆国に工場を開いたときに逆輸入されたプロセスである。現在トヨタの工場はアメリカ合衆国の国内に数か所あるが、アメリカ人の仕事観がまるで異なるものであるにも関わらず、いまだなお驚くべき効率で操業されている。結局のところ、それはプロセスであり、人ではないのだ。トヨタには一連の優れたプロセスがあり、その成功がほかの自動車産業やその周辺の産業に著しい変革をもたらしたのだ。

デミングは何が**無駄**でどうやったらそれをなくせるかを探した。製造業においては、在庫は無駄と考えられる。場所をとるからだ。資本を凍結させるだけでなく、保管しておくだけで日々コストがかかる。顧客に引き渡すまでは、利益を食っていることを気にし続けることになる。これは理解しやすく、ヘンリー・フォードがジャストインタイムのサプライチェーンについて記した1920年代にまでさかのぼる。

ではソフトウェアにおける無駄とはなんだろう？　ソフトウェアは車とは違い、スチールやタイヤの納入なども必要ないのだ。

リーンの考えでは、ソフトウェア開発において、手をつけたものの完了していない仕事はすべて無駄である。極言すれば、ソフトウェアになっていないもの、顧客に直接的な価値をもたらさないものはすべて無駄な可能性がある。

この価値観は、プロジェクトマネジメント手法を網羅するエクストリームプログラミング、スクラム、リーンといったアジャイルソフトウェア開発によって広まった。本書はそういった単一の何がしかの方法論に関する本ではないが、おいおい本書の中

で触れていくプラクティスは2001年に作られた有名なアジャイルマニフェストにあるものだ。そこにはこう書いてある。

私たちは、ソフトウェア開発の実践あるいは実践を手助けをする活動を通じて、よりよい開発方法を見つけだそうとしている[1]。

このプロセスの中心にあるものは、「顧客満足を最優先し、価値のあるソフトウェアを早く継続的に提供」するという約束だ。言い換えれば、品質を保証するためにプロセスを増やすよりも、よりプロセスを少なくし、開発者が集中してしっかりとしたエンジニアリングプラクティスを適用できるようにすることだ。テスト駆動開発やペアプログラミングといった技術プラクティスを取り入れたことで、デプロイ、運用、拡張がしやすいよう変更可能なソフトウェアを作れるようになったのだ。

3.2 小さいほどよい

長距離ランナーは頭の中で近めのゴールを設定している、とよくいう。「あの街灯まで行くぞ」と思うことで、26マイルのマラソンに比べればできそう、もっと言えば簡単そうだと感じられるのだ。街灯に着いたら次はたとえばあの大きな木、次はあの赤い車、といったふうにしていく。

ソフトウェア開発者はプロジェクトがどのくらいかかるのか常に確信が持てるわけではない。いや、確信が持てることはまずない。理由はさまざまだが、怠惰のせいではない。ソフトウェア設計の専門職はいろいろな意味で辛うじてスタートを切ったばかりであり、マラソンを完走できる自信があるわけではない。スタートラインからではゴールは見えないし、そもそもレースの長さすらも定かでない。ゴールが26マイル先かもしれないし、13マイル先なのか、52マイル先なのかもしれない。もしくは、ゴールがどこだか知っていたとしても、地図もなければ所定のルートもないのだ。

ではレースの全体でなく一部にだけ集中してみたらどうなるだろうか？　1年間ではなく2週間相当だったら？　そうすれば長距離ランナーのように、競技者がラップタイムを測るように計測して、レースの一部分に向き合うことはできる。ペースをどれくらい外れているか？　急がなければいけないのか？　それとも予測し直す必要があるのか？　もっと早くゴールできると信じられるようになるか？

---

[1]　http://agilemanifesto.org/

「第Ⅱ部　ソフトウェアの寿命を延ばし価値を高める9つのプラクティス」に掲載されているプラクティスの多くはアジャイルムーブメントに由来している。これらのアイデアは、以前からウォーターフォールに内在する欠点やこの発展途上の専門職に及ぼしていた深刻な悪影響に気づいた賢人たちが生み出したものだ。しかし、いくら私たちがアジャイルの背後にいる人たちくらい賢かろうが、彼らのアイデアが素晴らしかろうが、まだまだ道のりは長い。

3.3　アジャイルを実践する

アジャイルは2001年からあるが、業界内ではいまだに正しく理解されているとはいえない。スタンドアップミーティングや2週間スプリントといった比較的簡単なアジャイルプラクティスを取り入れただけでアジャイルをやっていると主張する組織は多い。スクラムチームの多くはプロダクトオーナーという役割の人がいることを知っており、**タイムボックス**と呼ばれる固定の期間で仕事をしている。もちろん重要なプラクティスだが、正しく、完全に、そしてほかの重要なプラクティスと組み合わせて取り入れられることで初めて価値が出るのだ。

これはウォーターフォール対アジャイルという話ではない。ウォーターフォールプロセスがアジャイルプラクティスに入り込むのはよくあることだ。たとえば、要求の収集が複雑になりすぎて、あとで読むために紙に書いて残しておく必要が出てきたりすると、効率は悪くなるしバグのもとになる可能性もある。

それに、開発者がテスターにソフトウェアを渡して検証してもらうようなQAプロセスを残しておくのもコストはかかるし、効率も悪い。こういった慣習を残したまま2週間スプリントやスタンドアップミーティングを取り入れても、大した改善にはならないだろう。

私はウォーターフォールだアジャイルだとレッテルを貼るのでなく、ソフトウェアを開発する上での具体的な影響に対処するプラクティスに目を向けるほうが好きだ。

経験上、アジャイルな環境でソフトウェアを開発することの主な利点は、開発をディスカバリープロセスにできることだ。チームは常にフィードバックを受け取りそこから学ぶことができるのだ。アジャイルな要件、あるいはアジャイルでいうところのストーリーは、それ自体がウォーターフォールで求められるような冗長で詳細な仕様書と置き換えが可能なものではない。ストーリーは会話のきっかけとなるものでなければいけない。ソフトウェア開発者とプロダクトオーナーとのあいだの有意義な対

話を必要とし促すのだ。このやり取りによって、開発者は何を作るべきかが十分に理解できるのだ。

開発者とプロダクトオーナーの会話で置き換えることなしに、単に仕様書をなくすことはアジャイルの目的ではない。プロダクトオーナーが顧客から仕様を聞き出して詳細な要件を作成しその先も仕様書を維持管理し続けるとしたら、それはプロダクトオーナー付きのウォーターフォールなだけだ。アジャイルではない。

単にプロダクトオーナーを置いて仕様書を書くのをやめればよいというわけではない。**やり方**の代わりに**目的**や**理由**といった話ができるように根本から会話を変えるのだ。この隠されたアジャイルの本質にたどり着くにはもう少し深く見ていく必要がある。

たとえば「小さな単位でビルドする」というプラクティスの主目的はタスクを可能な限りすばやく始めて終えることであり、タスクが小さければ小さいほど早く終わらせることができる。反復型開発をするチームは多いものの、リリース直前にQAチームによる検証の待ちが発生する。99%完成させたとしても不十分なのだ。コードは統合されてテストされるまでどれほどのリスクを抱えているのかわからないのだ。

小さな単位でビルドすることの目的は可能な限り早くタスクを完成させることであり仕掛り中の作業を制限することである。それを理解できれば、プラクティスを有利に適用しより大きな利益が見えてくるようになる。

同じように、タイムボックスは誤解され間違って適用されることもある。タイムボックスを使って大きな問題を小さな問題に分解することを、エクストリームプログラミングでは**イテレーション**と呼ぶ。スクラムでは**スプリント**だ。しかし私はその呼び方の熱狂的支持者でもない。間違った意味合いを与えがちなのだ。

アジャイルやスクラムの目的は急いで仕事をすることではなく、小さなかたまりで仕事をすることだ。アジャイルはいかに**スコープを箱に収める**かだ。作業対象の範囲をいかに限定するかだ。スコープを箱に収めることに慣れるにはタイムボックスを設けるしかない。

タイムボックスとは、一言で言えば「固定の時間内にこれをやる」ということで、一般的には非常に短い週単位である。スクラムでは1〜4週間とされており、通常1イテレーションや1スプリントを2週間にすることが多い。

しかし、ここで重要なのは、スコープや仕事の単位の観点で小さくしようと努めることであり、時間の単位ではない。大きなタスクを分解して小さくし、目に見える成果を作り出す仕事の単位にする。仕事の単位が小さいほどタスクの見積りも実装も検

証も容易になるのだ。

スクラムはソフトウェア開発などのマネジメント手法として人気を博し、エクストリームプログラミングの技術プラクティスをサポートすることについては考えなかった。スクラムはチームに自己組織化を促す。それは素晴らしいアイデアに思える。だが、開発者に自己組織化を促しても、それだけで彼らがコードの品質に焦点を当て保守可能なソフトウェアを作るのに役立つようなプラクティスを採用しよう、となるわけではない。

数週間前に書かれたコードに機能追加が必要になるだけで、開発者がもっと保守可能なコードを書こうとするモチベーションとしては十分だ。とはいえ、技術プラクティスを無視したり、誤った形で採用したり、あるいはよくあるように単に正しく理解できていなかったりすれば、結局チームは「自分たちはスクラムをやっている」と言うようになる。相変わらず重い要求、そしてテストファーストならぬテストラストのウォーターフォールの環境で活動しているにも関わらずだ。単に小さな単位でコードを書いているだけだが、作業を難しくするような依存性やずっとあとにならないと発見できないようなバグで満ちているのだ。

1つのプロジェクトに4〜5年を費やし目の前の生産性を上げてみたら、多くの技術的負債が積み重なりコードはもはや扱えないくらいひどいものになっただけだった、というスクラムチームを私はいくつも見てきた。結局は、彼ら自身がそのお粗末な開発プラクティスに取り組み、自らが低品質のコードで掘った穴から自分たちを掘り出してやらないと、二度と生産的になることはできないのだ。

スクラムとエクストリームプログラミングを採用してもまったく機能しないチームも見てきた。ウォーターフォールをやって成功するチームも見た。それぞれのやり方に良し悪しがある。すべてのプラクティスはその目的を理解した上で正しく使用しなければいけないのだ。

ソフトウェアエンジニアリングの力がこれまでに経験したこととはいかに異なるか、私たちはわかっている。電気工学や機械工学ですら物理学にもとづいている。しかしソフトウェアは物理の法則に従わないため、同じように捉えると詳細に理解をするのが困難な場合がある。

物理の世界ではほとんどすべてがフォールトトレラントだ。生物系も無生物系も途方もない回復力を持っている。しかしソフトウェアはこの世界において群を抜いて不安定だ。1ビットの誤りが最悪のシステム障害を引き起こしかねない。この事実があるだけで、検証可能な方法でソフトウェアを作らなければいけないのだ。

多くの人にとって、ソフトウェア開発は直感に反したものだ。製造業に革命をもたらした品質管理基準は、ソフトウェアプロジェクトに適用してもまるでうまくいかない。産業革命で学んだことの多くはソフトウェアに関しては無意味だ。まったく異なる生き物なのだ。

3.4　芸術と技能のバランスを保つ

ソフトウェア開発は複雑で多様な領域であり、多くのスキルと能力を網羅する。開発者はさまざまな技術を利用しなければいけない。ある日に直面する問題は、次の日やそのまた次の日に直面する問題とはまったく別物だからだ。そのため開発者には、そういったさまざまな問題に対処できる幅広いスキルが必要とされている。大工がよく使う道具を腰袋に入れて手の届くところに置いておくのと同じで、開発者は予測不可能な範囲のソフトウェアの問題に対処するためには、自由に使える範囲の**知的な道具**を持っておかなければいけないのだ。

実際、簡単なプログラムを書いてコンピューターに何かをさせることは誰にだってできる。簡単に習得できるスキルだ。これがソフトウェア開発の技能というものだ。学習して、訓練を続けながら熟練へと至る一連のスキルなのだ。技能は規律だ。学校で習うことだ。構文について知るべきことは中学校で学び終えたからといってヘルマン・ヘッセだのJ・D・サリンジャーだのステファニー・メイヤーだのになれるわけではない。ソフトウェア開発の技能に関して基本的な専門知識が必要ではあるが、それはほんの始まりにすぎないのだ。

残念なことに開発者が学校で学んだことのほとんどは古くなっており、そのせいで保守や拡張を難しくするコードが作られている。開発者はプログラムを起動して実行させることはできても、コードをさかのぼって拡張を加えることは困難で危険な仕事になる可能性だってあるのだ。

アジャイルソフトウェア開発においては、開発者は常にコードをさかのぼり、ふるまいを拡張している。これには、幅広い技術プラクティスや、多くの開発者にとっては不慣れなソフトウェアに対する考え方が要求される。

ソフトウェアのそれなりに長いキャリアの中で1人の開発者が学ぶ機会のある領域は、動画圧縮、外国為替銀行取引、船の自動操縦、計量経済学、画像およびグラフィック処理、リモートセンシング、信号処理、ビッグデータなどの多岐にわたる。どのプロジェクトも、ほかの業界について学び固有の問題を解決する機会となる。そ

して固有の問題には固有の解決策が必要になってくるだろう。

ソフトウェア開発にはさまざまなスキルや能力、つまり技能が必要とされる。しかし、あらゆる問題に対応できるようなスキルは習得できない。ソフトウェア開発は左脳（客観的で論理的、つまり技能）と右脳（主観的で創造的、つまり芸術）の両側を使う数少ない領域の1つだ。たいていの人はそれを聞くと驚く。多くの人はプログラミングというと完全に分析的なものであってアルゴリズムに関するものだと想像するが、コードを書く私たちは良いコードを書くには独創力や想像力が必要とされることを知っている。

だが、ソフトウェア開発は職業としてまだ若く、ソフトウェア産業は他の産業に使われる側にある。

3.5　アジャイルがキャズムを超える

ジェフリー・ムーアは著書『キャズム』[†2] の中で新製品のテクノロジーアダプションライフサイクルについて書いている。革新的な新製品を採用する人たちが、5つのグループに分けられている。

- 新しい技術に最初に飛びつく人たちが**イノベーター**

- イノベーターの成功に感化され、その次に飛びつくのが**アーリーアダプター**

- 多くの不具合が解消され使いやすくなった頃に使いだすのが**アーリーマジョリティ**

- アーリーマジョリティのおかげでメジャーになった頃、**レイトマジョリティ**が使いだす

- 最終的に代替品がなくなってからやっと使わざるを得なくなるのが**ラガード**

革新的な新製品が登場するたびにテクノロジーアダプションライフサイクルが見られる。製品に限らず革新的なものが登場するときは常に同じ反応が見られる。ムーアはイノベーションがアーリーアダプターからアーリーマジョリティのあいだを超え行き渡ることを「キャズムを超える」と表現した。

[†2]　Moore, Geoffrey A. Crossing the Chasm. New York: Harper Business (1991). 邦訳『キャズム』川又政治（訳）、翔泳社

アジャイルはアーリーアダプターに受け、アーリーマジョリティに浸透している。キャズムを**超えている**のだ。しかし15年ほどたった今でも完全にキャズムを**超えた**とは言い難く、超えたところでなお課題が立ちはだかっている。

とはいえアジャイルには、まだイノベーターの段階だといえる側面もある。エクストリームプログラミングの技術プラクティスがそれにあたる。**一貫性のないイノベーションの採用に一貫性がないことは多い。**通常、ものごとは採用者がいちばん安全だと思えるやり方で採用される。より簡単だったり耳にしたことがあったりする、しかしあまり価値がないプラクティスから採用されるのはそういった理由だ。次の章では、プラクティスの背後にある原則を真に理解するまではアジャイルが「標準」になることはない、ということについて見ていこう。

3.6　技術的卓越性を求める

アジャイルマニフェストの起案者の中には、アジャイルの採用に関する考えを明らかにしている人もいる。アジャイルマニフェスト10周年を記念した再会イベントでジェフ・サザーランドは、アジャイルを採用する上で最大の成功要因となるのは**技術的卓越性を求めること**だと言った。

アジャイルマニフェストで「技術的卓越性と優れた設計に対する不断の注意が機敏さを高めます」と述べたにも関わらず、アジャイルマニフェストの起案者の多くは、今にして思えば技術的卓越性の強調が足りていなかったと、そして「この先10年は技術的卓越性の必要性が最優先事項になる」と感じていたのだ。[†3]

そもそも「技術的卓越性」とはどういう意味だろう？　今作られているソフトウェアの大多数が扱うのも困難であると考えるのであれば、ほとんどの開発者が「技術的負債」が何なのか大してわかっていないと考えるのが妥当だろう。

ソフトウェアには実体がないので、正確に考えるのは難しいことがある。ましてや毎日コードを書かない人たちにとってはなおさらだ。根本的には、ソフトウェアはモデルであり何かを表しているものだ。たとえば絵画がそうだ。画家にとって技術的卓越性とは、どの素材を使い、いつどんな技法を使うかを理解することが含まれるだろう。しかしそれ以上に、作品の目的に合致している必要がある。

ソフトウェアにも同じことが言える。ソフトウェアにおいては、技術的卓越性というのは時間をかけて習得し重点的に取り組んで極めるものが多い。しかも、時間をか

---

†3　https://www.infoq.com/news/2012/04/Agile-Resources-Microsoft

け重点的に取り組んでも素晴らしい開発者になれるとも限らないのだ。

「第Ⅱ部　ソフトウェアの寿命を延ばし価値を高める9つのプラクティス」では、重要な技術プラクティスについて、なぜそれが重要か説明する。技術プラクティスが機能する理由を理解し、最大限に活用するための適用の仕方に注目していきたい。本書を読み終わる頃には、ソフトウェアをうまく作るためのこれら9つのプラクティスが理解できていることだろう。

3.7　本章のふりかえり

賢人たち、新しい思想、問題を認識し対処する方法を探している開発者たちのコミュニティが成長するという初めての経験。しかしこれが私たちが望む「銀の弾丸」なのだろうか？　お手本を探したほうがよいのではないか？

本章では、以下のことがわかった。

- 私たちが直面している課題は多いものの、賢人たちが持ち込んだ新しい考え方によってソフトウェア業界は正しい方向に動き始めている

- アジャイル開発手法は従来のウォーターフォール開発に代わる選択肢で、ソフトウェアを反復的に作るものだ。これは開発コストを削減するのに役立つ

- ソフトウェア開発者はソフトウェアを作るという客観的な技能と、ソフトウェア開発独自の要求が求める主観的な芸術のバランスについて学ぶ必要がある

- 15年経ってなお、アジャイルは過激で新しいイノベーションから主流へと「キャズムを超え」つつある段階だ

- ソフトウェア開発者とマネージャーは技術的卓越性を求め、**意図的に**質の良いソフトウェアを作る必要がある

アジャイルソフトウェア開発は、保守可能なコードを作るための技術プラクティスにもとづく軽量プロセスを提供することによって、ウォーターフォールのような重量級プロセス方法論の課題に直接対処するものだ。しかし、多くのアジャイルチームは技術プラクティスを認識していないか、適用の仕方が間違っているために、期待した利益を得られないでいる。プラクティスを適切に適用するには、その背後にある原則を理解しなければいけないのだ。

第Ⅱ部
ソフトウェアの寿命を延ばし
価値を高める9つのプラクティス

　どのようにして新しいことを本当の意味で一般的なものにするのだろうか？　新しいプラクティスを学ぶだけでなく、それを習得するにはどうしたら良いだろうか？さらには、新しい考え方を役立つ習慣にするにはどうしたら良いだろうか？

　開発者の中にはほかの開発者よりも優れている人がいる。私は長い時間をかけて、その人たちが優れている理由を探してきた。そこで私が学んだのは、生まれながらに優れた開発者だったわけではない、ということだ。単純にほかの人がやらないちょっとしたことをやっているだけだったのである。彼らが理解して身に付けた原則やプラクティスがわかれば、私たちも似たような結果が得られるはずだ。

4章
9つのプラクティス

　ソフトウェア開発は複雑だ。おそらく、人類が関わるものの中でいちばん複雑なものだ。ソフトウェアを作ることは規律であり、うまく書くには幅広いスキルと鍛錬を必要とする。

　間違うのは簡単だ。仮想世界と物理世界の違いは大きい。何かを作るのに何が必要なのかを理解するのは物理世界では容易だ。しかし、仮想世界では見て理解するのははるかに難しくなる。ソフトウェア開発という職業は、今やっとものごとを理解し始めたところだ。数百年前の医学界と同じである。

　ほんの200年前、病気を引き起こすのは顕微鏡でしか見えない生物であるというイグナーツ・センメルヴェイスの説を医学界は一笑に付した。手術前に手を洗うかどうかといった些細なことがどうして患者の生死に関係があるというのか？

　当時、細菌学はまだ存在しておらず、見えない悪霊が病気を引き起こすという迷信を解こうと医学界が躍起になっていた時期だった（迷信と真実の共通点は少なくない）。そのため、手術前に手を洗うことは必須だと思われていなかったのだ。

　南北戦争の軍医は細菌学を知っていたが、器具を消毒する時間はないと主張していた。足を切断しなければいけない兵士がいても、手術用のこぎりを洗う時間はなかったのだ。あとになって、医学界が南北戦争の戦場における手術の成功率を調査すると、ケガによる死亡よりも感染症による死亡が多かったことがわかった。医学界は主張を考え直さざるを得なくなった。

　細菌学を理解していれば、器具を**すべて**洗浄する必要がある**理由**はわかる。これが、プラクティス（特定の器具を**消毒すること**）に従うことと、原則（すべての器具を消毒する**理由**）に従うこととの差だ。

　ソフトウェア開発プラクティスに従うことは手術の前の消毒のようなもので、どの

ようなソフトウェアを開発していても正しく行われる必要がある。従わなければ細菌が患者を殺してしまうように、たった1つのバグがアプリケーションを殺してしまうかもしれない。規律が必要だ。

私は、ソフトウェアを開発する唯一の正しい方法があるとは思っていない。患者の治療方法、芸術作品の作り方、橋の敷設方法が1つでないのと同じだ。どんなことにも「たった1つの正しい方法」が存在するとは思わない。もちろんプログラミングについてもだ。

数千人の開発者と一緒に働いてまず気づいたのは、車輪の再発明を絶えず繰り返していることだ。ソフトウェア開発はさまざまなバックグラウンドの人が関わるため、ソフトウェアの開発方法に対する新たな見方が絶えず持ち込まれる。同時に、開発者の多様性は現実的な問題にもなる。エンタープライズ領域のソフトウェア開発では、細部に多大な注意を払い、関係者間の調整は膨大になる。共通理解、共通のプラクティス、共通の語彙は必須である。共通のゴールに到達しなければいけないし、品質と保守性に価値を置くことを明確にしなければいけない。

開発者の中には非常に優れた能力を持つ人もいる。私は人生のほとんどを費やして、並外れた開発者がなぜうまく開発できるのかを探ってきた。彼らが理解したものを理解し、原則とプラクティスを学べば、彼らと同じように素晴らしい結果が得られるはずだ。

だが、どこから始めるべきだろうか？

ソフトウェアの設計は深く複雑な問題で、適切に説明するには背景となる多くの理論が必要となる。全部説明するには何冊もの本が必要だろう。さらに、いくつかの重要なコンセプトは開発者にちゃんと理解されているとは言い難い。私たちは、いまだにソフトウェア開発の適切なコンテキストを見い出すのに苦労している。

レガシーコードがさまざまな方法で生み出された理由は、コードの品質は重要ではなくソフトウェアが何をするかだけが重要だと考えてしまったことにある。

だが、この認識は間違いだった。実際に使われているソフトウェアは変更が必要になる。つまり、ソフトウェアは変更可能なように書かれていなければいけない。ほとんどのソフトウェアはそのようには書かれていない。多くのコードは内部でこんがらがっており、独立してデプロイ、拡張ができなくなっている。保守コストも高くつく。最初に意図したとおりには動作する。だがコードは変更しやすいようには書かれていないため、場当たり的に変更するようになる。それがさらに変更を困難にし、将来のコストをさらに押し上げる。

ソフトウェアの保有コストを下げたいとみんな思っている。南カリフォルニア大学のバリー・ベーム[1] によると、リリース後にバグを発見し修正することは、要求や設計の段階で修正するのに比べて 100 倍のコストがかかるそうだ。コードを扱いやすくして、保守コストを大幅に下げる方法を見つけなければいけない。ソフトウェアの保有コストを下げたいなら、開発方法に目を向けなければいけない。

4.1　専門家が知っていること

専門家は自身の知識を独自の方法で整理している。重要な差別化要素を説明するための自身の語彙を持っていることも多い。メタファーやアナロジーを使い、自分の経験を踏まえた信念を作り上げる。**理解のためのコンテキスト**がほかの人とは異なるのだ。

専門家が使う技術はすべて学習できる。専門家がすることを理解し、そのとおりにすれば、同じ結果を得られる可能性が高い。

ちょっとずつ結果を出すにとどまらず、とても大きな結果を出しているソフトウェア開発者は、ほかの人とは異なる考え方をしている。彼らは技術プラクティスとコードの品質に注意を払う。彼らは何が重要で何が重要でないかを理解しているのである。

いちばん重要なのは、ソフトウェア開発の専門家はほかの人よりも高い品質基準を維持していることだ。

最高の開発者がいちばんきれい好きな開発者であることに気づいたとき、私はびっくりした。速いプログラマーは雑なプログラマーだと思っていたからだ。だが、実際は正反対だった。私が会った中で最速のプログラマーは、コードを扱いやすいように保つことに特に注意を払っていた。クラスの最初で**インスタンス変数**を定義するときは、アルファベット順に（または意味のある別の順序で）並べていた。正しい場所が見つかるまで、メソッドを頻繁に移動し名前を変えていた。使われなくなったコードは即座に削除していた。

コードを書く速さとコードのきれいさに関連があると認識したあとでも、私はその 2 つのあいだの因果関係を見つけるのに時間を要した。コードの品質を高く保っていた「にも関わらず」速いのではない。コードの品質を高く保っていた「からこそ」速

---

[1]　Boehm, Barry, and Basili, Victor R. "Software Defect Reduction Top 10 List." Computer, Vol. 34, Issue 1, January 2001. https://www.cs.umd.edu/projects/SoftEng/ESEG/papers/82.78.pdf

いのだ。このことを理解したら、ソフトウェア開発に対する見方が変わった。

問題解決のために綿密なアプローチを使えば、長期的には元は取れると多くの人は考えている。理解されていないのは、思ったよりもはるかに早く元が取れるという点だ。物理世界では品質は望ましい属性と考えられており、お金を使うことに躊躇がない。品質の高いモノは長持ちするし、それゆえ高価である。だが、物理世界のことが仮想世界にそのまま当てはまるわけではない。

仮想世界では、品質にフォーカスすることは、長期的に、そして多くの場合は短期的にもあまりコストがかからない。開発者がまったく妥協すべきでないという意味ではない。ただ、品質の悪いコードに毎回戻ってそれを直すときのコストも考えなければいけない。コストが高ければ、戻って元のコードをクリーンアップしてからでないと新しい拡張は行いたくないだろう。

ビジネスの世界はコストパフォーマンスのアプローチを採用している。ソフトウェアを例外にしてはいけない。ほかの資産と同じように、ソフトウェアが負債にならないようにするには保守が必要だ。

4.2　守破離

熟練はスキルと能力だけでは達成できない。日本の武術である合気道では、熟練の3つのステージを定義している。**守破離**だ。

守は型（カタ）であり形式知だ。映画『ベスト・キッド』[†2] の「ワックスオン、ワックスオフ」[†3] は学習における守のステージの例だ。若い弟子であるダニエルは、円を描きながら車にワックスをかけるように指示される。なぜ、どうしてそうすることがゴールの達成に役に立つかは伝えられない。型がマスターできたあとに理由を知らされることになる。

アジャイルを、やって良いこと、やって悪いことのルールとして学ぶ人は多い。いくつかのルールを学んだだけでアジャイルができると思い込む人も多いようだが、ルールを学ぶのは学習ステージの最初にすぎない。

ソフトウェア開発のような複雑な活動はルールだけで捉えることは難しい。ソフトウェア開発にはたくさんの禁忌事項がある。ある状況で最良のアプローチが別の状況

---

†2　訳注：1984 年に制作されたアメリカ映画。原題『The Karate Kid』
†3　訳注：パット・モリタ扮する宮城成義が、ラルフ・マッチオ扮するダニエルに空手の動きを教えるシーン「右手でワックスをかけ、左手で拭く」より

では最悪のアプローチになることもある。結果として、ソフトウェア開発者の学習曲線は長くなる。

守から始める理由は、プラクティスの背後にある理論が簡単には理解しにくいからだ。武術で相手を倒すには理論を理解するだけでは不十分だ。理論を実践しなければいけない。合気道ではこれを破と呼ぶ。ソフトウェア開発でも同じように当てはまる。成功するには、プラクティスを上手に使いこなせるように、プラクティスの背後にある原則としての理論を学ばなければいけない。

破をルールとして処方箋的に学ぶことはできない。破は自らの経験から得るもので、他人の経験から学ぶことはできない。

プラクティスを使えるようになり、背後の理論を深く理解したら、プラクティスと理論の境界は曖昧になり、合気道での最高の熟練に至る。**離**である。継続的な学習によってのみこの領域に到達できる。

マルコム・グラッドウェルは、著書『天才！成功する人々の法則』[2]の中で、知的厳密さが必要な領域では、自然とできるようになるまでに 10,000 時間の練習が必要だと示唆した。ほとんど自然にできるようになれば、わざわざ考える必要はなくなる。複雑な活動に本当に熟練するには 10,000 時間が必要だ。ソフトウェア開発も例外ではない。

パブロ・ピカソはこれを理解していた。彼は、絵画のルールを破るために、ルールを学んだ。ピカソの絵画はそれまでの画家の誰にも似ていなかった。だが、知る人は少ないが、彼は伝統的な画家としての訓練を受けていた。ピカソは伝統的な手法を用いて描くこともできた。人生のほとんどの時間をそのためのスキルの獲得に費やしたと言ってもよい。だが、彼は満足できなかった。スキルを超越してしまうまで進み続け、誰にも到達できない領域に達した。ルールを破り、新境地に達するためには、まずルールをマスターしなければいけないのだ。

ソフトウェア開発も同じだ。ソフトウェア開発には多くのルールや制約があり、テクニックもある。人の作るあらゆるものと同じく、コンピュータープログラムは何かのモデルである。私たちは**物理的**なモデルに慣れているが、プログラムはふるまいのモデルになる。

何かを適切にモデルにするには、まずモデルにしようとしている対象自体を理解する必要がある。また、使えるモデル化のスキルやテクニックを理解する必要もある。これらのテクニックを原則とプラクティスに分類するのが有効だと私は考えている。

4.3 第一原理

第一原理を最初に記述したのはマルクス・アウレリウスで、「自分にしてもらいたいように人に対してせよ」という黄金律について議論していたときであった。黄金律が第一原理である理由は、多くの法律、社会、文化までもがそのシンプルな言明にもとづいているからだ。そのほかの原則は第一原理から導き出せる。

黄金律は法律における包括的な第一原理である。正義の追求の基礎となるのが黄金律だ。黄金律がない法律を想像できるだろうか。みなが自分自身のことしか考えていないとしたらどうなるだろうか。適切な原則を理解し合意することは、規律が成り立つための根幹である。

ソフトウェア開発には、まだ黄金律やヒポクラテスの誓いに相当するものは存在しない。いまだに重要なものは何か、重要でないものは何か、何に注意を払う必要があり何を無視できるか、といったことを探求し続けている。ほかの研究分野とは大きく異なる若い分野では想定され得る状況だ。それでも、ソフトウェア開発の原則のいくつかは確立されつつある。

ソフトウェア開発における第一原理の例は、**単一責務の原則**[†4] だ。「クラスを変更する理由は 1 つでなければいけない」というものである。

シンプルな声明に聞こえるが、担っていることは重い。クラスはシステム内のオブジェクトのテンプレートとして働くため、この原則はクラスを 1 つのことを表すように設計しなければいけないことを意味するからだ。この原則が意味するところは多い。システムの中には多数の小さなクラスがあり、それぞれが単一の責務を果たすように集中するという構造を示唆する。

クラスの単一責務に焦点を絞ることで、システム内のほかのクラスと相互作用する責務を制限できる。そうすることで、テストは簡単になるしバグも見つけやすくなる。将来の拡張も容易だろう。単一責務の原則は、適切に分割、モジュール化されたシステムの設計へとつながっていく。

ソフトウェア開発における第一原理のほかの例として、バートランド・メイヤーが『オブジェクト指向入門』[3]で説明した **オープン・クローズドの原則**がある。「ソフトウェアのエンティティ（クラス、モジュール、関数など）は、拡張に対して開いており、変更に対して閉じてなければいけない」というものだ。

システムは、既存のコードをあまり変更せずに、簡単に機能を拡張できるように作

[†4]　http://www.butunclebob.com/ArticleS.UncleBob.PrinciplesOfOod

らなければいけないということだ。開発者にオープン・クローズドの原則の重要性を説明すると瞬時に理解する。新しくコードを書くのに比べて、既存のコードを変更するのはエラーを起こしやすく、困難なことが多いからだ。オープン・クローズドの原則を開発者が理解していれば、保守可能であとで拡張する場合のコストも抑えられるコードを書く傾向がある。

原則は非常に強力だが、すぐに使えるものではない。原則は何をやるべきかは教えてくれるが、どうやってやったらよいかは教えてくれない。ソフトウェアで「オープン・クローズド」を実現する方法はたくさんある。この原則は、オブジェクトを高凝集にし、抽象に対してプログラミングし、ふるまいの結合度を下げるのに役立つ。ただ気を付けなければいけないのは、そのような効果は原則を実現する過程における副作用にすぎないということだ。

同じように単一責務の原則を実現する方法もたくさんある。単一責務の原則は、ドメインに含まれるより多くのエンティティを導き出したり、ふるまいを分離したり、システムをモジュール化したりするのに役立つ。どれも柔軟なアーキテクチャーの実現の助けになる。

原則は明言されないことも多い。開発者は、原則が達成しようとするものをぼんやりとは理解していたとしても、心に刻み込んではいない。原則は正しいことをやれるようにガイドする包括的な知恵であると認識したほうがよい。

4.4　原則となるために

原則は簡潔で明確に定義されていなければいけない。さもないと曖昧で不明瞭になってしまう。説明の優雅さに差はあれど、原則は私たちが正しい方向に向かうのを助け、原則が適用される対象を本当の姿に近づけてくれる。原則が私たちに洞察をもたらすこともあるし、単に良いアドバイスの場合もある。「私たち」と書いたのは、開発者に限らずソフトウェア開発チームに関わるすべての人に当てはまると考えているからだ。

原則は特定の事象を一般化するのに役立つ。知識を整理する助けとなる。すべての原則は同じではない。より純粋なもの、より基礎的なものがある。ここまで見てきたように、多くの原則が導かれる原則は**第一原理**と呼ばれる。

私は原則は崇高なゴールであると考えている。原則は、私たちがその良さを知り、目指す姿である。だが、原則が価値のあるゴールを提示はできても、いつも実現可能

なわけではない。ソフトウェアにおいては原則は包括的なアドバイスであり、開発者が良いソフトウェアを作る助けになるものだ。

4.5　プラクティスとなるために

原則は重要だが、原則だけでは十分ではない。実際の状況において原則を実現する方法が必要だ。それがプラクティスの存在する理由だ。

私はプラクティスの厳密な定義を用いる。プラクティスであるためには以下の条件を満たさなければいけない。

- ほとんどの場合に価値があるものである
- 学ぶのが容易である。教えるのが容易である
- 実施がシンプルである。**考えなくてもやれる**くらいシンプルであること

プラクティスが3つの条件を満たしていれば、チームの中に簡単に広まりメリットを享受できるだろう。プラクティスを実施しさえすれば、自動的に時間と作業量の節約が続けられる。

本書で説明する9つのプラクティスは価値の高いプラクティスの集まりである。誤解されたり、誤用されたりしていることも多いが、持続可能な生産性のカギとなるものだ。どれも大幅に時間を節約できる。開発者の仕事を増やしたいのではない。今でもすでに忙しすぎるのだ。私が推奨するプラクティスは短期的にも長期的にも開発者の時間を節約できるものだ。開発者が明確でテスト可能なふるまいを作るのを助ける。

4.6　原則がプラクティスをガイドする

ソフトウェア開発は終わりのない質問と選択の繰り返しに見える。質問は強力だが、骨の折れるプロセスだ。これをやるべきか、別のことにすべきか？　評価が重要だ。どうやって新しいアイデアを思いつき、イノベーションにつなげられるか？

だが、質問ばかりでも消耗してしまう。そこで、あることをやるべきかどうかを決めるときに、考えずにすぐ使える汎用的なプラクティスがあれば、原則を実現するのに一歩近づくはずだ。たとえば、重複コードを除去するというシンプルなプラクティ

スは、クラスを統合、定義し、単一責務を実現するのに役立つ。プラクティスによって単一責務の原則の実現に近づくだろう。私は重複コードをすばやく見つけて取り除く訓練をしてきた。重複を取り除くべきか？という質問にはもはや答える必要はない。除去するのが習慣になっているからだ。そしてこの習慣は良い仕事をするのに役立つ。もちろん、開発者が考えなしに自動でものごとを進めてよいとも思っていないので注意してほしい。

　プラクティスの背後の原則がわかれば、私が推奨するプラクティスを実行するのに思い悩む必要はないはずだ。良いソフトウェアを定義し開発するのを助けるツールだからだ。プラクティスが質問を不要にし、対応の不確実性を消し去るのだ。

　原則によって、プラクティスの効果を最大限に高める方法がわかる。原則は誘導灯のようなものだ。正しくプラクティスを使う方法を教えてくれる。

　投資における原則の例に「安く買って、高く売れ」がある。投資についての非常に良いアドバイスであると同時に、まったく役に立たないアドバイスでもある。**どうやったらよいかまったくわからない**からだ。

　原則はドライブの目的地で、プラクティスはその道筋である。実際に投資で実行できるプラクティスに**ドルコスト平均法**がある。ある固定された投資期間、たとえば1か月の収入のうち一定割合を投資する。価格が安ければ、同じ投資額でより多くの株式を購入できる。市場価格が上昇し続けるという基本的な仮定が正しければ、ほとんどの場合「安く買う」ことができる。その投資を引退まで続けていて、株式の価格がそれまでの平均購入価格より高ければ、「高く売る」ことができたことになる。「安く買って、高く売れ」が原則で、ドルコスト平均法がプラクティスだ。

　プラクティスは私たちが原則を理解するのを助けてくれるし、原則は私たちがプラクティスを正しく使うのを助けてくれる。ただ、両方に目を配っておかなければ、迷子になってしまう。やり方をまったく知らない偉大な理論家か、日々のタスクはこなせても終わりを見通せない実務家のどちらかになってしまう。両方のバランスが必要だ。

　本書の9つのプラクティスにはそれぞれ重要な目的がある。プラクティスの背後の原則を理解すれば、プラクティスを正しく適用したり、プラクティスの適用をやめたり、代替プラクティスを選択したりできるだろう。プラクティスは原則を適用する。原則を実践のために現実化したものがプラクティスであるからだ。

4.7 予測か対応か

　変更しやすいコードを作るための正しいプラクティスを使わなければ、変更が必要となったときに大きなコストを負担することになる。ここで問題となるのは、変化が起こる前にどの程度予測しておけば、実際起こったときに対応しやすいか、ということだ。これは非常にストレスのかかる問題だ。

　チームが大きな機能の開発に取り組んでいるときも大きなストレスがかかっている。「オーケー、これでコンパイルは通った。よし、動け」　こういうことをしていると**最後はどうなってしまうだろうか。**

　まず、ストレスは良いプロダクトを作る助けにはならないということから始めよう。ソフトウェア開発業界は基本的に変化を予想しようとしてきた。変化が実際起こったときに使える原則やプラクティスを、時間をかけてテストしようとはしてこなかった。そのことに気づいたとき、この若い業界にはまだ長い道のりが待っていることを認識した。

　予測か対応か、これは二分法だ。そしてほとんどの開発者はソフトウェアの変更に対応する方法を知らない。すべての役者がいつも最初のテイクで完璧に演じなければいけない状況を想像してほしい。映画制作は地獄のようなストレスにまみれることだろう。最初から完璧である必要はない。一部だけでも動かすことで、ほかの部分を楽にできる。そして、パフォーマンスの心配のストレスをなくせば（もしくは大幅に減らせば）、開発者は最初からだいたいうまくいく方法を見つけ出し、やっているうちに新しいアイデアや方法を見つけ出し、より大きな課題に取り組めるようになるだろう。開発者たちが、最初は失敗してもリカバーする方法があると知っているからだ。

　私たちは未来を正確に予測することはできない。頼まれたものを届けたあとで、さらに何を欲しがるかなど、せいぜいあてずっぽうにすぎない。未来予測は骨が折れるわりに、たいていの場合は当たらない。多くの開発者が未来のニーズを予測している。現時点の要件に含まれていないものまで予測していることも多い。そうして、今必要のない機能について悩むことで開発者の貴重な時間が失われる。今必要な機能を作るのに必要な時間が奪われるのだ。

　将来顧客が何を欲しがるかについて思い悩む代わりに、変更が必要になったら対応できる方法を開発者が見つけられたとしたらどうだろう。原則とプラクティスに従えば、考えなくてもコードの変更が簡単になるとしたらどうだろう。そして将来避けられない状況で、顧客が新機能を必要としたとしても、コードが対応可能だったらどう

だろう。

　これは夢物語ではない。開発者は変更に対応するための標準的な作法やプラクティスを身に付けるべきだ。私はそう信じている。本書の残りで多くのプラクティスを見ていくが、その知識を使って、皆さんも自分自身のプラクティスを発見できるようになる。ただ、実際にプラクティスを見ていく前に、「良い」ソフトウェアとは何かということについて合意をしておきたい。そうすれば原則を理解でき、プラクティスを使う本来の理由も理解できるだろう。

4.8　「良い」ソフトウェアを定義する

　「良い」ソフトウェアとは何か？　開発者が設計やコードを見たとき、よく書けているかどうかをどうやって判断するのか？　開発者は何を見ているのだろうか？

　この質問を開発者に問いかけても、一貫性のある答えを得られることは少ない。動作が速く効率的なコードを「良いコード」と呼ぶ人もいる。読みやすくて理解しやすいコードがよいという人もいる。バグのないコードがよいという人もいる。

　どれも良いことだが、どうやって実現できるだろう？　もし、トレードオフがあるとしたら、どこに境界線を引けばよいだろうか？　難しい問題だが、実際にそれを問われることは少ない。それでも、マネージャーや開発者が日々の判断をするのに影響があるだろう。

　顧客が経験する外部品質、たとえばユーザビリティ、瑕疵のないこと、適切なタイミングの更新といったものは、ソフトウェアの内部品質の現れだ。ユーザーが内部品質を直接経験することはなくても、その影響は受ける。内部品質の低いソフトウェアは開発者にとっても扱いにくい。

　1980年代初頭の頃、私はdBase IIIのClipperと呼ばれるコンパイラを使っていた[5]。非常に成功したプロダクトで、Nantucket Softwareに何千万ドルもの利益をもたらした。ただ開発者がいくら聡明でも、コードの複雑さのために、そのあと重要なアップデートを出すことができなかった。結果的に、マーケットでの機会を活かせず、事業から撤退することとなった。

　ソフトウェアは変更の必要はないという思い込みを開発者は信じて、長いあいだ開発をしてきた。ソフトウェア開発は**書いたらそれっきり**の仕事だと思っていたのだ。だが、真実は異なる。使われているソフトウェアには必ず変更が必要となるのだ。そ

---

[5]　https://en.m.wikipedia.org/wiki/Clipper_(programming_language)

れ自体は良いことでもある。ユーザーがソフトウェアから価値を引き出す新たな方法を見つけたことを意味するからだ。開発者は、ソフトウェアを変更しやすくすることで、ユーザーに応えたいと思うだろう。

価値があると認められたソフトウェアは将来変更されることになる。そのため開発者は標準とプラクティスに集中してソフトウェアの内部品質を上げ、コードを扱いやすくしなければいけない。開発者にコードの内部品質で気を付けなければいけないことは何かと問いかけても、一貫性のある答えは得られなかった。まだ若い業界で、開発標準について強い普遍的な合意は形成されていないのだ。

個人レベルではなく、業界単位で、「良い」コードとは何かについての共通の理解を形成する必要がある。それができれば、プロとしてのソフトウェア開発における基本的なゴールについて合意できるだろう。

既存のソフトウェアのバグ対応や機能追加のコストを考えると、何を差し置いても、ソフトウェアは当初の機能要件を満たし将来のニーズに対応できるように変更しやすくすべきだと私は考えている。ソフトウェアを変更可能にできれば、初期開発の投資対効果（ROI）を改善できる。

ソフトウェアは資産であり、資産価値は現在生み出せる価値だけではなく、将来に生み出される価値にも依存する。建築のアーキテクチャーやプロダクト設計にライフサイクルマネジメントが重要になったように、ライフサイクルマネジメントがソフトウェア開発の一部となっても驚くことではない。

もちろん、将来変更されるコードの場所を開発者が特定できないことも多い。そのため、すべてのコードを変更可能にしておく必要がある。開発者はソフトウェアの品質とは何かを理解し、ソフトウェアが時間とともに変更されることを知らなければいけない。そして、それを実現するための原則とプラクティスにもとづいた開発習慣を身に付けなければいけない。

ソフトウェアの品質を外部指標で特徴づける人は多い。正しいことをする、バグがない、速い、などだ。だが、それらはより深い原因の症状にすぎない。本書で説明するソフトウェアの品質は**内部品質**である。内部品質を作り込んだ結果として、外部品質として定義される特性の実現に近づくことができる。内部品質は結果ではなく原因であり、良いソフトウェアが備えているべきものだ。

内部品質は些細で小さなことに見えることもある。ただ、積み上がることによって、良いソフトウェア開発の原則とプラクティスの核になるのだ。「アジャイルをやっている」だけでは十分ではない。アジャイル開発手法はマネジメントプラクティ

スを含んでいるが、エクストリームプログラミングの技術プラクティスがアジャイルの中心にある。それらの小さな新しいアイデアのメリットを享受するには、使っているアジャイルプラクティスの背後にある原則を理解する必要がある。

本書で説明する9つのプラクティスを使ってソフトウェア開発を変える。その理由になる原則は、「安く買って、高く売れ」のように当たり前のことに聞こえるだろう。本書の9つのプラクティスはバグがないソフトウェアを作るのに役立つ。シンプルで（ゆえにコストが安く）、保守や拡張がしやすくなるのだ。より良いソフトウェアをリスクなしに開発しよう。

4.9　9つのプラクティス

スクラムはアジャイル開発をサポートする最小限のフレームワークを提供した。エクストリームプログラミングは当初12個のコアプラクティスを提唱した。

私はそれらのプラクティスから9つの必須のプラクティスを抽出した。最初の2つからは、スクラムを思い起こす人が多いようだ。残りの7つは技術プラクティスだ。9つのプラクティスは、ソフトウェア開発の正しい方法を考えられるように設計されている。これまでの知恵とは反対に、大きいリリースのサイクルを壊すのだ。

9つのプラクティスは以下のとおりだ。

1. やり方より先に目的、理由、誰のためかを伝える
2. 小さなバッチで作る
3. 継続的に統合する
4. 協力しあう
5. 「CLEAN」コードを作る
6. まずテストを書く
7. テストでふるまいを明示する
8. 設計は最後に行う
9. レガシーコードをリファクタリングする

人が一度に記憶できるのは7プラスマイナス2個と言われているので、9つは普通の人が覚えられるだいたい上限である。本書に入れられる最大限が9つでもある。この9つは私がいちばん価値が高いプラクティスと考えているが、いちばん誤解さ

れ誤用されているプラクティスでもある。

9つのプラクティスすべてを適用する必要はない。ただし、目的を理解する必要はある。プラクティスが対処しようとしている問題を軽減するほかの方法があるのなら、安全にプラクティスを入れ替えられる。ただ、ピカソのように、ルールを壊す前にルールを理解しなければいけない。

9つのプラクティスには、検証可能なふるまいを作るという共通したテーマがあることに気づいたかもしれない。これは、開発者が正しいものを作るのに役立つし、検証が簡単で将来の変更も容易なやり方でそれを進める手助けにもなる。

9つのプラクティスは、変更可能なコードを作りつつ、ソフトウェア開発プロセスを効率化する助けになる。変更可能なコードをサポートするプラクティスはほかにもたくさんある。ただ、この9つは確固たる基礎となり、ソフトウェアの開発や保守におけるコスト削減のよい出発点になるだろう。

本書での私のゴールは、読者がソフトウェア開発について効果的に考え、将来の拡張が容易なソフトウェアを効率的に開発できるようになることだ。

4.10　本章のふりかえり

9つのプラクティスは良いソフトウェア開発の核である。このプラクティスによって保守可能なソフトウェアを開発することに集中できる。

本章では、以下のことがわかった。

- 使われるソフトウェアは変更が必要となる。変更可能となるように書かれるべきだ

- 何かを正確にモデルにするには、まず理解しなければいけない

- 人並外れた開発者となるために必要なスキルはすべて学習可能だ

- 必要な変更をすべて予測するよりも、必要となったときに対応できるエンジニアリングプラクティスを身に付けたほうがよい

- ソフトウェア開発はほかの業界とは異なる独特の課題があり、それらの課題に対応するにはプラクティスの背後にある原則を理解しなければいけない

本書でカバーする9つのプラクティスはソフトウェア開発の課題に直接取り組む

ものだ。それらのプラクティスの焦点は開発者を速く働かせることではない。保守、開発がやりやすいコードを開発することに重点を置く。コードに品質を作り込むことに集中することで、コードが扱いやすくなり、結果として、短期的にも、ソフトウェアのライフサイクルにわたる長期的にも、開発者が速く働けるようになる。そうすれば、ソフトウェアがレガシーコードになる可能性を下げられる。

5章
プラクティス1
やり方より先に
目的、理由、誰のためかを伝える

　従来のソフトウェアプロジェクトでは開発の半分もの時間が要求収集に費やされていた。初めから勝ち目はないのだ。チームが要求収集に重点的に取り組むときは、コーディングに関して技術指導もされていないビジネスアナリストのような経験の浅い人たちを連れてきて、顧客のところに送り込み会話をさせる。最終的には、顧客の話すことを中身もわからずそのまま伝えるようになるのが常だ。

　人は、相手に求められていそうなことを言う傾向がある。顧客と接する専門家であっても、このワナに陥りがちだ。「いや、欲しいのはそれではなく、これですよね？」とか、「うまくいくか気を揉むのはやめましょう。開発者を信頼していればきっと前に進みますよ」とは顧客には言いにくいものなのだ。

　顧客の求める機能をリストにして、私たちが考える顧客の言ってほしそうなことを言えれば簡単だ。「わかりました。できると思います」と。だが、本当にできるのだろうか？

　さらに重要なのは、**やるべきか**ということだ。

　話し言葉では、自然と実装の観点になってしまう。それが人間の話し方なのだ。そして、自分がそうしてしまっていることに気づくのは難しい。私は**自分なりの**理解を経て一般化する。あなたは私が一般化したものを聞いて、**あなたなりに**理解をする。そうして最終的に、それぞれが共通の理解だと考えるような2つの異なる経験則を持つことになる。だが、それらは十中八九まったくの別物だ。

　要求の妥当性を検証するのに決まった形はない。顧客がアナリストに伝え、アナリストがドキュメントにし、開発者がそれを読みながらコードに落とし込む……。まるで伝言ゲームだ。ものの再解釈の仕方というのは千差万別だ。それゆえ最終的に顧客にリリースバージョンを渡しても「そんなことは言ってない。欲しかったものはそれ

ではない」と言われてしまうのだ。

5.1　やり方は言わない

　顧客と顧客サービスマネージャーは開発者に具体的な**やり方**を伝えるという考え方自体を避ける必要がある。その理由はさまざまだ。

　ソフトウェアの作り方というのは、作ったことのない人にとってはまったく想像のつかないものだ。誰でもコンピューターの前に座っているだけでわかるようになるというものではない。そのため、ソフトウェア開発プロセスというものを素人にもわかるように変換するには、かなりの労力がかかるのだ。その労力をかけることで、顧客は、自分の要求に耳を傾けてもらえること、そして、プロジェクトがどんなものでどうなっていくのかについて信頼できる合意があることを自信を持って感じられるようになるのだ。まったくもって合理的だ。しかし残念ながら、この労力によって一連の要求が硬直化する傾向にある。

　一見すると要求が良いものに思えても、**やり方**について伝えがちで、問題を解決するどころか増やしてしまう。これが、話し言葉を使ったときに起きる問題だ。典型的な自意識の作用であり、ソフトウェア要求だけにとどまらない。

　開発チームは**やり方**にまで触れている要求を見聞きすると、両手を後ろ手にされているかのようになってしまう。事実上「こういうやり方でやれ」と言われているようなものだからだ。それがそのまま開発者が組み上げるものになる。一歩離れて問題を眺め「さて、このふるまいをどうやってオブジェクト同士の相互作用として実現しようか？」と立ち止まって考えることもなく、往々にして手続き的なコードとして実装してしまう。

　ソフトウェア開発は、コンピューターにあれしろこれしろと命令するものではない。複雑なオブジェクトの相互作用にもとづいてコンピューターが働かされているという**世界**を作ることなのだ。

　これはまるで映画『トロン』のようだ。それからまた、これを擬人化するのも好きではない。コンピューターに意識があるなんてことは絶対にない。しかし、丘オブジェクトとボールオブジェクトを作ってうまくモデル化できれば、ボールは丘を下るだろう。

　ビジネスルールにおいても同じようにすべきだ。

　ビジネスルールはシステムのルール、if文の中の一片のコードだ。ビジネスルール

は、いつ行動を起こすかをシステムに指示するのだ。

ソフトウェア開発者は、自分たちがモデル化しているドメインの観点でこのルールを表現したいと思っている。ソフトウェアがモデル化するドメインやビジネスがなんであれ、その用語を使いたいし、ドメイン知識を利用したいのだ。ソフトウェアモデルの中にあるオブジェクト、もしくは**問題ドメイン**と呼ぶものからビジネスルールが自然にできてほしいのだ。

そう考えるのはそれほど不思議ではない。現実世界のオブジェクトを扱うことを例に考えてみよう。建築家は設計図に従い、事務員はファイルを書類整理棚にしまう。しかし、それらのやり方には意味があるのだ。建築家は、設計図を上下逆さまにしたり、裏返しにしたり、縮尺の合わない設計図を書いたりはしない。「Bernstein, David」というマークのついたフォルダを人（person）だからといってPの項に置いたり、名前にRが入っているからといってRの項に置いたりする人はいないのだ。

ソフトウェア開発者は、ソフトウェアのオブジェクトについても同じことをしたいと考えている。

プログラムの仮想世界におけるオブジェクトは、それが実存する現実世界におけるオブジェクトに直結する姿を映し出すべきなのだ。

5.2　やり方を目的に転換する

私たちが目指すべきは、顧客との協働的な関係だ。しかし引き続き話し言葉が問題になってくる。やり方について口にするのは非常に陥りやすいパターンだ。そして、やり方はソフトウェア開発者だけの問題領域だ。

ソフトウェア開発者として、プロダクトオーナーと顧客が**何**を欲しいのか、**なぜ**欲しいのかを知りたい。そして**誰**のためのものなのか知りたい。どうやってやるか教えてほしくはない。それは私たちの仕事だからだ。そこがソフトウェア開発者の住む世界だからだ。**目的**と**やり方**をつなぐことができるのは、**やり方**についてよく知っている私たちソフトウェア開発者だけなのだ。

自分の家を建てるのであれば、建築家、請負業者、配管工、電気技師などを雇う。そして、キッチンには広い調理台とガスレンジ、寝室はたくさん、ジェットバスも欲しい、などと伝えるだろう。

そこでもし建築家に屋根の角度をどうするか尋ねられたり、請負業者がどの釘を使うか指示するよう求めたり、配管工が仕入れるパイプの長さを私の指示を待ったり

したらどうだろう？　私の答えは「法律に違反しないように。あとはうまくやってくれ」だ。建築家が建築基準法とは何かを聞いてくるようなことがあれば、別の建築家を探すだろう。建築基準法に何と書いてあるかは知らないが、トレーニングを受けた経験豊富な専門家なら構わない。むしろ喜ばしい。私たちは法律を信頼しているし、たとえその中身がわからなかったとしても、専門家は正しいことをすると信頼しているのだ。

ソフトウェアには「建築基準法」がないにしても、トレーニングを受けた経験豊富な専門家はいる。そうした人たちは、「やり方」を扱えるだけでなく、最終的には当初説明したよりもはるかに良い結果になるように新しい機能、新しいアイデア、新しい取り組み方を提供してくれるはずだ。

ソフトウェア開発者は抽象化はもちろん実装の専門家でもある。開発していく中で、開発者はあらゆる種類の代替手段を思いつくが、開発者以外の人にとっては理解できないかもしれない。良い開発者の主たる関心ごとは保守性だからだ。

それに、何をやるにも手段が１つということはない。

チームが違えば、まったく同じソフトウェアを開発するのはほとんど不可能だ。開発者1000人に同じ要求を渡せば、1000通りの取り組み方が見られるだろう（実際そうだった）。最終的な結果は同じように見えるかもしれないが（実際ほとんど同じに見える）、実装の方法が微妙に違う場合もあるし大きく違うこともある。それがよいのだ。そこから新しくてより良いアイデアが生まれるのだ。しかしそれには、コンテキストが最初に定まれば、実装にほとんど依存することなく正しいソフトウェアを作れるような共通の理解、標準の作法、そしてプラクティスが必要になる。

本書を執筆している時点で、私のトレーニングを受けた開発者は8000人を超えている。通常、トレーニングにはプログラミング演習を取り入れている。その中の１つにオンラインオークションのコアの部分を書くという決して簡単ではない課題がある。この演習にはこれまでに約500人の開発者が参加した。

そこでわかったのは、解決方法は驚くほどに多様であることだ。

類似点も多く見られ、同じようなエンティティを呼び出していることが多い。オークション、売り手、入札などだ。しかし実装にはわずかな違いが見られる。ログインしたユーザーをリストで持とうとする場合もあれば、その一方でユーザーオブジェクトにログイン状態を持たせているだけという場合もある。

こういったものに正しい答えなどない。どこかの開発者が機能をどう実装しようと興味はない。私が興味があるのは、ほかにもさまざまなやり方がある中で、ほかを選

ばずそのやり方を選択した、そのトレードオフを開発者が理解しているかだ。

　ソフトウェア開発者は、開発者が知っておくべき一連の主要な原則やパターンやプラクティスの域を超えて、実装を「標準化」する必要はない。それでもふるまいをどう定義するかだとか何のテストを書くべきかだとかについて、「標準化」したくなってしまう。開発者はふるまいの仕様を決めるためにどんなテストを書くかについて意見がまとまれば、一気に多くのことが共通のものとなるのだ。

5.3　プロダクトオーナーにいてもらう

　過去に私が取り組んできた**素晴らしいソフトウェア開発プロジェクト**には、例外なくプロダクトオーナーがいた。この役割をよく表している呼び方はほかにも、プロダクトチャンピオン、顧客担当者、オンサイト顧客、プロジェクトマネージャーなどがある。ときにチームマネージャーだったり、チームリーダーだったりもする。あなたがどう呼ぼうと構わないが、私はこれからもプロダクトに対していちばん責任の重い人間のことを、スクラムに倣ってプロダクトオーナーまたは PO と呼ぶつもりだ。顧客ともっとも頻繁に連絡を取り、プロダクトが本来どうあるべきかいちばんよく理解している人間だ。プロダクトオーナーは信頼できる情報源であり、それゆえこの役割がなんとしても重要なのだ。

　私は長年 IBM で働き、合議によって設計されたプロジェクトやプロダクトに従事してきたので言える。絶対にそれはうまくいかない。

　どのみち合議によって設計されたものは実際には**ほとんど**がうまくいかない。

　技術的な役割で**ない**にも関わらず、プロダクトオーナーは開発プロセスを導くだけでなく推進する。実際、プロダクトオーナーが技術系の人でないほうがうまくいく傾向にある。プロダクトがどういうものか細部まで詳しい知識を持っている、つまり、その領域については**本当に**精通しているという人だ。

　そして、プロダクトオーナーには厳しい批判に耐える覚悟が必要となる……。

　プロダクトオーナーは大スターであるとともに、「責任は私が取る」[†1] と言う人でもある。プロダクトオーナーは吊し上げの対象となる唯一の人と見なされることもある。そういう人が最終権力者であるべきだ。プロダクトオーナーが間違うこともあるにせよ、ソフトウェア開発者は質問に明確で直接的な回答をもらう必要がある。開発者

---

†1　訳注：ハリー・トルーマン大統領が大統領執務室に掲げた座右の銘として有名になった言葉。責任転嫁やたらい回しをしないことの表現

68 | 5章 プラクティス1 やり方より先に目的、理由、誰のためかを伝える

は、多くの人が考えたこともないような、ほとんどの人には理解できないような細部のさなかにいるのだ。

プロダクトオーナーは人同士の関わりの中心になる。最新情報や質問があれば誰もがその人のところに行き、その人が情報を取捨選択する。プロダクトオーナーやプロダクトに利害関係を持つテーマごとの専門家（SME†2）に主導されつつも、**プロダクトを決めていくこと自体はチーム全体の共同作業だ**。それでもプロダクトオーナーは、プロダクトに対するビジョンを掲げ、次に何を作るかを明確にする。

プロダクトオーナーとは、「これが次に作るいちばん重要な機能だ」と言う人のことだ。

プロダクトオーナーは、バックログと次に作るべき機能に順序を付けることで、いちばん重要なものを確実に作り、そうでないものは少なくとも今すぐは作らないようにする。順序付けされたバックログの利点の1つは、いちばん重要なものを最初にやることではなく、そうでないものを葬り去ることだ。そうすれば時間を無駄にせずに済むのだ。

これが私たちの業界において、まだよく解明されていないことの一部だ。

映画制作のスタッフにおいては誰もが自分の仕事をうまくやっているし、誰の貢献を欠いても映画を作ることができない。しかし素晴らしい物語を作ったり素晴らしい絵を撮るための流れやテンポ、そしてそれを実現するためのすべてを知っていたりするのは監督だ。プロダクトオーナーは映画監督のような存在だ。同じように、プロジェクト全体に対して責任を負う必要があるからだ。

開発者は誰も考えつかなかった質問を思いつくことがとりわけ上手だ。思いどおりに動くソフトウェアをコーディングするためには、非常に細かいレベルで質問をしなければいけないのだ。そうしなかったり、たった1つでも可能性のある条件や潜在的な問題を考慮し忘れたりすると、コンピューターがどう動くか保証はないし、プログラムはしょっちゅうクラッシュする。

開発者は、コードそのものではなく**コードが実際にすべきこと**を誤解することがある。プロダクトオーナーが必要なのは、多くの場合ただ1つの絶対的な答えではないにせよ、質問に答え、正しい成果を調査するためだ。

必要なのはユーザーの意図を伝えていくことであって、些細なこと、細かいこと、政治的なことに捕らわれることではない。

---

†2　訳注：Subject Matter Expert の頭文字を取ったもの

それでもなお、仕様書もなく作業をするという考え方は一部の開発者を興奮させる。要求が出そろう前にソフトウェアのコードを書くように開発者に依頼するのは、彼らが何をしたらよいか**わかって**いないうちは非効率だし無謀とさえ思える。しかし開発者はすべての要求が出ずとも順次追加することで、開発を始められる。品質を大幅に向上させながら効率的に行うことができるのだ。

ここで目的と理由を尋ねるという考えに戻る。

では、仕様書に代わるものは何だろうか。

5.4　ストーリーで目的、理由、誰のためかを語る

ストーリーとはこれらを1文で表すものだ。

- 何が
- なんのために
- 誰のために存在する

映画鑑賞券のオンライン販売のためのソフトウェアを作る仕事が課せられたとしよう。こんなストーリーがあるかもしれない。

映画ファンとして、チケットをオンラインで購入したい。そうすれば劇場で
列に並んで待つ必要がない。

この1文からは、誰のためのもので（映画ファン、消費者）、何が必要で（映画のチケットをオンラインで購入できること）、なぜ必要なのか（チケット売り場の長蛇の列を避けるため）が読み取れる。素晴らしい出発点だが、あくまでも出発点だ。ここからコーディングを始めるには情報が足りない。それゆえ、ストーリーはそれ単体で仕様書に置き換わるものではない。しかし、これで**やり方**ではなくコンテキストに注目できる。

良いストーリーを書くためにはもっといろいろあるのだが、本書に収まらない。ストーリーを書くにあたって勧めるのは『User Stories Applied』[4]だ。

70 | 5章　プラクティス1　やり方より先に目的、理由、誰のためかを伝える

アリスター・コーバーン曰く、ストーリーは「会話の約束」[3] である。その機能を作るための情報は不足していても、機能について会話を始められる程度に十分な情報を持っている。

要求はストーリーで置き換わるものではないが、プロダクトオーナーと開発者、プロダクトオーナーと顧客とのあいだのやり取りに置き換わる。このやり取りによってソフトウェアを作るための深い理解が生まれるのだ。

ちなみに、ストーリーは 75mm × 125mm のカードに書くことが多い。余計なことを書くスペースがないからだ。そしてチームには太字のマーカーを渡す。そうすると、大きめの文字で書かざるを得ない。そんなに細かく書きすぎたくないし、可能な限り詳細ややり方を書き加えにくくするための方法を探すのは悪くない。

すべてが書き記された長くて複雑な処理をそのままコードに落としても正確なものにはならない。開発者が必要としないどころか、ないほうがましであろう。一連の命令をただコーディングするよりも、ストーリーが仕事に集中させてくれるおかげで、開発者は発見に満ちた方法でコーディングできる。そしてそれは非常に刺激的なことなのだ。

刺激的で効率的だ。

従来のウォーターフォールプロセスでは計画そのものは独立して生きていくことが多いため、計画会議が終わるとはっきりとした完成感がある。要求を作るのに巻き込まれた人たちはプロジェクトが終わったかのように感じるかもしれない。しかし、やったことといえば、誰かが何か実際に作業をした時点でこういったものがどんなふうになっていればよいか合意した**気になれた**というだけだ。

開発者が座ってコードを書き始めると、答えてほしかった質問のうち実際に答えがもらえていたのは 25% かもしれないと気づくわけだ。これ検討したっけ？　あれはどうだっけ？　これは？　で、どうすればよい？となってしまう。

ストーリーは、ソフトウェアを開発するための計画を練ることに集中してしまっていないか、そうではなく、**ソフトウェア自体の開発**に集中できているかを確かめることが目的だ。

アジャイルな言い方をするなら、「辛うじて十分なドキュメンテーション」だ。

ソフトウェア開発はコーディングがすべてだということも忘れて、仕様書や設計書

---

[3]　Cockburn, Alistair. "A user story is the title of one scenario whereas a use case is the contents of multiple scenarios." https://web.archive.org/web/20140329235803/http://alistair.cockburn.us/A+user+story+is +the+title+of+one+scenario+whereas+a+use+case+is+the+contents+of+multiple+scenarios/v/slim

5.4 ストーリーで目的、理由、誰のためかを語る | 71

の作成に時間をかけているチームは多い。残るのは、コードどころかまとまりがなくバラバラのドキュメントだ。そうではなく、コード自体にすべての知識を**まとめるべき**なのだ。一生懸命そんな成果物を作ってシステムをドキュメントにしているばかりだから、コード自体に語らせたりコードをもっと扱いやすくしたりする時間がないのだ。

開発プロセスを円滑にするのは会話だ。ソフトウェアを作るには、プロダクトオーナーと開発者が協調して取り組むことが群を抜いて効率的な方法だ。

ストーリーは限定的だ。ストーリーとは、1つの機能について、1つの種類のユーザーのために、1つの理由を語るものだ。その一方で、要求は変更可能でまったく固定されていない。ストーリーが限定的であることで、ストーリーはテスト可能になる。ストーリーがテスト可能であれば、どこまでやれば終わりかがわかるようになる。これはソフトウェア開発者にとって決定的に重要な意味を持つ。というのも、ある機能がどのように使われるかわからなければ、必要以上に作り込んでしまうからだ。全機能のうち約半数が使われもせずに終わるのはこのためだ。

ソフトウェア開発者は作り込みすぎる。今作っているこの機能が予期しない使われ方をされるのではないかと**恐れている**からだ。どんな使い方をされるかがわかれば、正しく、そしてその要求に応えるように作ることができる。そうすれば次に取りかかることができるのだ。

ソフトウェア開発に「もしこうなら」はつきものだ。私たちの業界に悲しみと不幸をもたらす元、それは期待だ。**期待**しなければいけないようなときがあれば、いつだってそれは悲惨な状況を招く。やりすぎに気づけないからだ。もう十分やっていると気づけないのだ。フィードバックを得ることもないのだ。

道理で開発者は早く老けるわけだ。

それゆえ「開発を発見のプロセスにしよう」という考え方はとても刺激的なもので、ソフトウェアを作るための強力なやり方だ。そして当然ながら開発者は、プロトタイプを作ったり作りかけのものを見せたりして、顧客から機能に関するさまざまな新しいアイデアを引き出すようになるのだ。

ソフトウェア開発者は決定的なことが好きだろう。それに、発見の感覚はゆっくりでとりとめのない長い道のりだと暗に示しているのではない。受け入れテストを書こうとすれば書ける、いや、書くべきだ。この手のことは自動化ツールがやってくれて、ツールが「はい、テストが通りました」と言えば、よしオッケー、ということだ。それで次に進むことができる。

夜中まで眠れずに「あのケースは網羅したっけ？　あっちのケースは？」などと思いを巡らす必要もないのだ。

5.5　受け入れテストに明確な基準を設定する

辛うじて十分なドキュメンテーションから着手すれば、何か機能を作り始める前に、チームが知っておくべきことがいくつか出てくるだろう。段階的な要求から着手する前にプロダクトオーナーは以下のことをわかっている必要がある。

- 受け入れ基準はどんなものか
- 開発者と議論するためにはどのくらいの詳細さが必要とされるか

開発者は通常、何を作るべきかについてかなり知っていることが要求される。

プロダクトオーナーと開発者のあいだの会話を自動化しようとする人はいないだろうが、受け入れの基準については自動化できる。

- 何をするはずか
- いつ動くのか
- どうなったら私たちは次に進めるのか

これによって開発者はエッジケース、つまり極端なパラメーターが入力されたときに発生する問題や状況に集中できる。

顧客は多くの場合、こういったことに関する質問が挙がると驚く。要求を出す過程において考えたこともないのだ。業務をする上でそういった問題を経験したことがあるにも関わらずだ。しかし、これらのことはいつでも実際に動作するように開発者がソフトウェアに仕込んでおくべきことで、ほかがすべて完璧に動いていればよいというものではない。これを私たちはハッピーパスと呼ぶ。

ハッピーパスは、まずいことが一切起きないことを前提とする。しかし、当然ながら開発者は代替パスやエラーパス、例外パスなども解決しなければいけない。機能にハッピーパスは1つかそこいらしかない。しかし例外パスはいくつもある。ゆえにこういった例外をシステム的に扱うことでソフトウェアをシンプルにできるのだ。

コーナーケースはハッピーパスからの分岐だ。開発者として、境界値の範囲外の入

力を受け取ることもあるだろう。もしくは、ネットワーク上のサービスにアクセスしてもそのときサービスが停止していることで、エラーに遭遇するかもしれない。どう取り扱おう？　レスポンスはどう返そう？

　もちろん、コンピューターをクラッシュさせたいのではない。もっと意味のあることがしたい。ユーザーにメッセージを出すとか、もしくは代替パスを試すのはどうだろう。開発者は代替処理やアンハッピーパス、エラー条件、そういったすべてのことを具体化することが必要だ。これは「ストーリーにまずいことが起きるとすると、それは何ですか？」と質問するのと同じだ。

　これらの分岐を受け入れテストに入れておこう。ストーリーを完成させるために本当にすべてのエッジケースを定義しなければいけない。もし間違えたりエッジケースを取りこぼしたりしたら、コンピューターは暴走して造作なくクラッシュする。私はこれを「死のブルースクリーン」と呼んでいたこともあった。

　どう呼ぼうと勝手だが、いずれにせよ見られたものではない。

5.6　受け入れ基準を自動化する

　要求を受け入れテストとして表現できるようになると、まったく別の豊富な情報のための、もう1つの意見が出てくるようになる。これによって開発者は現実の顧客のビジネスニーズを理解できるようになり、正しいコードを書けるようになる。読みやすくもなるのだ。受け入れテストがあれば、システムのふるまいを定義し、入力や期待される出力の実例をそろえやすくなる。机上の空論で話さなくても済むのだ。今度こそ私たちは「この特定の入力がされたとき、出力はこうなるべきだ」と言うことができる。具体的になるのだ。

　抽象を具体化するのはソフトウェア開発において重要なスキルだ。そのまた逆、具体を抽象化するのも同じように重要だ。受け入れテストを利用してふるまいや実装を具体的にすることで、開発者が行きつ戻りつできるようになる。通常2つ、多くても3つのふるまいの例があれば、コーディングを始められる。理解し一般化しやすくするのにも十分だ。自動化された受け入れテストを利用することで、ふるまいを定義することは全員が同じ考えを持ったことを正式に意味することになる。

　自動化されたテストを利用しようがしまいが、受け入れ基準やコーナーケースをストーリーカードにさっとメモしておいて、どんな例外を扱わなければいけないのか思い出すようにするとよい。特定の受け入れ基準を満たしたときに機能が完成したとわ

かれば、開発に集中しタスクに集中していられるようになる。開発者はときに作り込みすぎたり、業界でいうところの「金メッキ[†4]」をしてしまったりする。自分たちのソフトウェアがどんなふうに使われていくのか、十分に堅牢なのかがわからないためだ。繰り返しになるが、十分に定義された受け入れ基準があれば、そういう問題は減る。

心からプロジェクトが成功してほしいと思うのであれば、プロダクトオーナーは必要だ。大成功する映画には素晴らしい監督がいるのと同じことだ。自動化された受け入れ基準があれば、曖昧な表現はあり得ない。プロダクトオーナーと開発者の双方がプロジェクトを成功裏に終わらせるのにいちばん重要なことがらに集中しやすくなる規律なのだ。

5.7　実践しよう

ここまで説明した考えを実際にどうやるか見ていこう。

5.7.1　プロダクトオーナーのための7つの戦略

素晴らしいプロダクトの中心には素晴らしいプロダクトオーナーがいる。プロダクトオーナーはプロダクトに対するビジョンを持ち、終わらせるべき仕事の優先順位を決める。敏腕プロダクトオーナーになるための7つの戦略はこれだ。

SMEになる

プロダクトオーナーはテーマごとの専門家（SME）でなければいけない。そして、プロダクトのあるべき姿を深く理解していなければいけない。プロダクトオーナーはシステムを作るよりも前に、できるだけ全員が理解できるよう、システムを視覚化し、例示してみせることに時間を割くべきだ。

開発を発見のために利用する

プロダクトオーナーがプロダクトビジョンを持つべきであると同時に、開発の過程においては、より良い解決方法を発見するために広い心を持ち続けなければいけない。反復型開発にはフィードバックの機会が多い。プロダクトオーナーはそ

[†4]　訳注：たとえば、要件を満たしたあとでも、それ以上に機能を追加したり、洗練させたりするようなこと。全体として見ると無駄になる可能性もある

の機会を活用して何百ものユーザーに開発途中の機能を投入し、開発が正しい方向に向かっていることを確認すべきである。

なぜ誰のために、を開発者が理解できるようにする

なぜその機能が必要とされたのか、またそれが誰のためのものなのかを理解することは、何が要求されているのかという背景を開発者が理解することにつながる。

どうやって手に入れるのかではなく、何が欲しいのかを説明する

仕様書やユースケースよりもストーリーが良い点の1つは、どうやって作るかではなく何を作るかに集中することだ。多くの場合開発者は、仕様書やユースケース記述を読みそっくりそのままコードに落とし込んでしまう。そしてそれは解決方法をあとで一般化することを困難にする。プロダクトオーナーは開発者にやり方を教えるのでなく、終わらせてほしいことに焦点を合わせるように気を付けなければいけない。そうすることによって開発者に裁量が与えられ、より保守性の高い解決方法を思いつくことができる。

質問にはすばやく答える

1文で書かれたストーリーは、仕様書の代わりになるものではない。ストーリーはプロダクトオーナーと開発者の会話の出発点となるようにできている。プロダクトオーナーは開発中に挙がってくる質問に答えられるようにしておく必要がある。開発者の質問に答えることが開発中のボトルネックになることもしばしばで、プロダクトオーナーが捕まらないときは、開発のスピードは落ち、開発者は結局あとで間違っていたことがわかるようなことを推測しないといけなくなる。

依存性を取り除く

プロダクトオーナーは通常コードを書くことはないが、自分のチームの開発者が頼るほかのチームと協力することで、依存性が誰かをかかりきりにしないようにしてやることはできる。バックログを順序付けし、チーム内のどんな依存性もリードタイムが十分にあることを保証するべきなのだ。

リファクタリングを後押しする

機能を要求するのはプロダクトオーナーの仕事だ。だが、それと同時にプロダクトオーナーは作られるコードの品質にも敏感でなければいけない。そうすれば保守性も拡張性も保つことができる。これは、チームがリファクタリングが役立つと思ったときに、チームを後押しすることを意味する。

プロダクトオーナーは、スクラムでプロダクト開発をやっているときには非常に重要な役割だ。技術的な役割ではないが、優れた才能とコミュニケーションスキルを必要とする。プロダクトオーナーがチームの質問に速やかに答え指示を出せるようになっているなら、ソフトウェア開発はどんどん前に進んでいくことだろう。

5.7.2　より良いストーリーを書くための7つの戦略

ストーリーは、誰のために何を作るのかに集中しやすくするものだ。より良いストーリーを書くための7つの戦略を紹介しよう。

プレースホルダーとして見る

ストーリーはそれだけで要求に代わるものではない。プロダクトオーナーと開発者のあいだで会話を始めるのに役立つはずのものだ。要求に代わるのは会話であり、ストーリーは単なるプレースホルダーにすぎない。スプリントプランニングや今後の議論に持ち込みたいと思う話の本筋をつかむためにストーリーを活用するのだ。

目的に注目する

ストーリーはその機能がどうやるかではなく何をするのかに焦点を当てている。開発者はコードを書きながら機能をどうやって作るか見つけ出すべきだ。しかしまずはその機能が何をやるものなのか、どのように利用されるのかについて理解するべきである。

「誰」を擬人化する

誰のためにその機能があるのかを知ることで、開発者はその機能がどんなふうに使われそうか理解を深めることができるようになる。これによって設計の改善についての気づきが生まれる。同時に、開発者がユーザーのニーズやシナリオに近い機能をクラスタリングして、そのユーザーに向けた機能一式を作るのにも役立つ。思い描いた理想のユーザーに背景を持たせよう。名前、欲しいもの、興味などは何だろう。これは、あなたが作っているその機能を使う人を、視覚化して理解する助けになるだろう。

なぜ機能が必要とされたかを知る

なぜその機能が必要であったのか、その機能が何を達成しようとしているのかを知ることで、より良い選択肢に至ることが多々ある。ストーリーの「○○のため

に」という節は、その機能のメリットを提示することによって、その機能に価値がある理由を明確に示している。これは、その機能が切望される理由と一致している限り、機能を開発するための選択肢を与えてくれる。

シンプルに始めて追加はあとで行う

漸進的な設計と開発は、ソフトウェア開発におけるいちばん効果的な方法であるだけではない。最良の結果も提供する。浮かび上がってくることのできた設計がより正確で保守性も拡張性も高い、というのはよくあることだ。リファクタリングと創発設計を理解できれば、品質の高いソフトウェアをより速く作ることが可能になる。最低限の作り直しで設計を変更する手段も与えてくれる。

エッジケースを考える

ストーリーはハッピーパスを提示するが、代替パスや例外やエラーのハンドリングなど、ほかにも取り扱わなければいけないパスがあることがほとんどだ。エッジケースはストーリーカードの裏にさっと書き留めておいて、記録をつけておくことが多い。そしてあとでそのテストを書いて実装を駆動する。

受け入れ基準を利用する

ストーリーの実装に取りかかる前に、受け入れ基準を明らかに定義しておくことが重要だ。SpecFlow や FIT、Cucumber といった受け入れテストツールを使うかストーリーカードにさっと書き記すかして、一連の受け入れテストとして表しておくのがよい。受け入れテストがあることで開発者はストーリーの実装がいつ終わるかがわかる。受け入れテストがすべて通ったときだ。金メッキや作り込みすぎをしなくて済むようになる。

ストーリーは要求仕様書などとは根本的に違い、その機能の目指すところが何で、なぜ、誰のためなのかが最低限の説明で表されている。プロダクトオーナーと開発者の会話の出発点としてはこれで十分で、これによって、開発者が盲目的に要求に従うのではなく、開発が発見のプロセスになっていくのだ。

5.8　本章のふりかえり

実装の詳細ではなく、目的や制約を説明するために、**やり方の前に、目的、理由、誰のためかを口に出そう**。どうやって作るかは言わなくてよいので、何を作るか口に出そう。開発者にやり方を発見させ、やり方になってしまっているものは目的で抽象化

しよう。これによって実装の詳細は隠れ、コードはよりシンプルで、拡張するための
コストも低いものになる。ストーリーが要求に代わり、開発が発見になれば、事前に
洗い出そうとしていたときよりもより良いプロダクトを作れるのだ。

　本章では、以下のことがわかった。

- ソフトウェアがどう作られるかよりも何をすべきかに注目することによって、
  開発者は自由に最良の実装を発見できる
- よりよく品質の高いソフトウェアを作るために、周りの人たちとの接し方を
  知る必要がある
- **目的、理由、誰のためか**を表現するために、実装の詳細を説明することを捨
  て、機能を定義するための極めて重要な会話に代えていくことで、開発が発
  見のプロセスになる
- 敏腕プロダクトオーナーは受け入れ基準が明確に定義された、良いストー
  リーを書く
- もっと効果的に機能を作って、開発にあてる時間を全体の 1/3 にまで回復し
  よう。要求の記述を減らし、プロダクトオーナーと開発チームで協調性を生
  み出していこう

　実装を詳細に説明して要求をドキュメント化するのはやめよう。機能の目的、理
由、誰のためかを口に出すようにするのだ。そうやって機能を定義する方法を変え、
プロダクトオーナーと開発チームとのあいだで創造的に協調するようになれば、開発
時間の 1/3 を取り戻せるだろう。

6章
プラクティス2
小さなバッチで作る

　スクラムのプラクティスの1つにタイムボックスがある。タイムボックスに収めるために、開発者は大きな機能を小さなタスクに分解する必要が出てくる。これは簡単そうに聞こえるが、実際にやるのは難しい。1つの機能やタスクではなく、複数の機能を同時に作って最後のリリースを目指すことに慣れているためだ。そのため、圧倒されたり、遅延したり、急いで終わらせようとしたりすることになる。

　映画制作者は2時間の1回限りの撮影で映画全体を作ることなどできない。一度に必ずしも1シーンしか撮影しないわけではないが、**撮影自体**は一度に1回だ。1回の撮影が終わったら、そこで初めて次に進む。監督は常に映画全体に目を光らせているが、その日全部もしくはその日の一部は、**ワンショット**を撮影するのに全力を注いでいる。

　映画制作者は複数のカメラを持ち込んだりさまざまな技術を使ったりして、シーン全体を1回で撮影しようとすることがある。ソフトウェアプロジェクトでも同じように、あるタスクがほかのものよりも大きくて複雑になる可能性がある。そのため、ソフトウェア開発に関わるすべての人は、その粒度を理解できるようにするところから始めなければいけない。そうすれば、どのタスクが「撮影」で、どのタスクが「シーン」なのかを区別できるようになる。

　ソフトウェア開発では、作業単位の実際のサイズを決めるフォースがあり、単に「小ささ」だけが基準になるわけではない。作業単位ごとに**計測可能な結果**が見えなければいけない。作業単位は、観察可能な行動として見えるものであるべきだ。

　観察可能な行動にする上で、ときには、作業をもう少し細かく分割しなければいけないこともある。私たちはものごとを大きくするフォースと、小さくするフォースの両方を持っている。その2つのあいだで適切なバランスをどうやって見つけるか

は私たち次第だ。つまり、単に「小さい」のではなく、自分たちにとって**正しいサイ**ズにするのだ。

たとえば、数週間ごとのような短い間隔で価値あるソフトウェアを作るのをチームが約束した場合、大きな問題を小さくして扱えるものにしなければいけない。それにはスキルが必要で、そのスキルが高くなれば、もはやイテレーションを厳密に守る必要がなくなって、開発がもっとよどみなく流れるようになるだろう。

タイムボックスは固定の時間の中でタスクに取り組むというプラクティスだ。スコープボックスは、時間を重視せず、単純な形の作業単位、つまりストーリーや機能といった単位で終わらせるものだ。タイムボックスを選ぶかスコープボックスを選ぶかは作業の種類による。タスクのサイズが均一で小さいのであれば、スコープボックスがよいだろう。スコープの管理は時間の管理以上に訓練が必要だ。したがって、一般的には、機能を小さなタスクに分割するのに慣れるまでは、タイムボックスを使うとよいだろう。

作業の適切なバッチサイズを見つける方法はさまざまだ。だが、私たちはまず自分自身に正直であるところから始めなければいけない。

6.1　小さなウソをつく

自分自身にウソをつかなければいけないこともある。これは事実だ。だが、そうすることが実際にはよいことである場合もある。確信を持って人生を歩む手助けになるからだ。なぜなら、確実性など存在しないという事実があり、それを本当に受け止めるのであれば、朝布団から出ることさえもできなくなるからだ。サバイバルでは確実性をもって歩き回ることが要求されるが、**いつも**ではない。

何かをする際にウソをつく必要があるなら、それは肯定的な意味での「ウソ」を意味する。そして、そのウソは小さなものにしよう。そうすれば、ウソが露見した場合の苦悩も大きなものにはならない。それこそがアジャイルだ。短い期間を設定し、小さな単位で作る。そうすれば、道を外れたと感じたときにすぐにわかるし何らかの対処もできる。そして、重要なのは**何らかの対処**をすることである。

何をすべきか、正しいことは何なのかを知るだけでは不十分だ。私たちの多くは何をすべきか、なぜそれをやらないかを知っている。

分析、設計、コーディング、テスト、デプロイというバラバラの工程に分けてソフトウェアを作るのではない。機能単位で作っていく、つまり数週間ごとに動いている

システムに機能を追加していくほうが、よほど単純でリスクも少ない。単純な話で、大きなタスクよりも小さなタスクのほうが扱いやすくリスクも少ない。機能ごとに動作しているシステムと統合していくので、あとになってびっくりすることがないからだ。

1年の開発サイクルで開発者が自分自身に大きなウソをつくのではなく、2週間のイテレーションの中で小さなウソをつくのである。

6.2　柔軟に進める

プロジェクトマネジメントにおける柔軟性についてはあまり知られていない。だが、実際には、柔軟性が必要になることがある。変化に備えることもできるし、変化に翻弄されることもある。

スコープについては柔軟にしたいと思うだろう。もしくは、リリース日を柔軟にしたいと考えるかもしれない。だが実際には、**その両方を柔軟にできなければいけない**。ここで「スコープ」と「日付」だけを取り上げていることに注意してほしい。「リソース」という単語は人間には適用できないのだ。

人間はスケーラブルではない。

フレデリック・ブルックスは著書『人月の神話』[5]の中でクリティカルパスの尊厳について詳しく触れている。そこには、「子供を産むのには9か月かかる。それは何人の女性を集めても変わらない」と記されている。1人の女性が子供を産むのには9か月かかるが、9人の女性を集めて1か月で子供を産むことはできないのだ。

もし、トースターを作っていて、大量注文が来たので2倍の量を作らなければいけない場合は、従業員を倍にし、組み立てラインを新しく作れば、アウトプットは倍になる。これはうまくいく。

だが、ソフトウェア開発で大量の要求が来て、生産性を倍にしなければいけない場合に、人の数を倍にすると何が起きるだろうか?

速度は落ちるか、完全に止まってしまうかだ。

ソフトウェア開発は製造とは違うのだ。

製造では並列化のルールがある。2つの完全に独立した組み立てラインの場合には、生産性は倍になる。だがソフトウェアでは、人同士のやり取りがとても多い。そのため、人を追加すればするほど、やり取りが増えて速度が落ちていくのだ。組み立てラインでの機械的なタスクはそれぞれが完全に独立しているが、ソフトウェア開発に

はそのようなタスクは含まれない。プロジェクトに多くの人を追加すると、コミュニケーションと調整がより多く必要になる。これによってプロジェクトはスピードが上がるのではなく下がるのだ。

　実際に、ソフトウェア開発におけるトップチームの秘密の1つは、チームがとても小さいことである。そうしているのは、人間同士のやり取りに多くの時間がかかるからだ。

　では、人を追加できず、リリース日を約束していて時間も延ばせず、それでもマーケティングがすでに約束してしまった機能を出荷しなければいけないとしたら、何を捨てるだろうか？

　開発者はそれが何かわかっている。自分たちがコントロールできるただ1つのものだ。

　そう。**自分たちの作業の品質**だ。そして、品質は自分たちが絶対に犠牲にしたくないものの1つだ。

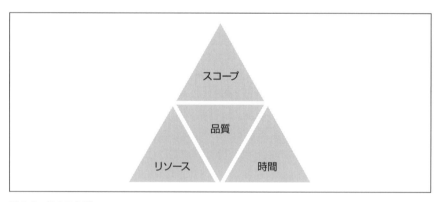

図6-1　鉄の三角形

　図6-1は**鉄の三角形**[†1]と呼ばれるもので、それぞれの頂点はスコープ（S）、時間（T）、そしてリソース（R）になる。製造においては、どれか2つを選ぶと、3つめが固定される。STRには次のような関係が成り立つ。

---

†1　プロジェクトマネジメントの三角形と言われることもある。https://en.wikipedia.org/wiki/Project_management_triangle

スコープ＝時間 × リソース

　だが、ソフトウェア開発においてはこの計算式は間違いだ。建物の建設であれば、スコープは固定だ。屋根を作るのが終わっていないのに「リリース」することはできない。たとえ、それが TODO リストの最後の作業だとしてもだ。

　ソフトウェアではスコープはとても柔軟だ。開発者は間違ったものを作ったり、正しいものを作りすぎたりすることが多い。私たちが最初に見るべきはスコープを柔軟にするところだ。**最小市場化可能機能セット（MMF）**、**ストーリーの分割**などのテクニックを使ってスコープを決定する方法を理解すれば、適切なサイズの機能セットを決定するのに役立つ。

　いちばん価値がある機能が最初に開発されるべきだ。そうすれば、作ったものが顧客にとって価値がありそうなら、早期にリリースできる。もし開発が期待どおりに進まずにリリース日を迎えたとしても、ソフトウェアは価値を提供できている。提供された機能の半分は使われないことを踏まえると、ユーザーに何かを提供しているのと何も提供していないのとでは、成功と失敗くらいの差があると言える。

　これらのことによってフィードバックサイクルが短くなる。フィードバックを得る回数が増えれば、問題を見つけられる可能性も増えるし、データを確認したらすぐに対応することもできるようになる。

　小さなバッチで仕事を進めるということは、想定ではなく検証を続けるということである。

　これはマインドセットの変化ももたらす。開発していて自分が**わからない**ことが何なのかを考えるようになるのだ。

6.3　ケイデンスがプロセスを決める

　「How Cadence Predicts Process（ケイデンスの予測プロセス）」[2] の中で、メアリー・ポッペンディークはリリースサイクルのリズムがシステムの効率にどう影響するかを説明した。彼女が使ったのは 6 か月のリリースサイクルの例だ。1 リリースのサイクルに 6 か月を費やす場合、たぶん少なくとも最初の 1 か月は要求に関することに費やす。そこで何を作らなければいけないかを明らかにするのだ。つまりコー

---

[2]　Poppendieck, Mary. How Cadence Predicts Process (blog). http://www.leanessays.com/2011/07/how-cadence-determines-process.html

ディングはしていない。そして、万国共通だが、最後の2か月つまり全体の1/3を
テストと統合に費やす。

つまり、ソフトウェア開発者の時間の半分は、**ソフトウェアを作ることに使われてい
ないこと**を意味する。

6か月のリリースサイクルで、1サイクルに25個の機能を作る場合、単純計算だ
と1週間あたりおよそ1機能だ。機能要求がランダムにやってくると想定した場合、
次回のリリースサイクルが始まるまでの平均待ち時間は3か月（サイクルタイムの
半分）で、そこからリリースが終わるまでに6か月かかる。つまり機能単位での平
均待ち時間は9か月となり、プロセス効率は2.6%程度になる。バッチでものごとを
進めるのは、信じられないくらい非効率なのだ。

すべてのタスクがそれぞれ1週間で終わるサイズだとすると、リリースサイクル
を短くすればするほどプロセス効率は上がる。

リリース サイクル	1週間	2週間	1か月	2か月	3か月	4か月	6か月
平均待ち 時間	1.5週間	3週間	1.5か月	3か月	4.5か月	6か月	9か月
効率	100%	50%	23%	12%	7.7%	5.8%	2.6%

もちろん、すべてのタスクが1週間のサイズではないし、タスクのサイズにばら
つきが大きいほどリリースサイクルは長くしなければいけない。「効率」という単語
はここでは誤解を招く可能性がある。これが指すのは、ソフトウェア開発プロセスの
どのくらいの割合が1つのタスクに費やされているかを示しているかだ。同時に着
手しているものが多くなればなるほど、全体の効率が下がり、多くのタスク切り替え
が必要になる。

リリースサイクルが長くなるほど、これらの非効率性によって全体の効率は悪化し
ていく。こうなると要求を文書に書く必要が出てくる。非効率の極みだ。そして、こ
のやり方だと正式なテストフェーズや統合フェーズが必要になる。

つまりウォーターフォールを強制されるのだ。

リリースサイクルが長いほど、各タスクを最初から最後まで（ストーリーから統合
まで）できるだけ早く効率的に実行するのではなく、タスクの種類（設計、コード、
テスト、統合）で作業をまとめる傾向がある。

バッチでの機能開発と長いリリースサイクルは文書化された要求を必要とし、それがプロセスに大量のエラーと非効率性をもたらす。IAG コンサルティングが 2009 年に実施した「Business Analysis Benchmark[3]」によると、新規プロジェクトの開発リソースのうち 41% が不要な要求や不十分な要求に費やされていた。

アジャイルでは、要求はストーリーに置き換わる。ストーリーは**会話の約束**だ。アジャイルが真に意図しているのは、要求を会話で置き換える必要があるということなのである。あなたはまだほかの物を作っていて、顧客がしたいことを実現する物はまだ作っていないかもしれない。だが本当はそれこそが要求であるべきなのだ。会話は**同意した方法**で続けていかなければいけない。つまり、あなたがそこにたどり着くまでに宿題を終わらせておく。そうすれば作るものに集中できるようになる。

誰かと会話し、お互いの顔を見ながら、「この状況で true を返すべきか、それとも false だろうか？」と質問し、「まぁ、調べてみよう」という反応を聞く。このほうが、そもそも何の質問も受けていないような要件にもとづいてコーディングするよりもはるかに効率的だ。そのような要件をもとにすると、開発者は想像で進めることを余儀なくされる。その想像は**半分当ってれば**ラッキーだ。

コイン投げにどれくらいのお金を賭けるつもりだろうか？

6.4　小さいことはよいこと

大きなタスクを小さなタスクに分割するのにはスキルが必要だ。コードを分解しつつモジュール化を維持しなければいけない。

ここで明確にしておきたいのだが、私が言う「小さなタスク」とは盲目的にさまざまなタスクに切り出せという意味ではない。そんなことをしてしまうと、大きな機能を作るときにストーリーを組み合わせようとしても、うまくいかないだろう。大きなタスクをどうやって分割するのかを理解することは、すべての開発者とプロダクトオーナーが学習する必要のある絶対的に重要なスキルだ。

チームが複数の機能に着目して、「システムの特定の動作を確認したい。観察できなければいけないが、テストが難しくなるので、多すぎてもいけない」と言っていたとしよう。次の 2 週間で何ができるだろうか？

だが、ウォーターフォールでは、チームはその能力によって役割が決められてし

---

[3]　IAG Consulting. "Business Analysis Benchmark." https://www.iag.biz/resource/business-analysis-benchmark/

まっている。1週間の負荷はどれくらいだろうか？　その結果でどう評価されるのだろうか？　ウォーターフォール環境での自分のワークロードは、通常「たくさんのコーディングをする」というものになる。つまり、分解は行われている。だが、やっていたのは機能を関数に分割することだった。

　通常、この分割を行うのは開発者ではない。アーキテクトとか別の担当者が行い、それから「その関数を書く」タスクが開発者に渡る。関数を書いて、コンパイルし、デバッガーを使ってステップ実行し、プロジェクト最後の統合が行われるまでキューに入って待つことになる。そのため、開発者はコードの行数で評価される。だが顧客はそんなことは気にしない。顧客はソフトウェアの評価を行数で行ったりはしない。コードの行数が顧客に役に立つ何かをするわけでもなく、コードの行数を増やすことに何らかの本質的な**価値**があるわけでもない。

　私たちのゴールは何だろうか？　計測しなければいけないのは何だろうか？

　W・エドワーズ・デミングとリーンの話を思い出してほしい。私たちは、**顧客にとって価値あるもの**にもとづいて計測すべきだ。これは部分最適化を防ぐために、私が確認している数少ないメトリクスのうちの1つだ。そのほか多くのメトリクス、たとえばコードの行数、ベロシティといったものは、部分最適化だ。このメトリクスのせいで、ほかのことが遅くなってしまうようなら価値はない。役に立たないのだ。

　小さいほうがよいのは以下の理由からだ。

- 理解しやすい

- 見積もりやすい

- 実装しやすい

- テストしやすい

　小さなタスクはリスクも少ない。より多くのフィードバックの機会があるからだ。

6.5　分割統治

　この分割統治（ラテン語では divide et imperia）は、マケドニアのピリッポス2世が使った考え方だ。対立する都市国家同士が争っている状態に保ちつつも、同時に複数の戦いが起こらないようにするというものである。この考え方は、大きな問題は単なる小さな問題の集まりであることを示している。小さな問題は大きな問題に比べて

解決が容易だ。したがって、**分割**は本当に重要だ。そしてこのスキルは、ソフトウェア開発を単なる仕事からプロとしての仕事にする上で獲得しておかなければいけない重要なスキルの1つだ（決して唯一のスキルではない）。

ハイチのことわざに「小さな蛇は隠れて成長する必要がある」というものがある。

自分の家の下に住んでいる蛇を駆除したいと思ったら、小さいうちにするのだ。大きくなるまで待ってはいけない。さもないと蛇を引きずり出すのに村じゅうの手助けが必要になってしまう。小さいうちに片付けよう。

つまり、多くの問題は、早めに処理しておけば、単純な問題である。ここで話をしているのは、基本的に常識の話だ。だが、常識と社会的な通念とは往々にして矛盾していることも多い。

通常、ストーリーやタスクなど、私たちがやらなければいけないものは、大きいことが多い。その理由は、複雑であることと、複数のことが入り混じっていることだ。

複数のことが入り混じったストーリーを選んで分解し、コンポーネントに分割する。そのようなストーリーが1つであれば、コンポーネントが何になるかは明らかにわかるはずだ。それぞれのコンポーネントを独自のストーリーにすればよい。

ストーリーが複雑な理由は、ほとんどの場合たった1つのことが理由だ。未知のことの存在だ。複雑なストーリーを扱うには、**既知のことと未知のことを分離する**。未知のドメインが小さくなって消えるまで、それを繰り返していくのだ。

アジャイルのタイムボックスのアプローチはここでも価値がある。こんな発言につながるのだ。「次のイテレーションでは、この問題を取り上げて、解決にはどんな選択肢があるかを理解しようと思う」「何か良いライブラリはないだろうか？」「問題は小さく分割できるだろうか？」「**知ら**なければいけない重要なことは何だろうか？」「自分が**知らない**ことは何だろうか？」

私たちが未知のことを探る際には、以下の2つのどちらかをしたいはずだ。

- **未知のことを既知のことにする**。大きな未知のことがあった場合に、それを扱う方法を理解する

- もしくは、**カプセル化する**。大きな未知のことがあって、それが隠せるようなものならいったん隠しておいて、あとで対処する

一度に取りかかる作業が多すぎると、仕掛り中の作業が増えてたくさんの無駄が生

まれる。これは待ち行列の理論から来る考え方だ。スイスのアジャイルコンサルタントであるハーカン・フォースは高速道路の交通量の管理と比較して説明している。ある渋滞箇所で制限速度を下げると、通過できる車の数が増える。つまり「プロセス内の作業の量を減らすと、システムが安定する」のである[†4]。

フォースはリトルの法則の一種を使っている。

$$サイクルタイム = \frac{仕掛り中の数}{スループット}$$

仕掛り中、つまり TODO リストの項目数を、すべての作業を終わらせるのにかかる時間で割ったものが、サイクルタイムだ。

仕掛り中の個数を減らせば、サイクルタイムもそれに従って短くなる。フィードバックはすばやく行われるようになり、問題はまだ小さいうちにわかるようになるため修正も簡単だ。

従来の要求仕様にもとづく開発では、**すべてのこと**、つまり一連の要求が TODO リストにフロントローディングされる。これによって仕掛りの数は膨大となり、サイクルタイムは月や年の単位まで増大する。小さな問題を悪化するまで放置し、システムをクラッシュさせるような不具合へと増殖してしまうのだ。

これはウォーターフォールに限った話ではない。アジャイルに取り組もうとしている組織でも同じだ。最後まで統合やテストを残してしまうと、仕掛り中の数は多いままだ。タスクを 99% 完成まで持っていくのでは不十分だ。リスクが未知のままだからだ。新機能を追加する上でのリスクを減らす**唯一の方法**は、**開発したらシステムに完全に統合してしまう**ことなのだ。

解決策は、このあと見ていくように、継続的に統合することである。これによってバグが混入したかどうかのフィードバックをすばやく得られるようになる。この手のすばやいフィードバックは、開発者が欠陥をまだ小さいうちに労力をかけずに直す上で役に立つ。

6.6　フィードバックサイクルを短くする

フィードバックサイクルの観点では、小さなバッチが望ましい。ソフトウェア開発

[†4]　YouTube. "Hakan Forss 'Queuing theory in software development.'" Uploaded July 1, 2011. https://www.youtube.com/watch?v=tt4vnCzHAZk

におけるフィードバックサイクルの**ほとんどすべて**に当てはまる。

顧客との会話もフィードバックサイクルの一例だし、イテレーションの最後のデモや開発した機能のデモもそうだ。開発者として受け取るものとしては、コンパイラからのフィードバックもある。コードを書いてコンパイルする。コンパイラは構文の問題があれば教えてくれる。開発者向けフィードバックの基本形である。続いてのフィードバックは、自動テストスイートからのフィードバックだ。もしコードが壊れていればすぐに通知してくれる。

だが、ただタスクを分割してフィードバックを得ればよいわけではない。開発者が**行動可能な建設的な**フィードバックが必要だ。

フィードバックは良い知らせのこともあれば悪い知らせのこともある。フィードバックに対して行動が取れるかどうか次第だ。フィードバックをかみ砕いて取り入れる方法を見つける必要がある。アジャイルでは、フィードバックを集める方法はたくさんある。たとえば、レトロスペクティブやレビュー、チェックインなどだ。だが、開発者にとっていちばん重要なのは高速な自動ビルドだ。これがあれば、すぐにエラーを見つけられるからだ。

私が知っている優秀な開発者は20秒ごとにテストを実行している。コードを書きながら1分間に3回も実行しているのだ。良い開発者であるために取り入れると良い土台の1つだ。

ソフトウェア開発は精神的な負担の大きい職業だ。40歳を超えてくると以前よりもスピードが落ちてくるので、ほかのスキルに頼らなければいけなくなってくる。私は恥じることなく、開発者に対してどうすれば怠惰になれるかを教えたい。怠惰になればなるほど**思慮深く**なるからだ。そうなれば少ないストレスで、より良い結果が得られるようになる。

私が教えるときには、「間違い」という単語は使わないようにしている。プロの開発者として仕事をしている限り、正しいとか間違っているとかはないからだ。あるのはトレードオフだけだ。だが、あるトレーニングの参加者は、私の考えは間違いだと指摘してきた。彼は「最初から正しくやる方法だけを教えてほしい」と言ってきた。

「言葉を返すようだが、それは間違った質問だ。私たちは間違えるようにできているのだ」と私は返した。

最初から正しくやるのは実際はとてつもなく難しい。間違えてしまっても大丈夫という環境があって、その一方で、間違いにどれほどのコストがかかり、どう間違いを減らすかを理解できていれば、それが最速の道だ。2つの地点を結ぶ最短のルートは

必ずしも直線とは限らないのだ。

　顧客から質問されたらなるべく早く返したい。顧客とチームがいつも一緒にいるような余裕がない組織のことをよく耳にするし、あなたも耳にしたことがあるだろう。そこで私が言うのは、**それをしない余裕などない**ということだ。さもないと、開発者は想像でものごとを進め、半分の確率で間違った方法に進んでしまう。**コイン投げにどれくらいのお金を賭けるつもりだろうか？**

　だが、開発者が認識していない絶対的に重要なフィードバックサイクルがもう1つある。これは高速化に着目したフィードバックサイクルで、簡単かつ安価だ。その上とてつもない価値を提供してくれる。ビルドである。

6.7　ビルドを高速化する

　私が「ビルドを高速化しろ」と言う意図は、**3時間ではなく3秒以内に結果を返してくれるようなビルド環境を作れ**、ということだ。

　これを実現するには、依存関係にどのようなものがあるかを理解しておかなければいけない。このプロセスは、開発者が自分たちのアーキテクチャーが良いものかどうかを判断する手助けになることが多い。

　私のコンサルティングの顧客は、私がすぐに結果を出すことを期待する。そのため、価値をすばやく出すためにさまざまなテクニックを身に付ける。顧客に対して、どこにいちばん注力すべきかを提案することが多い。それをする上で、かなりの時間を顧客のコードを見るのに使う。ビルドは良いアーキテクチャーなのかどうかを教えてくれるのだ。

　私の顧客に、開発者全員が24ギガバイトのメモリを積んだマシンを必要としているところがあった。というのも、メッセージボックスのちょっとした単語のスペルを変更するだけで、システム全体の再ビルドが必要だったからだ。どの箇所もほかのところから丸見えだったのだ。彼らのアーキテクチャーは素晴らしかった。唯一の問題はアーキテクチャーがカプセル化されていなかったことだ。開発者は、**データベースのちょっとしたデータを書き換えるだけなので、わざわざAPIを使わずに自前でやろう**、と考える。

　こういう開発者がルールを破り、ルールを強制する仕掛けもなかったので、すべてが同じようになっていった。結果的に、ビルドに24ギガのマシンが必要になったのである。

だが、メモリは安価だ。問題があればハードウェアでやっつければよい！

この考えに対して抵抗する人は少ないかもしれないが、結果的にリリースサイクルは3週間になってしまった。小さな変更しか入っていないリリース候補を評価するだけで3週間だ。全部を手作業で再テストしなければいけなかったためだ。彼らは2週間のイテレーションに変えたいと思っていた。ちょっと計算ができれば、これが実際にはうまくいかないのがわかる。そこで、彼らは全部を書き直す羽目になった。

もう一度言おう。**全部を書き直す羽目になったのだ。**

実際にシステム全体を書き直さなければいけない例は稀だが、彼らはそうだった。この場合は、ふるまいとデータの両方がぐちゃぐちゃだったためだ。この会社は年間10億ドル規模のビジネスで、中小企業ではなかった。そのため多くの顧客がいて、やっとのことで新システムに移行した。まったくもってひどい状況だったのだ。

ソフトウェア開発者は既製のコンポーネントを持っていない。部品を1つだけ買ってきて、ただ差し込めばソフトウェアができるというわけでもなく、複数の部品が必要だ。あなたの車が動かないとしよう。点火プラグが点火せず、その点火プラグは溶接されていて、10個以上の別の部品に配線がつながっており、エンジンを据え付けるのにも使われている。この場合は、点火プラグを交換するよりも新しい車を買うほうが簡単だし、コスト効果も高いだろう。これが依存関係と呼ぶものだ。

良いソフトウェア開発は、部品と全体を同時に構築しなければいけない。しかも、部品はなるべく独立させて作るのだ。

そうしても、まだお互いが絡み合っているものが残っているのが見つかるかもしれない。それこそが本当の問題の表れである。たとえば、顧客と、顧客の住所が結び付いていたとしよう。これは良いつながりだ。顧客の郵便番号と出荷元の郵便番号は関係あるだろうが、これは正しいつながりではない。出荷元が1社しかなかったとすると、そこからすべての郵便番号に向けて出荷しなければいけなくなるが、そんなことはないからだ。何が分離できるのか、つまりお互いの要素を切り離せるのかを考えるとともに、何を結び付けるのかを考える。これは本当に重要だ。

現実世界では当たり前の話だ。エンジンに点火プラグが外せないように固定されているとは誰も思わないだろう。でも、仮想世界ではそれほど当たり前ではない。仮想世界では、部品の単位でものごとを考えない場合が多いからだ。

すべての結合を切り離したいと思っているわけではない。適切な結合レベルにしたいのである。これは多くの場合、あなたの視点に依存する。問題をさまざまな方法で考えることで良い解決策が生まれる。ソフトウェアでも同じだ。ソフトウェアの問題

をさまざまな方法を活用して考える上で、いろいろなテクニックを身に付けてほしい。そして、良い解決策が見つかるまで、それらのテクニックをひととおり試すのである。

これはまさに大工と同じだ。用具ベルトにはさまざまなツールが入っていて、それらをいつ、どうやって、なぜ使うのかを知っているのが良い大工である。ほかの職人やプロフェッショナル、芸術家などと同じように、ソフトウェア開発者もツールとその使い方を理解してほしい。

6.8　フィードバックに対応する

重要で革新的な意思決定をする役割を担っていたチームリーダーがいた。顧客とチームを交えたレビューが終わったあとで、彼は「いちばん重要な意思決定は何だったのか？」と聞かれた。そこで彼は「コーヒーポットを買ったことです」と答えた。

もともとコーヒーポットは4階にあって、チームのフロアは3階だった。チーム全員がコーヒーを飲む。彼が計算したところ、1つ上の階のコーヒーを取りに行くのに年間4万ドルかかることがわかった。コーヒーポットを買うために、チームメンバーは彼に20ドル渡した。

プロの開発者として仕事をすればするほど、ものごとをビジネスの視点で見るようになる。ビジネスでは、着目すべき基本的なことが2つある。価値とリスクだ。ビジネスはこれがすべてだ。ビジネス側の全員の共通語彙である。

ソフトウェア開発者はそれより多くの語彙を使う。開発者は、ビジネス側の人とただ同じ語彙を使うわけではない。したがってビジネス側は、開発者が同じことを言っていてもわからないことがある。

頻繁なフィードバックを提供してくれる仕掛けを持つことは、フィードバックへの対応をサポートする文化がある場合のみ有効だ。ある組織では、予算、期限、スコープは、プロジェクトの初期から固定されていた。これは、「私たちの乗っている列車が崖から落ちそうで、私たちにできることが何もないなら、何も言わないでくれ。人生最後の数秒は至福の無知の中で過ごしたいんだ」と言っているようなものだ。

だが、時間も対応の意思もあったとしたら、私ならそのことを**知りたい**。そうすれば何かできるからだ！　それこそがそもそもフィードバックを受ける目的だ。何かするのである。

もしあなたが2週間のスプリントで毎回2%ずつ改善したとすると、1年後には

50% も改善していることになる。少しでも改善する方法を探すこと。

リーンスタートアップの活動は、マーケットが本当はどんなものなのかを理解するために作られた。リーンスタートアップのアプローチでは、ビジョンを継続的にテストするツールを活用することで、企業はカオスの中で進めるのではなく順番に進めることができるとしている[5]。単に今より良いネズミ取りを作ろうという話ではない。良いネズミ取りは持っていて、それでどうする？という話だ。

自分が馴染みのないものは誰も気にしない。

ソフトウェアには検証とテストの方法がたくさんあるが、リーンスタートアップと同じように継続的なテストが必要だ。オンラインの世界で働いていると、直感的ではない深淵なことを2つ学ぶ。1つは、数千人、数万人、ときには 100 人以下といった驚くほど少ないサンプルから、何が起こっているのかという事実や傾向がわかることだ。そして、傾向がわかるだけでなく、より良い選択肢も見つけられるのである。実際にあなたのプロダクトを買ってくれるかどうかも見ることができる。1 箇所だけを変えた 2 つのバージョンを用意し、それぞれを違うグループに表示し結果を計測するといった A/B テストというものもある。驚くことに、これは一貫した結果を示す。

グーグルの開発者が言っていたのだが、ヘッダーに 1 ピクセルの区切りを入れた場合と 2 ピクセルの区切りを入れた場合とで A/B テストをしたところ、わずか 1 ピクセルの違いにも関わらず応答率に 17% という比較的大きな違いが出たそうだ。

グーグルはすべてにおいて A/B テストを行い、全データを組み合わせてそれらを把握し、理想のソリューションを考えている。それほど難しいわけではないが、結果が一貫しているというのは驚異的だ。

6.9　バックログを作る

バックログは基本的に、作りたいと思っているストーリーのリストだ。機能（ストーリー）をさまざまな方法で整理する。テーマごと、ユーザーの種類ごと、目的など、自分に合う方法で整理すればよい。リリースできるように機能を集めていくことが求められる。これのことを最小市場化可能機能セット（MMF）と呼び、プロダクトが生き残って役立つものであるためにリリースで**絶対必要なもの**を教えてくれる。

MMF がわかっていれば、その開発が早く終われば、必須ではない機能をリリースに追加することも可能だ。時間切れの場合は何を外さなければいけないか、ユーザー

---

[5]　The Lean Startup. "Methodology." Accessed November 12, 2014. http://theleanstartup.com/principles

に価値を届けるために何を含めなければいけないかもわかる。

バックログは**優先順位をつけるのではなく並べ替える**点について説明しよう。プロダクトオーナーは次に何を作るかを伝える責任を持っている。すなわち、それは残りの中でいちばん重要な機能だ。だが、ときには「いちばん重要」なものが何なのか他人が思うほどはっきりしないこともある。ときには、2番目に重要な機能を最初に作ったほうが効率的なこともある。2番目に重要な機能の中に1番目の機能に必要な要素が含まれていて、その順番で作ったほうがシンプルな場合だ。

並び替えのプロセスは柔軟なものにしよう。それから、チームはMMFと、数イテレーション先までのバックログ項目の並び順に合意する。だが、誰かが良いアイデアを思いついた場合はそのアイデアも活用すればよい。

私が守っているルールがあるので紹介しておこう。ある機能がそのイテレーションで取り組む対象となっている場合は、そのタスクに集中する。だが、新しいアイデアが次のスプリントで取り組めるようなものであれば、それを取り入れるのだ。そうしない理由はない。私が注意しているのは、今やっていることを無効にして開発者をイテレーションの途中で止めることはしない、ということだ。最初にバックログを用意する理由はものごとに順番をつけるためだ。これはイテレーションで進めていく理由でもある。そうすれば、何か良いものが見つかったときに、それを取り入れることが**可能**になるからだ。

6.10　ストーリーをタスクに分解する

ストーリーはシステムにおける観察可能なふるまいを記述したものだ。だが、これでは多くのことを含みすぎていたり大きすぎたりして、2週間のイテレーションでは扱えない。**タスク**と呼ばれる一般的な作業項目に分解しよう。

理想的なタスクは4時間ほどで終わるものだ。だが、いろいろな理由で、数日〜数週間かかるタスクもあるかもしれない。

都会に住んでいる人たちは、ほとんどの仕事は些細なものでも数時間はかかることをわかっている。靴を買いに行くときでも外に出て何かするときでも、最低4時間はかかるものだ。タスクのことを考える場合、いつもこのことを考えるようにしている。

ソフトウェア開発のほとんどすべてのタスクは、たとえ些細なものでも最低4時間かかる。チェックアウトして、テストして、チェックインする。こういったことを

すべてやらなければいけないのだ。

　私たちは見積りの単位に時間は使わない。**理想時間**として扱えるようなストーリーポイントを使っている。1 日の作業時間が 8 時間だとすると、それは 4 時間の**理想時間**とするのだ。したがって、タスクに 4 時間かかるのであれば、それは 1 日分の作業ということになる。このくらいの大きさがタスクとして着手できるものだ。

　結局のところ、稼働率が 100% の高速道路とは何だろうか？　それは駐車場のように見えるはずだ。同じことは従業員にも当てはまる。従業員を採用して、1 日の稼働率を 100% にしたら、単純に止まってしまう。50% 前後が理想的だ。50% の割合で本当の価値を生み出している開発者がいたら、それは驚くべきことだ。人間は機械では決してない。学習に時間は必要だし、ストレッチしたり食事したり手洗いにいく時間も必要だ。

　私たちは人間なのだ。

　マネージャーに対するいちばん重要な質問は、開発者はどれくらいの時間を**開発**に使っているかだ。

　多くの環境で一般的なのは 1/3 から 1/4 くらいだ。ときには 1/5 くらいのこともある。その程度の時間しかコードを書くのに使っていない。だが、開発者に給料が支払われるのは、コードを書くからではないのだろうか？　開発者はコードを書くのが**嫌い**なのだろうか？

　タスクは機能を完成させるのに近づくようなものでなければいけない。タスクに受け入れ基準を用意すれば、タスクが完成したかどうかを計測したり観察したりすることができる。タスクをこなすことで機能（ストーリー）全体の完成に近づいていけば、自分たちが正しい方向に進んでいるかを把握できる。ストーリーやタスクを計測可能にすることのほかに、この領域には多くのテクニックがある。

6.11　タイムボックスの外側を考える

　スクラムやほかのアジャイル方法論は非常に急速に広まっている。これはよいことではあるが、それらが本当は何なのかという本質は、同じ速度では広まっていない。オブジェクト指向（OO）は 1990 年以降一般的なものとなり、ほとんどの人が Java や C++、C# といったオブジェクト指向言語を使うようになった。だが、彼らのコードを見ると本当の意味での OO を使ってはいない。手続き型言語に対する OO 言語の利点の本質を、実際は理解していないのだ。オブジェクトを使ってはいるものの、

ふるまいをカプセル化しているわけではなく、そのためテストのしやすさも設計の分離も実現できていない。単にクラスの記述の中に手続き的なコードを押し込めただけなのだ。

アジャイルでも同じことが当てはまる。2013年6月に公開された「State of Scrum Report（スクラム現況調査）」は、調査に回答した企業の40%（これは業界全体の良い断面図と言える）が何らかの形でスクラムを利用しているという調査結果を出した。ところが、回答者に対して何をやっているのか聞くと、スタンドアップミーティングをして、イテレーションで進めているものの、イテレーションでは完成させてすらいなかったことがわかった。13%の組織しか継続的インテグレーションを実践しておらず、そのうち毎日かそれ以上の頻度で統合していたのはたった37%だった。言い換えると、スクラムを実践していると答えた企業のうち、1日1回以上コードを統合していたのは5%以下だったことになる。タスクが完全に終わっていない状態でどんどん先に進め、サイクルの終わり頃に結合し、それからテストしているのだ。

これはウォーターフォール以外の何者でもない。

多少の利点はあっても、ゲームそのものは変わっていない。スクラムはオール・オア・ナッシングという提案ではない。スクラムの要素がどこかしら役に立つことはある。だが、リスクという点ではオール・オア・ナッシングだ。バイナリ値である。リスクを抱えるか抱えないかだ。リスクとは未知のことだ。未知なことにはリスクがあるのだ。

6.12　スコープを管理する

もし潜在的なリスクが1%でもあるのなら、多くのリスクがある。リスクをなくす唯一の方法はストーリーを完成させることだ。すなわち、明確な「完成」の定義を持たなければいけないことを意味する。イテレーションで完全に完成まで持っていき、それをすべて統合できていればリスクはない。それまでは少なからず懸念がある状態なのだ。

この考え方はシュレーディンガーの猫を彷彿とさせる[6]。

オーストリアの物理学者エルヴィン・シュレーディンガーは、量子力学を説明するための思考実験を提唱した。彼が考えたのはこういうものだ（実際にはやっていない。念のため）。猫を箱に入れる。箱の中には装置があり、意図的もしくは偶然その

---

[6]　https://ja.wikipedia.org/wiki/シュレーディンガーの猫

装置が動作すると有毒物質が放出される。毒が放出されたかどうかの不確実性と猫の状態を直接観察できないという条件は未知の状態であり、そこでは猫の生死の両方を受け入れなければいけないと彼は主張した。生死を確認する唯一の方法は箱を開けることなのだ。

ほとんどの開発では、私たちは「猫」（システム）を何個あるかわからないバグと一緒に箱に入れている。実際にプログラムを箱から取り出して、シュレーディンガーの猫の生死の確認のようにそれを動かすまでは、動く・動かないの双方の状態にあるのだ。

1つのバグがシステム全体を動かなくするまで、リスクは指数関数的に増大する傾向がある。そのため、それぞれのイテレーションもしくは機能ごとに、システムの小さな部品を完全に統合することでリスクを減らすようにするのだ。

だが、実際は**タスクに分解する**のはいつも簡単とは限らない。スクラムで2週間スプリントを採用した場合、2週間のサイズに収まるインクリメントに分割しなければいけない。ストーリーの分割やタスクの分割は、ほかと同じように、スキルの1つであり、開発者はうまくそれができるようにならなければいけない。

タイムボックスやスコープボックスといった厳格なプロセスから始めて、学習して、習慣化し、技術を理解して、原則や手順を作ってそれを自分たちで更新できるようにする。そうなれば、タイムボックスを取り除いて、ただ小さなタスクを用意して進められるようになるだろう。

これは習慣の話だ。あなたが禁煙したければ、ニコチンの習慣を打ち破るためにニコチンパッチが使える。そのあとずっとニコチンパッチを使い続けていれば、臭いはなくなり肺はきれいになっていくかもしれない。だがその場合、実際にはニコチンの習慣を打破できていないのだ。まだ薬にはまっているのである。

エクストリームプログラミングもスクラムもニコチンパッチのようなものだ。イテレーションの本当の目的はリリース単位での物づくりという中毒からチームを解放することなのだ。中毒から抜け出せば、もうタイムボックスは必要なくなるかもしれない。これは、喫煙者が最終的にニコチンパッチからも離れて、健康でニコチンのない生活を送るようになるのと同じだ。このような考え方を取り入れたアジャイルの手法がカンバンだ（**図6-2** 参照）。

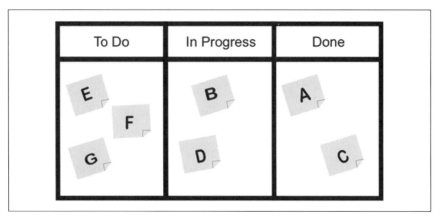

図6-2　カンバンボード

　カンバンでは進行中の項目の数やそれぞれのキュー（To Do、In Progress、Done）の数を制限することを要求する。スプリントはない。項目は「To Do」から「In Progress」に移動し、完成させて「Done」に移動する。もしくは新たに優先しなければいけない項目が出てきて、「To Do」に戻ることもある。

　「In Progress」のカラムのスペースを空けるためには、項目は「To Do」に戻さなければいけない。そうしないと、すべての項目を同時に着手することになってしまうからだ。これらはすべて、一生懸命ではなく賢く働けるように手助けすることを意図している。すべてをいっぺんにやろうとするのは**大変**だ。仕掛り中（WIP）の制限によって、チームがある時点で着手できるタスクの数を制限する。

　最終的に私たちが着目しなければいけないのはスコープの管理で、それに時間を使う。2週間のイテレーションも人為的なものであり、そこには非効率が残ってしまう。もちろん、イテレーションは「あー、このタスクは4時間かかりそうだね」と言えるようになるための1つの方法だ。それを終わらせて、「OK。次のタスクは何かな？」と聞くようになってくれば、高い効率性を目指し始めるタイミングだ。

　2週間のイテレーションが使われるのは、扱いやすい長さで移行しやすいことが理由だ。大きなものを作るプレッシャーがあること思い出してほしい。ある機能を追加したいが、分割するのは難しいと思うこともある。ボーイングでも片方の翼しかない飛行機を作ることはできないし、もう片方の翼を作る前にテストすることもできない。両方の翼を作るしかないのだ。

チームが集まって、今どこにいるのかを確認できるような報告の時間が必要だ。ほかの会議と同じように、この会議も、会議のための会議であってはならない。チェックインをして、進める上で困っていることがないか、どこまで来たのかを確認し、進ちょくを計測するのだ。それに慣れてきたら、自然にそれをやっていくだけだ。

私はチームが流れに乗って物を作っているのを見るのが好きなのだが、そうするためにはケイデンスが必要だ。2週間のイテレーションのもう1つの良い点は、それがドラムのビートになることだ。組織のほかの部門が開発と同期を取りたければ、そのタイミングで同期が取れる。全体が流れている環境でも、同期点を持たなければいけないことがある。そうしないと、ビジネス側が開発側と対話できなくなってしまうかもしれないからだ。

私たちの最終的な目標は小さなタスクだ。機能をできる限り小さな作業に分解し、4時間程度で完成させる。短ければ短いほどよい。タスクには、明確に定義した受け入れの基準、つまり「完成」の定義を用意しておくようにする。それだけだ。

6.13　実践しよう

ここまで説明した考えを実際にどうやるか見ていこう。

6.13.1　ソフトウェア開発を計測する7つの戦略

ソフトウェアは形のある商品とは違うので、計測の仕方も異なる。開発者が取り組むタスクは日ごとに変わる。したがって生産性を意味のある標準化された方法で計測することはできない。私はチームに対して、ベロシティを計測しないようにアドバイスする。ベロシティによって間違ったメッセージを伝えてしまい、マネジメント側が誤ったゴールを設定してしまうことになるからだ。ベロシティは品質を犠牲にすれば上げられる。だが、これは間違いだ。以下では、ソフトウェア開発で価値を計測する7つの戦略を紹介しよう。

価値実現までの時間を計測する

私たちがソフトウェアを作るのは、何らかのニーズや希望を満たしたいからだ。そして、何らかの価値を作り始めてから、それを使ってユーザーが価値を実現できるまでにかかった時間は、私たちの有効性の良い尺度となる。全体のプロセスの最適化に寄与しないような部分最適化は無意味だ。価値実現までの時間を計測

することで、私たちは全体像に注目し続けることが可能になる。これは計測の価値があるものの1つだ。

コーディングに使った時間を計測する

開発者は開発が好きだが、邪魔が入ることもある。皮肉なことに、多くの組織で品質を保証するのに使われた時間は、チームが実際に品質を作り込むのに使える価値ある時間を奪っている。自分の時間の10%しか開発作業に時間を使えない開発者もいる。残りの時間はミーティングやレポート作成、そのほかの役に立たないことに取られているのだ。良い開発プロセスとは、開発者が自分の時間の多くを実際の開発に使えるようなものだ。

欠陥密度を計測する

ほとんどの組織でバグを追跡しているが、これはバグ許容度を高くしてしまう悪影響がある。コードの欠陥は深いところにある問題の兆候であることが多い。たとえば開発プロセスの欠陥だ。もし本番環境のコードでいつも欠陥が見つかるようなら、開発プロセスが壊れていることを意味する。根本原因を探して、直すこと。欠陥密度（コード1000行あたりのバグの数）は、チームや時間をまたいで比較できる数少ない指標だ。プロセスの調整に活用できる。

欠陥検出までの時間を計測する

欠陥が発生してから時間が経過するにつれて、欠陥修正のコストは指数関数的に増えていくことがわかっている。欠陥修正コストがいちばん安いのは、欠陥が混入したらすぐに修正することだ。すばやい欠陥修正は、修正コストが減るだけでなく、欠陥が混入しそうなことしてしまったときに開発者が気づく手助けにもなる。

機能ごとの顧客価値を計測する

すべての機能が同じ顧客価値を持っているわけではない。実際、全機能の半分はまったく使われない。バックログは並べ替えられているので、いちばん価値の高いものから順番に作られる。つまり重要ではない機能は先送りしたりなくしたりする。こうすることで、価値の高い項目により多くの時間を割けるようになるのだ。どの機能がいちばん価値があるのかを開発者がわかっていなければ、顧客に聞くべきだ。

機能を提供しない場合のコストを計測する

　ときには、機能を提供しないことで発生するコストが、それを作る最大の理由になることもある。ステークホルダーに機能にどれだけの価値があるのか、機能がない場合はどれだけコストがかかるのかを聞いてみよう。答えに驚くはずだ。

フィードバックループの効率を計測する

　効率を向上させる上でいちばん効果がある場所は、プロセスそのものだ。良い開発プロセスにはフィードバックループが組み込まれていて、プロセスを調整するのに使える。フィードバックが早ければ早いほど効率も上がる。早く失敗する方法を見つけ、失敗から学ぶのだ。これこそが、チームがすばやく改善する方法だ。

　生産性を計測しようとしているチームのほとんどが、品質を犠牲にすることになる。生産性は計測できない。そして、生産性の計測が破壊的な影響を与えることがある。代わりに、実現したプロダクトとそれを作るプロセスの両方において、価値の創出と計測に焦点を当てよう。

6.13.2　ストーリーを分割する 7 つの戦略

　ストーリーは短いほどよい。短いストーリーは見積もるのも理解するのも実装するのも容易だ。凝集性が高くて疎結合のコードにするのにも役立つし、テストも簡単だ。以下では、大きなストーリーを小さなストーリーに分割する 7 つの戦略を紹介しよう。

複数のことが混じったストーリーを要素に分解する

　ストーリーがサブストーリーで構成されている場合は、それを複数のストーリーに分割する。こうすることで、コンポーネントの分解とシステムのモジュール化に役立つ。分割した小さなストーリーは作業しやすいものになる。

複雑なストーリーを既知のことと未知のことで分離する

　ストーリーが複雑なのは未知のことを含んでいるためだ。本当に顧客が望んでいることはわからないかもしれないし、その実装方法もわからないかもしれない。既知のことと未知のことを分離するのが、ストーリーを分割する第一歩だ。

未知のことをわかるまで繰り返す

　何が未知なのかが判別できたら、それをカプセル化する！　インターフェイスを

定義して抽象化し、その後ろに隠すのだ。そうすれば、未知のことがクリティカルパスにならないで、自由に学習できる。未知のことのうちリスクが高いものは先にやって、リスクが低いものはあとにするとよい。

受け入れ基準をもとに分割する

ストーリーをタスクに分割する際は、タスクが終わったかどうかを目に見える形で判断できる証拠がほしいはずだ。受け入れ基準をもとにストーリーを分割すれば、イテレーションで顧客価値を提供しながら開発に集中する手助けになる。これはストーリーがいつ終わるのかを明確に定義するのにも役立つ。

依存関係を最小にする

ストーリーはほかのストーリーに依存しないほうがよい。だが、避けられないこともある。明確なインターフェイスを定義することでコンポーネント間の依存関係を取り除くようにしよう。依存関係がどうしても必要であれば、前のストーリーを踏まえた後続のストーリーを用意するようにする。逆はやらないこと。

意図を1つにする

ストーリーは単一の意図を満たすようなもの、単一の意図の評価可能な1側面であるべきだ。ストーリーを完全な機能性を顧客に提供するものとして考えてしまうと、ストーリーは大きなものになりがちだ。だが、小さなストーリーのほうが扱いやすい。全部入りの機能である必要はない。ユーザーがそこから価値を得るのに十分な機能性を持っていればよいのだ。後続のストーリーを用意すれば、その機能にさらに追加することも可能なのだ。

ストーリーをテスト可能に保つ

ストーリーは受け入れ基準を満たしているか確認するための受け入れテストを持つべきだ。ストーリーがテストできないようなものだったり、テストが難しかったりすると、簡単には評価できない。ストーリーがシステムに対して、明確に影響を与えるものにする。そうすれば評価は簡単になる。可能な限り、受け入れ基準を自動化しよう。

ストーリーを書くスキルは時間をかけて身に付けるものだ。ストーリーが簡潔に分解されていれば、システムは焦点を絞ったものになり、作るのも簡単になる。ストーリーを小さくて目的がはっきりしていて評価しやすいものに保つことで、システム自体も明確で保守しやすいものになるのだ。

6.14　本章のふりかえり

　小さなバッチで作っていこう。そうすればすべてのタスクは短い時間（理想的には4時間）で終わるようになる。タスクが受け入れ基準を満たすようにするか、最低限、観察可能な結果が見えるようにしよう。そうすれば、タスクがシンプルなものになり、見積もるのも、完成させるのも、評価するのも簡単になる。

　本章では、以下のことがわかった。

- 納期がソフトウェア開発プロセスを決定すること

- 自分の時間をもっとコントロールするにはどうしたらよいか

- 小さなタスクほど、見積りもテストも簡単で、扱いやすいこと

- 機能を観察可能なふるまいに分割する方法

- タイムボックスで進められるようになったら、スコープボックスを習得すること。スコープボックスとは、タスクを小さくて扱いやすいものに分割することである

　リリースサイクルのリズムがプロセスを制御する。リリース可能なソフトウェアを作る間隔が短ければ短いほど、ソフトウェア開発プロセスは効率が上がる。小さく作ることで、タスクは扱いやすくなり、オーバーヘッドが劇的に減るのだ。

7章
プラクティス3
継続的に統合する

　痛みに対処する方法は2つある。回避するか順応するかだ。

　ソフトウェアをビルドで統合するのは面倒だ。今まで気づかなかったバグや問題が明らかになるからだ。多くの開発チームは、この面倒を避けようとして統合するのをできる限り遅らせる。そして、リリース直前にコードを統合して、もっと面倒なことになったことに気づく。このような開発チームは、忙しくてノコギリを研ぐ時間のない木こりのように、必要以上に努力とリスクを必要とする状況を作り出す。

　面倒な統合を回避するのではなく、順応しようとするとどうなるだろうか。少しずつ時間をかけて取り組んで問題を小さくしていけば、もっと楽になるだろう。

　継続的インテグレーションとは、リリース直前まで待つのではなく、ソフトウェアをビルドしながら統合することだ。バグを早期に直せるだけではなく、より簡単に統合できるよいコードを書く方法を学べる重要なプラクティスだ。機能を統合するまでは、システム内で機能することが保証されない。

　継続的インテグレーションは、フィードバックのメカニズムとしても非常に価値がある。ビルドが失敗すると、非常に多くの情報が提供されて原因を突き止めるのが難しいときがある。しかし、壊れたビルドはすぐに修正しなければいけない。そのため、フィードバックが過度に冗長にならないようにし、ログファイルを分析する。何が壊れているのかを明確にして、すばやく、どう直せばよいかを把握したいのだ。

　常に継続的インテグレーションを実行し、システムへ組み込んだ結果を確認する。そして、バグが混入していないか、コードがシステムのほかの部分とうまく連携できているかを確認する。

　継続的インテグレーションを支援する高度なツールは多数ある。だが、どれも動くコードが前提だ。コンパイラは最初のエラーでコンパイルを中断する。

ユニットテストは、**動くコード**に対して実行する。デバッガーも同じだ。コードが動かないなら、開発者は動作を想像するしかない。しかし、現実とは一致しない。

継続的インテグレーションは、ソフトウェア開発の重要な側面の中でもっとも重要だ。すべての技術プラクティスのためのフレームワークと環境を提供してくれる。皮肉なことに、これは実装するのがもっとも簡単だ。

これはまさにインフラの問題なのだ。継続的インテグレーションを実装するのに必要なツールは、すべて無料で手に入り比較的簡単にセットアップできる。そして、保守可能で拡張可能なソフトウェアを開発するための環境を提供してくれる。

7.1　プロジェクトの鼓動を確立する

私は、継続的インテグレーションはプロジェクトの心臓の鼓動だと考えている。すべてはバックグラウンドで動いており、決して止まることはない。自動で動くべきだ。

チームがどれだけ大きくても、1つのチームでも、関係ない。適当なコンピューターを1台買ってくるのだ。安くても構わない。それが**ビルドサーバー**になる。

ビルドサーバーを配置し、新しいコードがリポジトリに追加されるのを待つ。新しいコードが追加されたら、システム全体を自動でリビルドする。そして自動テストが実行され、すべてがうまくいくことを確認し、結果を教えてくれる。このマシンは、バックグラウンドで動作し、常に実行され、常にそこにあり、常に結果を教える。そう、まるで鼓動する心臓のように。

ビルドとリリースのサイクルから、人手の介入をすべて取り除き、バックグラウンドで実行させる。自分の心臓を鼓動させ続ける方法を考えないのと同じだ。

大規模なリリース作業を継続的インテグレーションへ移行することで、ウォーターフォールプロジェクトでもっとも大きなコストの1つであるリリース候補の検証がなくなり、コストから**解放**される。

とはいえ、自動化されたユニットテストを作ることは無料ではない。時間と労力が当然必要だ。しかし、一度作ってしまえば、追加でコストをかけることなく、何度でも実行できる。これは、開発のアプローチがまったく変わることを意味する。システムをどう変えていくのかというフィードバックを得るために、そのシステムを使えるようになる。この価値に気づけば、これはとても重要なリソースとなる。

7.2 完了と、完了の完了と、完了の完了の完了が違う ことを知る

　自分たちのプロセスを決定するときにやりたいことの1つとして、「完了」の本当の意味を定義することが挙げられる。一般的に、「完了」には3つの異なる定義がある。

完了

　　従来のウォーターフォール開発では、機能を作った開発者が自分のマシンで実行し、何らかの結果を得たことを意味する。これは十分ではない。

完了の完了

　　これは、自分のマシンで機能するだけでなく、ビルドにも統合されていることを意味する。プロジェクトの心拍とともに鼓動しているのを見て、致命的な不整脈になり得るものでも迅速に検出できる。

完了の完了の完了

　　コードは自分のマシンで動作し、ビルドに統合され、**クリーン**で**保守可能**になっている。これはソフトウェア開発の世界で、ずっと欠けていた領域だ。私たちは絶対に保守性を保たなければいけない。設計をきれいにし、コードを読みやすくして、理解しやすくシンプルに作業できるようにする。これはとても重要なステップだ。

　つまり、「完了の完了の完了」は、機能するだけでなく、ビルドに統合されるだけでなく、理解しやすく、読みやすく、保守可能であることを意味する。私たち全員がソフトウェアの所有コストを削減し、自分たちのコードがこれらすべてを満たすようにしたいのだ。

　私が「完了」と言うときの本当の意味は、「完了の完了の完了」のことだ。

7.3 継続的にデプロイ可能にする

　継続的インテグレーションとは、本番環境へ継続的にデプロイしなければいけないという意味ではない。誰かが新しいコードをチェックインするたびに、または毎回のイテレーションの最後にリリースしなければいけないわけでもない。リリースは開発

の都合ではなく、市場の需要、保守性の問題、デプロイ可能かどうか、バージョンの管理などによって決定されるべきだ。継続的にデプロイ可能にするとは、必要に応じていつでも本番環境にリリースできることを意味する。実際に本番環境にリリースするかどうかは、ビジネス上の決定にもとづく。

システムのビルドに必要なすべてのコードとファイルは、バージョン管理の1つのリポジトリで管理する。開発者は新機能をそのリポジトリにチェックインするし、全員1つのブランチをもとにして作業を進める。これによって、チームメンバー全員が同じコードベースを共有し、同じコードで作業できるようになる。

開発者はシステムの作業用コピーをチェックアウトし、自分のローカルマシン上でビルドして実行する。そして、行った変更をバックアップのためにバージョン管理にプッシュする。すべてのファイルをバージョン管理することで、ファイルを任意のタイミングまでロールバックしたり、そのあいだにどんな変更があったのかを確認したりできる。

ソースコードだけではなく、システムのビルドに必要なすべてのものをバージョン管理するべきだ。これには、構成ファイル、データベースのレイアウト、テストコードやテストスクリプト、サードパーティライブラリ、インストールスクリプト、ドキュメント、設計図、ユースケースやシナリオ、UMLダイアグラムなどの技術要素が含まれる。

私は世界最大のインターネット関連企業の1つで、開発者のグループに教えたことがある。この小さなチームは、一貫したビルドを作るのに苦労していた。彼らはシステムを手動でテストしていた。しかし、本番環境にデプロイすると期待しない結果が出てきて、テストで見つからなかったバグが出てきた。私は、彼らにバージョン管理を使用しているか尋ねた。彼らはこう言った。「もちろんですよ！ 全部バージョン管理してます。全部のソースコードをね」

そこで私はこう言った。「なるほど。では、ビルドスクリプトや、ストアドプロシージャ、データベースのレイアウトなどもバージョン管理してるんですよね？」

私がそう言うと、4人くらいが立ち上がって部屋から出ていってしまった。私は彼らを怒らせてしまったと思った。だが次の休憩で、先ほど出ていった人を見かけたので、その人に何が問題なのかを聞いてみた。すると、必要とするすべてのビルドスクリプトやデータベースのレイアウトをバージョン管理しているかチームと確かめていたのだが、そうなっていなかったことがわかったと答えた。

数か月後に、彼は私にメールをくれて、これが本番環境でのビルドがうまくいかな

かった理由であることを教えてくれた。今では彼らは、本番環境とテスト環境を完全に同一にできるようになっている。

彼らは、3週間の手動テストサイクルでテストとリリースを行っていた。それから、2箇所あるデータセンターのうちの1箇所にデプロイをする。トラフィックの1%だけそのデータセンターに転送し、うまく動いてるのを確認しながらトラフィックを1%ずつ増やしていく。そうやって最後に、すべてのトラフィックを転送してすべてのユーザーに新しいコードを提供していたのだ。それから3週間後、データセンターにトラフィックを転送するプロセスを再び実行するのである。

これは、コードをデプロイするやり方としては、かなり非効率なやり方に見えた。

7.4　ビルドを自動化する

読者には、自分が見えないくらい簡単にソフトウェアをビルドできるようにしてほしい。マウスを1回クリックするだけでビルドを起動できるようにすべきだ。

ビルドが遅いいちばんの理由は遅いテストがあることだ。だが、テストをもっともっと速くするためのテクニックはある。ビルドは10分以内に終わるようにすべきだ。ジェームズ・ショアとシェイン・ウォーデンの『アート・オブ・アジャイル デベロップメント』[6]で彼らもそのように言っている。だが、私は10分でも遅いと思う。

ローカルビルドの場合は、1〜2秒で実行され、ビルドサーバーでは数分でビルドが実行されるようにしたい。もちろん作っているものの性質や規模に依存はする。実際に数時間かかるビルドもあるだろう。だが、システムを正しく分離できていれば、小さい変更のためにシステム全体をビルドしなおす必要はないはずだ。

ビルドに10分以上かかると、実行の頻度が減ってしまう。そういう場合は、作業中のモジュールに対する依存関係を見つけて、**それらのモジュールだけテスト**しよう。

こうすることでビルドは速くなる。しかし、**本当に**ビルドを速くするには、**よいユニットテストを書き**、テストすべきコードだけテストをする**必要がある**。詳しくは、「10章　プラクティス6　まずテストを書く」および「11章　プラクティス7　テストでふるまいを明示する」で説明する。

加えた変更がどんな依存関係を持っているのかを理解することで、どのモジュールをコンパイルすべきで、どのテストを実行すべきか理解できる。それだけではなく、デプロイや拡張を容易にするためには、どのようにシステムを分離すべきなのかを明

らかにするのにも非常に役立つ。ビルドは開発者のローカルマシンで最初に行われるべきだ。すべてがうまく動いたら、ビルドサーバーに持っていく。インターネットにつながらなくても、ビルドは正常に動くべきだ。そうすることで、ネットワークに問題が発生しても開発者は生産的であり続けられる。

　Javaや.NET、そのほかの環境でも、ビルドを自動実行できるツールがある。開発者のマシンでローカルビルドが成功し、すべてのテストにパスしたら、自動的にバージョン管理にコミットする。これをトリガーにしてビルドサーバーが動く。新しいコードがコンパイルされると、システムのほかの部分に影響していないことを確認するテストが自動的に実行される。実行に時間がかかりすぎるテストは、夜間ビルドに移行すればよい。

　コードがシンプルになっていれば、テストもシンプルになる。できるだけ大規模な統合テストを少なくするのが望ましい。そのためには、複雑なふるまいの集合ではなく、シンプルなふるまいの集合に対してテストする。

　ユニットテストを高速化するためのさまざまなテクニックを駆使するのだ。コードを正しい方法でテストしていれば、1秒で数千のユニットテストを実行できる。

　ビルドが壊れると、壊した本人だけでなくプロジェクトに取り組んでいるすべての人に影響が出る。そのため、壊れたビルドは即座に修正することが不可欠だ。そういった場合は、ビルドを壊した開発者本人に、コードをロールバックしたりコードを修正したりする義務がある。

　数年前、エクストリームプログラミングを実践している開発会社で働く友人を訪ねたことがある。そこでは、壁はチームの約束事とタスクボードで覆われていた。どの作業場所にも2台のモニター、2台のキーボード、2個のマウス、1台のコンピューターがあり、ペアプログラミングができるようになっていた。チームが成功していることに気づいた私は、この光景を見て涙した。私は、角にある頑丈そうなハードウェアの上に、赤い点滅ライトと消防士のヘルメットがあることに気づいた。友人にこれは何なのかと尋ねたところ、彼は、これがチームのためのビルドサーバーだと答えた。そして彼は、キーボードをつかんで言った。「ビルドが壊れると何が起きるか見せてあげるよ」

　彼はビルドを強制的に壊すために、システムのいくつかのコードを変更した。すると、部屋の蛍光灯がすべて消え、サイレンが鳴り始め、赤いライトが点滅しだした。

　彼は言った。「ここでは壊れたビルドは許されてないんだ」

　ビルドが壊れた瞬間が誰にでもわかるようになっている。そして、壊した開発者は

ビルドサーバーに行き、消防士のヘルメットをかぶり、ターミナルに座り、ビルドを直さなければいけない。動作するビルドは完全に彼らの文化に深く根付いていた。彼らは**動作するビルド**を頼るようになり、すべての開発者は自分たちの作業をするのにビルドを必要としていた。

このようなものが常に稼働していなければいけないのだ。

7.5　早期から頻繁に統合する

統合するのが遅れれば遅れるほど大変になる。だから常に統合しておきたい。

統合に苦労しないのであれば、これは簡単だ。ボタンをクリックするだけで統合が迅速に行われる。なお、どれくらいの頻度で統合するべきかをよく聞かれるが、**開発者には少なくとも1日1回は統合するように伝えておいてほしい**。

これはちょっとしたトリックだ。何が起きるかと言うと、最後に統合する人は、失敗したテストを直すという大きな厄介ごとを抱え込み、夕食のために家に帰れなくなる。そしてこれが、こんなことに巻き込まれる最後の機会だ。

次からは、ちょっとの機能を追加したら、**すぐに**（1時間ごと、またはもっと頻繁に）統合するようになる。ほんの少しの部分しか統合しないから、そこまで難しいことではない。1、2箇所直すだけでテストにパスするので、問題を見つけて修正するのは簡単だ。そして、テストが失敗した場合、たった今取り込んだ小さい部分が原因の可能性が高い。

これはとてもシンプルで、事実、自動化されている。何かを入力して、エラーになるとコンパイルされない。修正するように教えてくれるから修正する。再びコンパイルし、テストにパスして、自動的にビルドにコードが取り込まれる。

キーボードのキーを押すたびに、ビルドを実行してくれる自動並列テストツールもある。**ビルドボタンをクリックする必要もない**。コードを書くだけだ。コードがコンパイルされると（コンパイル可能な場合）、ビルドに取り込まれる。以上だ。これらがすべてバックグラウンドで行われるのだ。

このあとテスト駆動開発に触れるときに、もう少し詳しく説明するつもりだ。コードがコンパイルされるだけではなく、自動テストもすべて実行される。グリーンが表示されれば、「すべてのテストをパスしている」ことをあなたに伝えてくれる。私にとっては1杯のエスプレッソのようなものだ。これで目が冴える。私を元気にしてくれる。

7.6　最初の一歩を踏み出す

　ソフトウェア開発を改善する上で、いちばん重要な要素はビルドの自動化だ。ソフトウェア、特に CD-ROM など別のメディアでリリースされるものは、リリースとその後の保守にコストがかかる。だが、いつリリースするかに関係なく、開発中のソフトウェアは初日から常に**リリース可能**であるべきだ。

　私からしたら、いつ統合するかは、アジャイルやスクラムの実施有無や、イテレーションやスタンドアップミーティングなどとはほとんど関係ない。もし、2 週間のイテレーションで開発していて、各チームがコードを自分たちのブランチに統合し、年末にすべてのブランチを統合しているなら、悪いニュースがある。**あなたはウォーターフォール開発をしてしまっている！**

　ソフトウェアが 99% しか完成していないのであれば、最後の 1% に未知のリスクがある。そうではなく、システムに機能が完全に統合されるように作るのだ。

　健全なビルドは健全なプロジェクトの本質だ。すべてのブランチを削除し、**フィーチャーフラグ**を使って作りかけでまだ使えない機能を無効にして、継続的に統合するのだ。そして、コンポーネントを**モック**で模倣し、不必要な依存関係を取り除き、リグレッションのための自動化されたユニットテストを追加する。これができれば、あなたはもう道のりの半分まで来ている。「最初の一歩は旅の半分」と韓国のことわざ「シジャギ パニダ」でも言っている。

　足を止めさせているものの多くは恐怖によるものだ。恐怖を乗り越えて、このプロセスをうまく機能させるために、何が必要なのかを知るようにしよう。知ることができれば、それほど怖いものではなく、本当にエキサイティングなものだとわかるだろう。

　リリースサイクルの終盤では、誰もが愛する人に 2 週間ばかり別れを告げたものだった。どうにかして動かないものを動かそうと頑張っていたのだ。それがなければ夕食の時間には家にいることができたかもしれないのに。このような古い習慣を捨てる過渡期では、リリースサイクルの終盤までは、**今よりも辛くなる**かもしれない。だがそれもすぐに**価値のあるもの**に変わる。**なぜ今までこれ以外のやり方で大丈夫だと思っていたんだ？**と思うまでに。

　これは**ウサギと亀**だ。ゆっくりと着実にレースに勝つのだ。役割に関係なく、全員で大きな視野を持つのだ。今までと違うことには常に認知負荷がかかる。しかし、効率性、拡張性、保守性の指数関数的な向上の恩恵を受けたいのであれば、問題がある

のを認め、今すぐ前倒しにしてでも成し遂げなければいけない。

そのためにはお互い協力するのだ。

7.7　実践しよう

ここまで説明した考えを実際にどうやるか見ていこう。

7.7.1　アジャイルインフラストラクチャーの 7 つの戦略

アジリティと技術的卓越性を達成するための最初の一歩は、それをサポートするインフラストラクチャーを作ることだ。自動化されたビルドサーバーは非常に重要だ。ビルドで完全に統合された場合にのみ、ストーリーを「完了」と見なすことができるからだ。アジャイル開発に適したインフラストラクチャーを作るのための 7 つの戦略を紹介しよう。

すべてをバージョン管理する

私は過去 20 年間、バージョン管理を使用していないプロジェクトを見たことがない。アジャイル、ウォーターフォールに関係なく、あらゆる開発に欠かせないツールだ。自分のビルドに必要なコード以外のファイル（設定ファイル、スクリプト、ストアドプロシージャなど）をバージョン管理しておらず、なぜリリースが不安定なのか不思議に思っているチームを見たことがある。対処方法は簡単だ。ビルドに必要なすべてをバージョン管理するのだ。

ワンクリックでエンドツーエンドのビルドをする

ビルドプロセス全体を自動化しよう。コードをローカルに保存してコンパイルし自動テストを実行する。すべてのテストにパスしたらコードを自動的にチェックインする。そして、サーバーでビルドして追加のテストを数秒で実行するのだ。

継続的に統合する

継続的インテグレーションとは、スプリントごとにソフトウェアをリリースしなければいけないという意味ではない。**もちろん、そうしたいのであれば可能だ**。継続的インテグレーションは、アジャイル開発を機能させるための重要なポイントだ。多くのツールが無償で提供されていて、そこから得られるフィードバックの価値は不可欠だ。

タスクの受け入れ基準を定義する

すべてのタスクには、終わったことがわかるような明確な受け入れ基準が必要だ。これは、SpecFlow、FIT、Cucumber などの受け入れテストフレームワークで自動化できる。タスクの完了がわかるだけでなく、作りすぎを防ぐのにも役立つ。

テスト可能なコードを書く

チームが自動テストに取り組むと、QA にとって回帰テストで時間を無駄にする必要がなくなるだけでなく、開発者は自分のアプローチがうまくいきそうかフィードバックが得られるようになり、人生がずっと楽になる。自動テストを書くもう 1 つの利点は、テストしやすいコードを書くようになり、最終的にテスト不可能なコードより高品質になることだ。

必要な場所のテストカバレッジを維持する

理想主義者として、私は自分のコードが生み出すふるまいをテストで 100% 網羅するように努めている。私の場合は、コードを書く前にテストを書くので、コードカバレッジが高くなる傾向にある。しかし、最初にテストを書かずに、途中で一定のコードカバレッジが必要になった場合に、ゲッターやセッターのような簡単なコードのテストを書き、カバレッジに関係なく自動テストが必要となるような非常に難しい箇所を放置しているのも珍しいことではない。だが、これは大きな問題を引き起こす可能性がある。

壊れたビルドをすぐ直す

動くビルドはプロジェクトの鼓動だ。ビルドが壊れると、プロジェクト全体が停止する。こうならないようにするのだ。コードをチェックインする人は全員、コードが機能することを確認する義務がある。チェックインしたコードがビルドを壊したら、修正するかすぐにロールバックする。

自動ビルドが成功しているかどうかは、プロジェクトが順調に進んでいるかどうかを知るためのカギだ。統合はウォーターフォールプロジェクトの最悪の部分であり、問題や本当の進ちょくを隠してしまう。プロジェクトの終わりまで先延ばしするのではなく、毎日少しずつやるのだ。機能がシステム全体のコンテキストで動くようになるまでは、本当の意味で完了していないのだ。

7.7.2 リスクを減らす7つの戦略

ソフトウェア開発にはリスクがあり、コストが高い。ソフトウェアには形がなく、理解するのが難しい。微妙な相互作用によって、一見無関係のコンポーネントに影響を与える可能性がある。優れた開発プロセスは、すべてを中断させてしまう前に、解決する時間がまだあるうちに、問題を早期発見してリスクを軽減することに重点を置いている。

継続的に統合する

システムを作る上では、初日からビルドできるようにして継続的に統合することが、リスクを排除する唯一の方法だ。リリースの直前まで統合を遅らせるのは悪い考えだ。統合は、コードがシステム内のほかのコードと組み合わされるとどうふるまうのかを判断するタイミングだからだ。そして、致命的なバグが見つかることがよくある。機能がシステムに統合されるまで、機能が正しく動くかどうか証明できず、未知の量のリスクを抱えることになる。大きなバッチでテストされるようなリリースに機能を統合するのは、ラスベガスで手持ちのお金をすべて1回の勝負に賭けるようなものだ。その賭けに勝てる可能性はほとんどない。

ブランチを避ける

コードがシステムに統合されると、リスクはほぼゼロになる。コンポーネントが別ブランチになっていてリリース前に統合される場合、リスクは統合されるまでわからない。ブランチを使う代わりに、フィーチャーフラグを使用して、使う準備のできていない機能を無効にしよう。

自動テストに投資する

開発コストを削減するには、テストが完全に自動化されるように、検証のための人手の介在をすべて排除することが必須だ。高速な自動テストはいつでも実行できるし、重要なフィードバックをもたらしてくれる。あなたのシステムでテストの自動化が難しいと思うなら、テスト可能なものになるように再設計することを考えてみよう。テスト容易性の欠如は、設計の悪さを示している。

リスクのある場所を特定する

リスクは、未知だったり、直接コントロールできなかったりするものと関係がある。うまくいかない可能性があることをヒアリングして、これらを明らかにしよ

う。直接管理ができないような外部の依存性を特定し、それらのリスクを軽減し、依存関係を切り離す方法を探そう。

未知の中で働く

未知のものを認識したら、短時間だけそれに取り組み、記録して進ちょくを確認する。スパイクでは通常、1つまたは一連の質問に焦点を絞る。短いタイムボックスを設定してチェックインし、進ちょくを測りながら進める。こうすることで、蟻地獄や時間の無駄を避けるのだ。未知のものと既知のものは分けるようにしよう。そうすれば、未知のものはだんだん小さくなっていく。

価値がわかる最小のものを作る

問題が小さいほど、理解、解決、証明、保守が容易になる。では、どのくらい小さくすべきなのか。私の経験則では、価値がわかる最小のものだ。8割の価値が2割の機能から来ている場合は、その2割から作る。残りの8割の機能は必要ないかもしれない。

頻繁に検証する

顧客は実際に目にするまで、欲しいものがわからないかもしれない。検証を早い段階で行うことで、より価値の高いプロダクトを作れるし、顧客のやりたいことをうまくやる方法が見つかるかもしれない。開発者が顧客やプロダクトオーナーのパートナーになれれば、事前に決めた計画よりも優れた機能を作れるようになる。

ソフトウェアのリスクを減らすというのは、適切なものを適切なやり方で作っているのを確認することだ。早期から頻繁にユーザーからのフィードバックをもらうことで、適切なものが作れていることがわかる。継続的にビルドに統合できるような変更可能なコードを作る上で、よい技術プラクティスにしたがうことで、適切に進められていることがわかる。この2つによって、成功の確率と度合いを著しく向上できるのだ。

7.8　本章のふりかえり

継続的に統合すること。ストーリーは、完了の完了の完了になるまで完了しない。ストーリーを可能な限り早く完成させることがゴールだ。そのためには、健全なプロジェクトの鼓動である自動ビルドが必要だ。

本章では、以下のことがわかった。

- コードを書くたびに統合することで、ソフトウェア開発に伴うリスクを軽減できる
- 統合が苦痛になるため、ウォーターフォールでは統合を延期し、リスクと変更のコストが増大する
- リリース候補の検証を自動化することで、リリース直前の変更にかかるコストを無視できるようにする
- フィードバックサイクルを短くすることで、開発者の行動の結果がすぐに把握できるようになる
- 継続的にデプロイできることの重要性を理解すれば、タスクの自動化方法を探し、機能の相互作用について即座にフィードバックを得るために継続的インテグレーションを活用することになる

コードを書くたびに統合することで、ソフトウェア開発に伴うリスクが減り、開発者が豊富なフィードバックを得られるようになる。これによってリリース直前の変更コストが減り、フィードバックサイクルが短縮されて、システムがいつもデプロイ可能な状態になる。

8章
プラクティス4
協力しあう

いちばん価値のあるリソースは、お互いである。

一緒に働くと、お互いから学ぶだけでなく、一緒に学べるようにもなる。だが、ある日突然、協働できるようになっているわけではない。何事も成功するには準備が必要だ。協働も例外ではない。

運転免許の実技試験が本当に初めての運転という人はいない（と思いたい）。まず仮免許をとって交通規則を学び、車のいない駐車場で乗り回して慣れていく。

まず運転を**学び**、**それから**テストを受けるのだ。

すべてのスキルには方法論、テクニック、プラクティス、原則がある。協働も1つのスキルだ。

ソフトウェア開発者は情報労働者だ。情報労働者は情報に依存する。

これは産業革命の頃から引きずってきた考え方とは対照的だ。私たちはものごとのやり方を教えられたし、仕事場に対して何を期待するのかも教えられてきた。自分の執務室や、そうは言わないまでもデスクくらいは欲しがるべきだと言われてきたのだ。私はIBMで働いていたが、そこはシニア開発者が垂涎するような環境だった。執務室は自分専用でドアを閉じることができ、美しい家具があり、プライバシーが守られていた。**特**に優秀だったら窓ももらえたかもしれない。

だが、それは大きな間違いだったことがわかる。

小児心理学者は**平行遊び**と呼ばれるコンセプトを発見した[1]。幼児を同じ場所に集めて、おもちゃをたくさん与える。それぞれの幼児はおもちゃを1〜2個つかんで遊び始める。だが、親がどんなに一緒に遊ばせようとしても、幼児は一緒に遊ばな

---

[1]　What to Expect. "What's Parallel Play?"https://www.whattoexpect.com/playroom/playtime-tips/what-is-parallel-play.aspx

い。幼児はそれぞれが自分のおもちゃで遊び、周りの幼児に気づいていないように見える。

気づいていないように見えても、実際は気づいていないわけではない。自分のお気に入りのおもちゃを見ながらも、周りの幼児を見ている。お互いに観察しながら、同じおもちゃで遊んでいる子が何をしているか、何かの合図はないか、おもしろそうなものかなどいろいろ見ている。だが、直接触れ合うことはない。

幼児はそれぞれが自分の執務室に座っているようなものだ。ときどきドアを開けて、ほかの幼児が何をやっているかを観察する。

3、4歳になると、お互いに接触が始まる。おもちゃを共有したり、正直に言えば取り合ったりして、中年に至るまで続く複雑な人間同士の相互作用のニュアンスを理解し始める。

本書の読者は少なくとも4歳以上のはずだ。チームで働くとき、単なるチームメンバーでいる、もしくは何らかの形でチームの隣にいるだけでは十分ではない。チームの文化に浸かり、チームの本当の**一員**にならなければいけない。

私はIBMの契約社員だったが、契約社員たちはある種の二級市民扱いを「楽しんで」いた。個人の執務室はなく、「ブルペン」と呼ばれる大部屋に突っ込まれたのだ。ブルペンには机と椅子が向かい合わせで詰め込んであり、ほかの契約社員の顔を見ながら仕事をすることになる。部屋の名前にも家畜扱いのようなネガティブな響きがある。似たような環境が「穴」とか「シベリア」と呼ばれているのも聞いたこともある。

私たちは、はるかに高い給与をもらっているIBM社員よりも、はるかにたくさんのことを成し遂げた。彼らにはそれがなぜか理解できないようだった。

私たちのほうが生産性が高かったのは私たちが協働していたからだ。同僚を訪ね、会って質問をし、質問に答え、議論できたのだ。

8.1　エクストリームプログラミング

エクストリームプログラミングの核となるアイデアは、ケント・ベックと彼の最初の仕事から生まれた。ケント・ベックは、同僚のウォード・カニンガム、ロン・ジェフリーズと共に、クライスラー総合報酬システムの開発に携わる中で手法を開発した。それを著書『エクストリームプログラミング』[7]の中で、エクストリームプログラミングと呼んだのである。クライスラー総合報酬システムは、巨大かつ多額の資

金が投入されたプロジェクトだったが、失敗寸前だった。そこでクライスラーは、プロジェクトを正しい道に戻そうとする努力の一環として、ケント・ベックをコンサルタントとして招聘し、プロジェクトの現状と目的を見てもらおうとした。誰にでもわかるようなプロジェクト立て直しの方法の提案では、うまくいっていなかったのだ。

　プロジェクトが問題を抱えていることはチーム全員が知っていた。チームと話したあと、ケントはCIOから、プロジェクトを引き継ぐよう要請された。だが、ケントはコンサルタントとしてとどまることを選んだ。ケントがプロジェクトに持ち込んだものの1つにオフィスのレイアウトがある。以下の写真を見てほしい。キュービクルの壁を取り払ってデスクを共有し共同体のようになった。「プライベート」な空間はなくなったのだ。

　このプロジェクトに対する「転換期」は1年ほど続き、俗に言う作業場所の概念は進化を続けた。その途中で、チームはまったく別の場所に引っ越した。開発者は問題を承知しているだけの状態から、プロジェクトを救おうと緊密に働くまでになった。その状態に到達できた一因は、オフィス空間よりも仕事を優先しようという考えを取り入れたことだ。表面的には単にオフィス家具を並べ替えただけに見えるかもしれない。新しい考え方を受け入れるという寛容さは、矮小化したり無視したりしては

いけないのだ。

8.2　コミュニケーションと協働

　ソフトウェア開発は社会的な活動だ。多くのコミュニケーションと相互作用を伴う。常に学び、常に交流し、抽象を扱い、抽象を語る。したがって、人と人との調整が極めて重要になる。マネジメント側が心に留めておかなければいけないのは、いちばんよくわかっているのは最前線の人たちだということだ。ソフトウェア開発にどっぷり浸かったことのない人には、それが理解できていない。

　共同体空間のようなやり方をプライバシーや個人スペースの侵害と捉える人から抵抗を受けるかもしれない。「特典」を失うことになるからだ。だが、こう考えてみたらどうだろうか。刑務所では喧嘩をしたり行儀が悪かったりすると独房に放り込まれる。狭くて窓のない部屋に入れられるのは懲罰だ。なぜそれがアメリカの実業界では「特典」になるのだろうか？

　だがさらに、協働的な環境から最大の成果を得るには、利用すべきプラクティスと学ぶべきスキルがある。空間をオープンにして風通しをよくするだけでは、とうてい十分ではない。その空間でどう相互作用するか、人とどう交流するかが重要なのだ。単なる共用空間としてだけでなく、空間に力がないといけないのだ。

　ソフトウェア開発は技術的な活動にとどまらない。社会的な活動でもあるのだ。チームメンバーは、複雑で抽象的なアイデアをやり取りしながら、一緒にうまく仕事をしなければいけない。コミュニケーションで重要なのは共用の作業場所よりも共通認識だ。だからこそ私たちはまず、自分たちのゴールの定義の共有、「品質」の意味の共有、「完成」の意味の共有から始めなければいけない。設計のための共通言語も必要だ。共通のデザインパターンやリファクタリングなどのプラクティスはそれにあたる。お互いに助け合ってペアを組まなければいけない。

　ソフトウェア開発者がコミュニケーション下手というのは、まったく間違った特徴づけだ。実際にはコミュニケーションが非常に優れている。私たちは高帯域でのコミュニケーションを好むので、世間話は得意でないこともある。だがすでに言ったとおり、私たちは自分たちの仕事であるソフトウェア開発が好きだし、ソフトウェア開発を好きな人のことも好きだ。ソフトウェア開発は世界でもっとも協働的な活動の1つなのだ。

8.3　ペアプログラミング

　開発者が2人で1台のコンピューターを使って協働するのが**ペアプログラミング**だ。エクストリームプログラミングのプラクティスのうち、もっとも価値がありながら、もっとも誤解され過小評価されているものだ。

　マネージャーは、ペアプログラミングをさせたくないと言ってくる。「リソース」の半分を浪費する余裕はないのだそうだ。だが、ペアリングとは単にコンピューターを交代で使うことではない。同じタスクに2つの頭で取り組むことで、より速く、より高品質に、1人でやるよりはるかに高いレベルでタスクを完了させるのだ。

　エクストリームプログラミングの中でも、開発者にやらせるのがもっとも難しいプラクティスの1つがペアプログラミングだ。ただ、うまくやればいちばん強力なプラクティスでもある。プログラマーは1人で仕事をするもので、プログラミングは1人でやる作業だと私たちは思い込んでいる。だが、協働作業することで1人ではできないことをたくさん成し遂げられる。

　あなたは自分で引越をしたことはあるだろうか？

　家具をすべて自分だけで運んで、トラックに積み込むのも自分だけ。荷下ろしも誰の助けも頼らず、新しい家に運び込むのも自分だけでやる。重い家具や機器を持っていなければできるかもしれないが、時間がかかる。だが重い家具を持っていればどうだ。1人では持ち上げられない。

　自分だけで家を建てるのと、経験豊かな大工、配管工、電気技師のチームに来てもらって最高の専門用具を使って作業してもらうのとでは、どちらのやり方が速くて良い結果が得られるだろうか？

　家具を移動させたり家を建てたりするような物理的な活動はわかりやすい例だ。1人で持てる重量には限界がある。鍛えている人であれば多少は多く持てるかもしれない。だが実は、精神的なものにも限界はある。概念的もしくは仮想的な問題にも、キングサイズのマットレス同様に重くて扱えないということがあるのだ。精神的に「重いものを持ち上げる」のを誰かに手伝ってもらうことがソフトウェア開発者には重要なのだ。建築業者と同じである。

　それでもペアプログラミングに抵抗する開発者は多い。やろうともしていないのにコンセプトをバカにしたりけなしたりする。

実際にやってみると、想像していたのとは全然違う経験をすることになるはずだ。もちろん、正しいやり方でやることは重要だ。ペアプログラミングを試してそのコンセプトに欠点があると感じたものの、その人のやり方が間違っていただけというのは何度も経験した。交互にやっているだけなのだ。幼児が床に2人並んで座り、同じおもちゃを交互に置いたり取ったりしているだけで、お互い一緒に遊んではいないというのと同じだ。

8.3.1　ペアリングのメリット

私の知る限り、ペアプログラミングはチームに知識を広げるもっとも速い方法だ。機能横断的なチームにとって、チームメンバー全員がコードベースにある程度親しんでいることには非常に大きな価値がある。過度の専門化を防いで、チーム内でのシステムの認識を共有できるからだ。

ペアプログラミングは名前を決めるなどの活動に特に有効だ。些細なことに思えるかもしれないが、ソフトウェア開発において名前を決めるのは極めて重要な活動だ。ソフトウェアに含まれるほぼすべてのものには名前が必要で、しかも名が体を表していなければいけない。意図を明らかにできる良い名前をつけることは良いソフトウェアを作るには必須なのだ。

複雑な実装を考えるときは、密に協働することで、アイデアを検証し問題をとことん考えぬくことができるようになる。

ペアプログラミングをすれば、時間をかけずに相手のスピードを上げられるし、シニア開発者は経験の少ない開発者を指導しやすくなる。

良い開発プロセスに従いながら、開発者はお互いに学び、お互いに助け合うのだ。

肩越しにコードを見られている状況では、手抜きコードやひどいコードは書きにくくなる。ペアプログラミングは保守可能なコードを書く助けとなるのだ。ペアリングは設計の時間、デバッグの時間、保守性向上のためのコードの掃除にも有効である。

ペアプログラミングによってコードの美的感覚が共有され、コードの共同所有が促される。

コードの共同所有という考え方はソフトウェア開発において極めて重要だ。これまでのウォーターフォール環境では、開発者それぞれがコードの一部を自分のものとして所有していた。それぞれのコーディングスタイルが異なっていて、短期的にはコードは読みにくく、長期的には保守が難しくなっていた。

私はコーディングスタイルをどのようなものにするかという点にはあまり関心を持っていない。チームで一貫したスタイルを保つことのほうが重要だからである。

理想的には、コードを読んでも誰が書いたかがわからないくらいがよい。コーディングスタイルの標準文書は必要ない。コードそのものが標準スタイルガイドになればよいのだ。

プラクティスのセットとコードスタイルが共有されていれば、新たにチームへ参加したメンバーのスピードを上げる最善で効率的な方法はペアプログラミングになる。

チームに新しいメンバーが入ったら、シニア開発者か少なくともより経験のある開発者と1〜2週間ペアを組ませよう。最初のうちは、ペアプログラミングというより「仕事のシャドーイング」と思われるかもしれない。シニア開発者がメンターのようにふるまうことになるからだ。だが、本来ペアプログラミングの関係は対等な人同士の協働関係だ。レストランの接客係も同じようにしている。何百万ドルも投資されているエンタープライズソフトウェアプロジェクトのように危機に瀕しているわけでなくても、そうしているのだ。

アリスター・コーバーンとローリー・ウィリアムの論文「The Costs and Benefits of Pair Programming（ペアプログラミングのコストと利益）」では、ペアプログラミングによってチームの生産性が半分になるわけではないことを報告している。1人分の仕事を2人でやっているわけではないからだ。実際のところ、ペアプログラミングによって失われるプログラマーの時間はわずか15%だ[†2]。多少の時間はかかるものの、複雑な問題をより迅速に解決できれば、簡単に埋め合わせることができる。

1人で書いたコードよりも、ペアプログラミングで書かれたコードははるかに不具合が少ない。ペアプログラミングを行うと、同じ問題を解決するために必要なコードは少なくできる。整理するコードが少なくなってコードの品質と効率が向上すれば、保守コストを大幅に削減できることは明らかだ。ソフトウェアの保守コストは非常に高いのだ。

ペアリングをしていると開発者への割り込みが減る。むしろ**ほとんどなくなる**。2人が一緒に働いていると、ほかの人は割り込みにくくなるのだ。2人が一緒に何か作

[†2]　Cockburn, Alistair. Williams, Laurie. "The Costs and Benefits of Pair Programming." Proceedings of the First International Conference on Extreme Programming and Flexible Processes in Software Engineering (XP2000). https://web.archive.org/web/20040711120638/http://dsc.ufcg.edu.br/~jacques/cursos/map/recursos/XPSardinia.pdf

業しているところに歩いて行って、2人とも作業をやめてどちらかは会議に出てくれと言えるだろうか？　2人のうちの1人を捕まえて質問できるだろうか？　2人ともTPSレポート用の新しい表紙を受け取ったか？とか、シーホークスの調子はどうだ？などの質問はしにくくなる。

　誰かが1人でキュービクルでカタカタ、カタカタ作業をしていれば、声をかけるのははるかに簡単だ。「これに署名して、ここにイニシャルを書いてくれる？」と言われることもあるだろう。もちろん必要な作業なこともあるだろう。チーム全体が、書類にイニシャルを書くのを待っているかもしれない。ただ、協働作業しているグループには声をかけづらい。たとえ2人だけであってもだ。そうすることで、本当に緊急なことと数時間は待てることを区別するのに役立つ。

　邪魔が入るのは外部からばかりではない。隣に人が座ってタスクが終わるのを待っていることがわかっていれば、メールに返信したり、フェイスブックをのぞいたり、ほかのことに気を取られたりしにくくなる。ソフトウェア開発では多くのことを考えなければならないため、誰もが精神的に迷子になることがある。だが、隣の人を見て、アイデアをぶつけたり、質問をしたりすることができるので、集中力が保たれるのだ。

　私の場合、ペアリングで1日を終えると完全に疲れ果ててしまう。だが、疲れ切ってはいるがとても満足している。なぜなら、自分が学んだことや多くのことを成し遂げたことがわかっているからだ。ペアにすると、ある意味でお互いを監視することになり、しっかりと1日を過ごすのだ。

　マネージャーがペアプログラミングを推奨すべき理由がここにある。

8.3.2　どうやってペアを組むか

　何をするにしても、やり方が1つしかないことはほとんどない。たいていもっと効果的な方法があるものだ。

　2人の人を1台のコンピューターの前に座らせて、「ではペアプログラミングを始めてください。3時間したら戻ってきてチェックするから」と言う。これは明らかに不十分だ。もちろん、開発者は会話の仕方もコードの書き方もわかっている。だが、私たちはこの2つを有効に組み合わせる方法を知っているとは限らないのだ。

　ペアプログラミングでは、その名が示すとおり、通常はドライバーとナビゲーターの2人が1台のコンピューターで作業する。ペアプログラミングについては『ペ

アプログラミング』[8]が良い情報源だ。

ドライバーはキーボードを操作する人で、ナビゲーターはドライバーの隣に座ってモニターがはっきり見えるようになっている。

ナビゲーターはドライバーがコードを書くのを見ているだけではない。ナビゲーターとドライバーは会話をする。肩越しに批判したり問題を指摘したりするのではなく、本当の会話を交わさなければいけない。「あ、そこタイポ」と指摘するだけではなく、パートナーが今うまくやったことを認識することが重要だ。さらに重要なのは、「そうやったのはなんで？　こうやらないのはなぜ？」という質問をすることだ。そして、答えに耳を傾ける。驚くような答えが返ってくるかもしれない。

参加して議論を交わし協力しながら進めていこう。

それから、役割を交代する。

ドライバーはキーボードとマウスをパートナーに渡してナビゲーターになり、ナビゲーターはドライバーになる。

ドライバーとナビゲーターは頻繁に役割を交代する必要がある。5分ごとでもよいが30分を超えてはいけない。私は20分ごとに交代するのが好きだが、もっと頻繁にすることもある。この交代はタイマーなどは使わず自然に行われるべきだが、初めのうちやバックアップのためにタイマーを使うのは問題ない。共通のゴールを持つ2人が基本的な対人スキルを備えていれば、おのずと休憩ポイントは認識できるはずだ。ほとんどの開発者はそうしている。だが、もしドライバーをやっているときにナビゲーターが退屈しているのに気づいたら、もっと頻繁にキーボードを渡しあうようにしよう。思考の列車が2系統走っていて、片方がもう一方より少し遅いようなら、キーボードを遅い人に渡すことで遅い系統がスピードアップする。

私が非常に便利だと思うペアプログラミングのテクニックはピンポンペアリングだ。1人がテストを書き、1人がテストに合格させてコードをクリーンにする。そして次のテストを書く。テストが書けたらキーボードを最初の人に戻す。最初の人はテストを通しコードをクリーンにして、次のテストを書く。それを繰り返す。5分から20分でテストを通せるならこの方法が有効だ。ただ、何かに行き詰まったときには、タイマーに戻って20分ごとに交代するのがよいだろう。

8.3.3　誰とペアを組むか

誰と誰をペアにするかという問題は論理的な懸念だ。ペアリングには3つの方法

があり、それぞれ長所と短所がある。

　第1の方法は、開発者の強みと弱みを踏まえて組み合わせるものだ。ペアはお互いの得意なところを活かし、苦手なところを補うために協力しあう。これには個人の性格面も含まれる。性格にもとづいてペアを組む場合は、強い性格の人（外向的で自己主張の強いタイプ）と受動的な性格の人（内向的で静かなタイプ）を組み合わせる。私たちが求めているのは、2つの非常に異なる考え方が一緒になる空間、不連続性だ。親友同士や同じ性格の人同士をペアにすることが常に最善の方法であるとは限らない。お互いに「釈迦に説法」するような状況は避けよう。

　第2の方法は、いちばん経験を積んだ開発者といちばん経験の少ない開発者を組み合わせる方法だ。チームに新しいメンバーが加わったときなどはこのやり方が特に有効だ。

　時間の制約がきつい場合、想定外のシナジーを期待する余裕がない場合、新しい人をチームに受け入れる場合などでは、私であれば経験を積んだ人と経験が少ない人をペアにする。シニア開発者にメンターとしてふるまってもらうことを意図したものだ。そこでは、シニア開発者が他者をメンタリングすることで、結果的に多くのことを学ぶようになる。これは、教わる側がメンタリングされることで得られるものと同じかそれ以上だ。私は人生のほとんどの時間を教える立場として過ごしてきた。その経験から自信を持って言えるのは、学ぶための最良の方法、馴染みのある対象においても本当に開眼するための方法は、教えることだ。他人に説明してみるとよい。自分の説明を自分で聞いてみれば、自分の発言に自分が驚くだろう。

　かつて、プルタルコス[†3]は「心は満たすべき容器ではなく、燃え立たせるべき炎だ」と言った。教えるとは自分の頭にあることを他人の頭に移そうとすることではない。教えるとは一緒に発見することだ。教わる側に思考プロセスを見せることで、自身で答えを発見できるようにすることだ。質問の1つ1つが教わる人自身の学びの助けになる。したがって、たいてい私は質問には答えない。多くの場合、私は質問者が自分で答えを見つけ出せるように手助けする。人が問題を通じて考えるのを助けようとしているのだ。なぜなら、特定の質問に対する具体的な答えではなく思考プロセスこそがもっとも啓示的であり、もっとも有効であるからだ。

　第3の方法は私が強くお勧めするもので、**ランダム**に人を割り当てるものだ。幾度となくランダムにペアを組み替えることで、自分の長所を引き出すとは思えない人と

---

†3　https://en.wikiversity.org/wiki/Talk:Plutarch_quote

ペアを組むことになる。プログラミングに対するアプローチの違いが、良いところを引き出せなかった原因なのではない。プログラミングに対するアプローチが違うことこそが、良いところを引き出せる理由だ。自分とまったく同じ考えを持っている人から何か新しいことを学ぶのはかなり難しいのだ。

　いつも隣に座っている物静かな人とペアになったら自分の生産性が3倍になったことがある。相性が最高だと思っていた開発者とペアのときと比較してだ。全員とペアを組む以外にそれを知るすべはないのだ。1日ペアになったり、1時間だけペアになったり、ときには1週間ペアになったりすることもある。そして、またペアを交代するのだ。

　ほかにも特に有効だと思うペアプログラミングのやり方がある。ルゥエリン・ファルコが**ストロングスタイルペアリング**[4] と読んでいる方法だ。ルールはこうだ。

　　あなたのアイデアをコンピューターに伝えるまでのあいだに、必ず他人の手
　　を経由しなければいけない。

　話すときとタイプしているときとでは脳の活動領域は異なる。ほかの人に説明することで、思ってもみないくらい詳細を明確に理解できることもある。ペアの両方がペアリング中に集中できる方法でもある。

　アーロ・ベルシーの「Promiscuous Pairing and Beginner's Mind: Embrace Inexperience（ランダムペアリングと初心者の心：経験不足を受け入れよう）」[5] も素晴らしいペアプログラミングの論文だ。フロー状態に入るというのはどういうことか、フロー状態に入る方法、そしてそれと同時にペアリングする方法について説明している。

　　フロー状態はとても集中した状態だ。問題解決空間全体が開発者の頭の中に
　　入っている。フロー状態に入ると桁違いに良い仕事をこなせる。
　　ペアフロー状態はフロー状態に似ている。問題解決空間全体が参加者の心の
　　あいだで共有されている。ペアフロー状態になると、フローでないペアと比
　　べて桁違いに良い仕事をこなせる。

---

[4]　http://llewellynfalco.blogspot.com/2014/06/llewellyns-strong-style-pairing.html

[5]　Belshee, Arlo. "Promiscuous Pairing and Beginner's Mind: Embrace Experience." Pasadena, CA: Silver Platter Software. http://csis.pace.edu/~grossman/dcs/XR4-PromiscuousPairing.pdf

ここではソフトウェア開発者のペアリングについて議論しているが、どんなチームのどんな役割の人でもペアリングから大きな価値を得られるだろう。

8.4　バディプログラミング

どうしてもペアリングに恐怖を感じるチームはある。そういうチームにはバディプログラミングを勧めている。

ときには1人で仕事したほうが良い場合もある。それでも、開発者にはフィードバックがあったほうがよい。そこで、バディプログラミングではほとんどの時間は1人で仕事をする。1日の最後のたとえば1時間だけ、バディと一緒に今日それぞれが完成させたコードをレビューする。ペアプログラミングほどエクストリームではないが、それでも恩恵は大きい。

ペアプログラミングと同じように、毎日もしくは最低でも毎週、バディをランダムに交代することをお勧めする。タスクごと、イテレーションごとなど交代する方法はいくらでもある。バディプログラミングはペアプログラミングに向けた小さな一歩だと思ってもらってもよい。ペアプログラミングのメリットをちょっと体験するのに、バディプログラミングは良い方法だ。

ソフトウェア開発は私たちの知性を賭けた孤独な作業だ。魔法を人前で使うのをちょっと怖がる人もいる。だが、新しいプラクティスに慣れる機会は全員に与えられるべきだ。

自分で経験することは必須であり、本章で書いてあることはそのうちに自分で試す必要がある。試してみるという経験は本で読むこととは違うのだ。

ペアプログラミングを数日間試しただけで、ペアリングにもっとも強硬に反対していた人がチームでいちばんのペアプログラミング推進者になることもある。そんなことは今まで何度もあった。

8.5　スパイク、スウォーム、モブ

バディプログラミングやペアプログラミングのほかにも、知っているだけでなく実際にやってみるとよい協働のプラクティスがある。

8.5.1　スパイク

スパイクとは未知の課題解決のために複数の開発者が1つのタスクに取り組むや

り方で、非常に強力なツールだ。通常は使う時間をあらかじめ限定して行う。未知の
ものがあって、その解決のために何をするのか理解する必要があるときに、「スパイ
クしてみよう」と言って調査するのだ。短期的な問題解決のために委員会を作る感じ
だ。問題が解決したら委員会は解散する。

8.5.2　スウォーミング

　スウォーミングとは、チーム全体もしくは複数のメンバーからなるグループが一緒
になって、同一の問題に同時に取り組むことだ。「先に進めないような障害」に対応
するときに特に適したアプローチだ。チーム全体が何かに引っかかっているのであれ
ば、チーム全体でその障害に取り組む。これもとても強力だ。

8.5.3　モブ

　モブ[6] はウッディ・ズイルとそのチームが生み出したコンセプトだ。チーム全体が
普段から一緒になって単一のストーリーに取り組む。食べ物のかたまりをアリの群れ
がよってたかって分解するのと同じようなものだ。

　ぱっと見には、とても非効率な仕事のやり方に見える。だが、実際にやってわかっ
たのは、プロジェクトの種類によっては非常に効率的だということだ。

　チームが複雑なプロジェクトに取り組んでいたり会議で集まっていたりするとき
に、一緒に課題に取り組むと非常に生産的なことがわかった。そこで、翌日も同じよ
うにやってみることにした。それ以来、チームはモブを止めていない。

　今では、すべてのチームが一日中このやり方でやっている。彼らのオフィスは2
つのプロジェクターがある会議室のようだ。キーボードの前に座るのは1人で、残
りの5人から7人はナビゲーターだ。彼らが公開しているビデオ[7] を見れば、モブ
プログラミングの1日を5分間で見ることができる。

　ビデオを見ると全員がずっとプロジェクトに取り組んでいることがわかる。エキサ
イティングだ。協働というアイデアをまったく違うレベルに引き上げているのだ。新
しい技術に取り組むときにモブが特に有効だと言うチームもある。

---

[6]　Zuill, Woody. Blog: Mob Programming. https://mobprogramming.org/
[7]　https://www.youtube.com/watch?v=p_pvslS4gEI

8.6 タイムボックスの中で未知を探求する

　ソフトウェア開発者のトレーニング以外に、私は科学調査会社とも仕事をしている。その中に、大気（天気）に関する事象の世界的権威の会社がいる。また、地質学的トポロジーや地質学的地図作成などを専門とする、**地下の事象**に関する世界的権威の会社もいる。両社とも多数の科学者を抱えている。本当の本物の研究者たちだ。

　両社が素晴らしいのは、開発者だけでなく研究者も私のトレーニングに参加させてくれることだ。そこで私は、研究者に開発者向けのテクニックを教えることになる。その中には研究者にとって非常に有用なものもある。結局、ソフトウェア開発者も研究者なのだ。また発明者でもある。開発にとって有効なテクニックは研究者にとっても有効に働いた。スパイク、タイムボックス、イテレーション、テストファーストを教えたら、研究者たちは非常に気に入った。

　タイムボックスは未知の探求には不可欠だ。未知にスパイクを打ち込むのがゴールだ。スパイクを始める前に、疑問、ゴール、目的を決めておくほうがよい。

　だがスパイクとは、

　　ある期間（2週間のイテレーション全部でも、1時間だけでも）の中で、私
　　はこれを調べる。

ということでもある。

「わかっているのはこれで、わからないのはこれ」と言って、未知の部分を円で囲ってみよう。スパイクを進めるにしたがって、円がだんだん見えなくなっていく。既知によって侵食されていくのだ。もし円で囲えなかったら、未知のことを閉じ込められないかやってみよう。そうすれば、既知のことが増えてから、もう1回やってみればよい。

8.7　コードレビューとレトロスペクティブの　スケジュールを立てる

ペアプログラミングとは、本質的には**書きながら行う**コードレビューだ。ペアプログラミングはエクストリームプログラミングの起源だ。ケント・ベックは、これまでうまくいったことを論理的に極限（エクストリーム）までやったらどうなるかを試したいと考え、そのやり方をエクストリームプログラミングと呼んだのだ。

正直なところ、私はエクストリームプログラミングがそれほど「エクストリーム」とは思わない。多くの面で、ソフトウェアがこう作られるべきというやり方にすぎない。したがって、業界でいちばん保守的で、ビジネス寄りの人でも、エクストリームプログラミングを気に入ることもある。

エクストリームプログラミングについて考えてみよう。コードレビューが良いことなら、コードを1行書くたびにレビューすればよいのではないか？　この疑問からエクストリームプログラミングは生まれた。コードレビューのエクストリーム版だ。

だが、一緒に働きながらお互いのコードをレビューしたとしても、コードレビューが不要になることはない。ペアだけではなくチームのほかのメンバーにも、システムのコードをすべて理解してもらいたいからだ。チーム全体が、設計を理解しトレードオフや採用したアプローチについて語れるようにしよう。

設計レビューやコードレビューの頻度はチームが決める。機能が1つ完成したら、開発者がチームのほかのメンバーにどうやって書いたかを見せる。個人的に、私はコードレビューが好きだし多くを学べる。ただ、コードレビューの中には、コードスタイルの議論に終始してしまうものもある。設計レビューやコードレビューでは、まず設計とその設計を選択した**理由**について議論すべきだ。設計のトレードオフを理解し、拡張がどれだけ簡単かを議論することは、コードレビューでの良いトピックだ。

イテレーションやリリースの終わりごとの定期的なレトロスペクティブ（ふりかえり）も非常にためになる。レトロスペクティブはチーム全体の改善を促し、対応可能

な課題の発見を促す。見つかる問題が些細なものでも、レトロスペクティブのプロセス自体には大きな価値がある。問題に対応できたり、問題を積極的につぶしに行けたり、問題になりそうなアンチパターンを発見したりすることができる。そうやって、同じ失敗を防げるのだ。

　レトロスペクティブは、フォーマルにやらなくてよい。チームを1時間ほど集めて、うまくいったこと、うまくいかなかったことを喋る機会を全員に与える。医師は「ポストモーテム」、軍関係者は「デブリーフィング」と呼ぶが、コンセプトはほぼ変わらない。何をやったか、どうやったか、なぜやったか、もっとうまくやるにはどうするか、といった話をする。

8.8　学習を増やし、知識を広げる

　古いパラダイムでは、スペシャリストになれば仕事は保証された。替えのきかない知識があれば、解雇されることもなく、昇給の交渉ができた。そういった知識は企業で通貨のように扱われた。そのような状況で知識を他人に共有しようと思うだろうか？

　だが今日では、それとはまったく逆のやり方をしたほうが**雇用やキャリア**が安定する。知識を広げてチームと共有しようとする人を評価するようになったのだ。ペア、スウォーミング、モブは、協働して高い品質で効率よく仕事をこなす助けになる。

　ソフトウェアの設計、実装、テストの幅広いタスクを実行できる機能横断チームを作ろう。あるプロジェクトではフロントエンドの開発者、次のプロジェクトではバックエンドの開発者になるようなときでも、プロのソフトウェア開発者として、言語やプラットフォームに関わらず、幅広い原則やプラクティスを持ち込めるはずだ。

　ペアプログラミングは良いコードを速く書くだけにとどまらない。ペアプログラミングは**楽しい**。仕事が遊びのように感じられれば、遊びとして仕事をもっとこなすようになる。私が言い出したものではないが、「人生で好きなことをやっているなら、人生で働いていた日は1日もない」という言葉もある。これはちょっと秘密にしておいてほしい。

　私の好きなことの1つに、カンファレンスに行って、カンファレンスをすっ飛ばすというのがある。

　パネルディスカッションや、セミナー、プレゼンテーションには出ない。代わりに、友達か同僚を捕まえて、午前のセッションのあいだペアリングをする。普通のカ

ンファレンスでは学べないさまざまなことが学べる。あるキーボードショートカット
を学んだおかげで、何時間も節約できるようになった。開発者としても驚くことがた
くさんある。ドキュメントに一切書かれていないしきたりを知ったり、思いがけない
キーストロークを教えられたり、代わりに相手が思ってもいなかったキーストローク
を自分が使っていたことがわかる。そして、まったく同じショートカットに別の名前
をつけていたことがわかる。秘密結社のメンバーに会ったような気分だ。秘密結社と
違うのは、やっているのが情報共有というところだ。

ソフトウェア業界に、これ以上秘密結社はいらない。業界自体が秘密結社みたいな
ものだし、チームの中にも秘密結社が層になっている。開発者個人も秘密結社で、さ
らに別の秘密結社に属してもいる。

機密情報を扱う開発者も多いことについては気を付けてほしい。顧客の秘密を世界
に向かって話せと言っているわけではない。ここで言っているのは、プロジェクトを
進めるにあたってチームが効率的に働くための、思考リソースの共有についてだ。プ
ロなら機密保持とその範囲について注意を払わなければいけない。

8.9　常にメンター、メンティーであれ

ソフトウェア開発者であることは常に学び続けることを意味する。新しいツールや
テクニックが日々導入され、ついていくのでさえ難しい。私のメンターであり親友で
もあるスコット・ベインは、こう言った。「常に誰かのメンターであれ、常に誰かの
メンティーであれ」

まったくもって同意だ。

私は開発者のメンターとして何千人もの人たちを教えてきた。繰り返しになるが、
学ぶ最高の方法は教えることだという事実を強調しておこう。自分の知識を、ほかの
人が楽にかみ砕けるサイズのかたまりに翻訳することで、多くのことを相手から学ん
できた。私は開発者として、同僚から新しいアイデアを学び、同僚に新しいスキルを
教わってきた。

ペアプログラミングをやっていると、しばしば内向きになり孤立したくなりがち
だ。誰しもがそうだろう。そういうとき、内なる声が「ペアプログラミングなんてや
めたほうがいい。こんなこと意味ない。意味がないのはわかっているだろ」とささや
く。だが、決してそんなことはない。

8,000人以上の開発者と働いてきて、私も彼らもお互いに考え方が同じようになってきたと感じる。私は彼らの知識を利用できるし、教わった彼らも私の力を利用していると思う。難しい問題に直面したとき、彼らはこう自問するそうだ。「そうだな、デビットだったら何て言うだろう？」と。そうすると、私が答えるさまが彼らの頭の中に浮かぶ。私も同じようなことをしている。つまり、みんなで同じ問題に取り組んでいるのだ。

一緒に働き、学ぶことで、ほかのコードとうまく動くコードを書くことができる。

8.10　実践しよう

ここまで説明した考えを実際にどうやるか見ていこう。

8.10.1　ペアプログラミングの7つの戦略

アジャイル開発プラクティスの中で、ペアプログラミングほどマネージャーと開発者の抵抗にあうものはない。マネージャーは、同じタスクに2人開発者を張り付けるくらいなら別々のタスクを振ったほうが効率的だと主張する。実際は絶対に違っていてもだ。ペアプログラミングによって1日あたりのコード量が劇的に増えることはない。それでも、より多くの仕事をより少ないコードでこなせるようになる。保守コストも下がるしバグの数も減る。結果的に、デリバリーまでのリードタイムが劇的に短くなるのだ。ペアプログラミングを適切にやれば、チーム内で知識を広げて全員のスキルを伸ばし、仕事の満足度を上げられる。結果として、ソフトウェア開発の総コストの削減につながる。効果的なペアリングの7つの戦略を示そう。

やってみれば気に入る

適切なペアプログラミングは、多くの人の想像とは異なる。嫌な経験をして二度とペアプログラミングをやらないことになるか、すごい経験をしてペアプログラミングを続けたくなるか、どちらになる可能性もある。サポートがある環境でペアプログラミングを経験することが重要だ。

ドライバーとナビゲーターが参加する

ペアリングとは仕事を交代でやることではない。それぞれのメンバーにはそれぞれの任務があり、一緒に並行して働く。キーボードの前にいる人（ドライバー）とドライバーの肩越しに全体を見通す人（ナビゲーター）は、ペアリング中、両

者とも活発に参加することになる。

役割を頻繁に交代する

20〜60分ごとにドライバーとナビゲーターの役割を交代することで、協働を最大限に活かせる。キーボードを相手に渡すことでペア同士の知識が広まり、ほかのチームメンバーとペアになることでチーム間にも知識が広まる。

正直な1日を過ごす

ペアリングはエネルギーを使う。一日中「オン」状態で集中している。ペアリングしていると、休憩も少なくなるし割り込みもされにくくなる。ペアプログラミングの1日を終えると疲れ果ててしまうが、ものすごく満足した気分を味わえる。ペアプログラミングをすると多くが得られる。これは、経験のある人から学んでいるときも、経験の少ないときに教えているときも、一緒に取り組んでいるときもすべて当てはまる。

すべての組み合わせを試す

効果的なペアリングのためのテクニックやプロトコルがある。それらを知っていれば効果的、効率的にペアリングできる。ストーリー単位、タスク単位、時間単位など最小20分単位になるまで、ランダムなペアリングを試してみよう。いちばん生産性が高いのが思ってもみなかった人とペアになったときのこともある。うまくいく例やいかない例を探し、すべての選択肢を試そう。結果に驚くことになるだろう。

詳細はチームで決める

ペアプログラミングは、ほかのアジャイルプラクティスと同じように、マネジメント側からチームに強制されるものではない。チームメンバーが自ら価値を発見しなければいけない。誰もがペアリングに向くわけではないし、どんなタスクにもペアリングが適切なわけでもない。1人でいる時間を長く必要とする人もいる。だが、一般的に信じられているのとは違って、ソフトウェア開発は社会的な活動だ。複雑で大量のコミュニケーションを必要とする。そういうときにペアリングは役に立つ。

進ちょくを追跡する

メトリクスは言葉よりも物を言う。ペアリングで生産性が半分になったりはしない。時間単位の価値を測ってみれば、ペアリングは生産性を大幅に上げることが

わかる。ベロシティ、障害、コード品質を追跡しよう。それらの生産性の指標を使って、組織にペアリングの価値を示せるだろう。

正しくやれば、ペアリングは障害を減らしつつ価値生成のスループットを大幅に向上できる。知識とスキルをチームに浸透させるソフトウェア開発のアプローチとして、ペアリングは唯一無二のものなのだ。

8.10.2 レトロスペクティブの7つの戦略

チームでふりかえり、改善可能な点についての洞察を得る。そのための時間の確保は重要だ。定期的にレトロスペクティブを実施すれば、チームに成果と改善点を確認する習慣をつけられる。効果的なレトロスペクティブのための戦略を7つ示す。

小さな改善を探す

組織は、変化、特に同時かつ多数の変化には、強く抵抗する。小さいステップで小さな改善を繰り返すことで、組織の変化がすばやく容易に起きるようになる。2～3週間ごとに2%の改善を実現できれば、1年経てば50%もの改善になる。小さな改善は簡単だが、成果は積み上がる。

プロセスを責めよ。人を責めるな

ものごとがうまくいかなくても、わざとであることは少ない。そこで人を責めても事態を悪化させるだけだ。代わりに、問題の発生を許しているプロセスの問題を見つけよう。そうすれば、問題に近いところにいる人が感じるプレッシャーをやわらげ、問題の再発を防ぐ方法を見つけることに集中できる。

なぜなぜ5回をやってみる

挙がった問題が本当の問題でないことは多い。別の広範囲の問題に起因する症状にすぎない場合がある。問題の根本原因を見つけるテクニックの1つに「なぜなぜ5回」がある。問題に直面したら、なぜ起こったか、何が問題を起こしたかを尋ねる。その回答に対して、またなぜを尋ねる。それを最低5回繰り返す。4回目の「なぜ」あたりから想像もしなかった問題が見つかり始めることが多い。

根本原因に取り組む

根本原因、本当の問題が見つかったら、その問題に取り組めるし取り組まなければいけない。根本原因に対する対応は症状に対する対応よりも簡単なことが多い。

対症療法では絆創膏のように別の形で問題が出てくることになるが、根本原因に対応できれば本当に問題に対処できたことになる。

全員の意見を聞く

レトロスペクティブにはチーム全員が参加すべきだ。声の大きいメンバーだけが喋るような状態は避けること。全員からアイデアを集め、小さな改善をもたらすアクションの目標を共有しよう。継続的改善は全員の責務だ。

人に権限を

改善に必要な物を人に与えること。改善に対して真剣に向き合い、変化をサポートすること。サポートされていないと思うと人は変化を怖がるようになる。人を勇気付け、変化に対する率先を評価することを示すこと。

進ちょくを測ること

改善はゴールを設定するだけでは十分ではない。誰もが目標とできる計測可能な成果が必要だし、その成果に向けて進ちょくを定期的に計測しなければいけない。アイデアを構想段階から実現段階に進め、本当の改善にする。ゴールに向けた進ちょくが感じられれば、人はもっと努力するようになる。

プロセスが完璧である必要はない。ただ瑕疵が見つかったり改善の余地があったりした場合は、変更を推奨すべきだしサポートすべきだ。前線で実際に仕事をしている人たちが最大の改善点を知っていることが多い。改善のために「ラインを止めろ」と言われている場合のほうが、全体のプロセスは改善しやすい。

8.11　本章のふりかえり

質の高いコミュニケーションを作り上げ、知識をグループに広げるために一緒に**協働**しよう。

本章では、以下のことがわかった。

- 質の高いコミュニケーションとチームへの知識拡散のために、適切なテクニックをすぐに使う
- ペアリング、スパイク、スウォーミング、モブなどのさまざまな協働スキルを使う

- 未知の探求、学習の増幅、知識の伝搬に、協働スキルは役に立つ

- コードレビューとレトロスペクティブからフィードバックを受け、フィードバックを活かして行動しよう

- 常にメンターであり、メンティーであれ。自分とチームのスキルを上げていこう

私たちの最大のリソースはお互いである。一緒に働くためのテクニックや構成を知っておくと、協働を最大化するのに役立つ。ペアプログラミング以外にも、スパイク、スウォーミング、モブ、バディプログラミングなどの手法がある。学習を増幅して知識を伝搬することで、チームと業界全体を改善できる。

9章
プラクティス5
「CLEAN」コードを作る

「CLEAN」コードはロバート・マーチン（アンクル・ボブ）の書籍『Clean Code：アジャイルソフトウェア達人の技』[1]と、ミシュコ・ヘブリーの『Clean Code Talks』[2]へのエールだ。どちらも、クリーンでテストしやすいコードを書くことに興味を持つソフトウェア開発者のための素晴らしいリソースである。

本章では、良いソフトウェアの土台となる5つのコード品質について見ていく。これらはソフトウェア開発の原則とプラクティスの核となるものだ。あとでわかるが、これらはテストのしやすさと極めて関係が深い。

ほんの一握りのコード品質を理解すれば、ほぼすべての優れたソフトウェア開発スキルを判断できるようになる。これらの品質はコード以外の多くの場所で現れる。よくできた小説やおもしろい映画からテレビのリモコンまで至るところで現れるのだ。これらの品質を満たしていれば、ものごとは理解しやすく、明確かつ直感的なものになる。それらを欠いていると、ものごとは厄介で複雑に見えてしまう。私たちの脳は、これらの品質を満たしていると、ものごとを容易に理解できるように作られているのだ。

物やサービスの品質は**定性的**であることが多いが、それと違って、私たちが議論するコード品質は正確な**計測が可能**だ。

コード品質は小さなことだが、大きな違いを生む。オブジェクトは、特性が明確に定義されていて、はっきりした責務を担い、実装は隠ぺいされているべきだ。オブ

---

[1] Martin, Robert C. Clean Code: A Handbook of Agile Software Craftsmanship. Upper Saddle River, NJ: Prentice Hall, 2008.
邦訳『Clean Code：アジャイルソフトウェア達人の技』花井志生（訳）、KADOKAWA

[2] Hevery, Miško. Google Tech Talks. "Clean Code Talks." 2008. http://misko.hevery.com/2008/12/08/clean-code-talks-inheritance-polymorphism-testing/

ジェクトの状態は自分自身が管理し、オブジェクトの定義は一度だけにすべきだ。

これらを名前で表すと以下のようになる。

- C ohesive（凝集性）
- L oosely Coupled（疎結合）
- E ncapsulated（カプセル化）
- A ssertive（断定的）
- N onredundant（非冗長）

それぞれの単語の頭文字を取ると「CLEAN」になる。

良いコードは「CLEAN」なコードだ。それぞれのコード品質の詳細について見ていこう。

9.1　高品質のコードは凝集性が高い

何よりもまず、高品質のコードは**凝集性**が高い。それぞれの部品は1つのものだけを扱う。この品質は私のお気に入りだ。凝集性の高いコードは私たちが理解しやすく、扱うのも容易だからだ。もちろん作るのも簡単である。

辞書で凝集（cohesion）という単語を調べると、付着（adhesion）の同義語であることや、ものごとのまとまり具合を示していることがわかる。だが、ソフトウェア開発者にとって、凝集は、ソフトウェアのエンティティ（クラスやメソッド）が単一の**責任**を持つべきであることを意味する。

アラン・シャロウェイは言った。「神オブジェクトは存在しない！」

「すべてのことをやろうとしているので、神オブジェクトと呼んでいるのか？」と尋ねたところ、彼はこう言った。「いや、変えようとすると、『ああ、神よ！』と言うことになるからだよ」

スコット・ベインは言った。「エンティティは1つのことだけを気にするんだ」

つまり、クラスは単一の目的を持つべきである。

これが意味するのは、私たちのプログラムは限られた機能を持つたくさんの小さなクラスから構成されるということだ。これが真実である。私は、凝集の価値を、初めて見たときは理解できなかった。

9.1　高品質のコードは凝集性が高い　**143**

1990 年頃にオブジェクト指向プログラミングを紹介され、オブジェクト指向で書かれたプログラムを見たとき、そのコードの開発者は気が触れているのではないかと思った。それは約 50 のクラスを持つ単純なプログラムだった。ほかの人たちは誰も理解できないようにして未来永劫その仕事を続けられるようにするために、そんな作り方をしているのではないかと感じた。

彼らは 48 個のクラスを使っていたが、もしクラスが少ないほうが良いプログラムだとすれば、**私なら 3 つのクラスで同じことができる**と思った。だが、私は文学をそのように判断することはない。少ない単語でできている文章や 1 つの詩のほうが、単に短いからという理由だけで、ほかのものよりも良い本だとは思わない。表現は簡潔でなければいけないのと同時に、**完全**でなければいけないのだ。

たくさんの小さなクラスを使うことは、それぞれのクラスが 1 つの責任に集中し、自分自身の仕事をうまくやる、ということを意味する。それぞれのクラスが固有の具体的な目的を持っているのがはっきりする。変更が必要であれば、1 つまたは少数のクラスだけに着目すればよいことになる。つまり変更を分離して実装するのが簡単になる。

最初はこれを理解するのが難しかった。構造化プログラマーとして、コードを理解するための「セキュリティブランケット」[3] は、コード全体をトレースすることだったためだ。あたかも自分が CPU になったかのように、コードを移動する際には命令ポインタに従っていたのだ。このやり方はオブジェクト指向のコードを理解するには、良い方法ではないことがわかった。

私が学んだのは、良いオブジェクト指向のプログラムとは玉ねぎや、みんなが好きなパフェのようなものだということだ。みんな**層**を持っている。それぞれの層は異なる抽象化レベルを表す。これは私たちの普段の考え方と同じで、ある概念はほかの概念の中に含まれているのだ。これは概念を「まとめる」のに役立ち、ものごとを高レベルで扱えるようになる。つまり、詳細を知りたくなければ、単に次の層に進めばよいだけだ。

適切に使えば、抽象化層は全体を捉えてコンポーネントがそれぞれどう関連するかを理解するのに役立つ。また、必要なときだけ詳細に着目すればよくなる。良いオブジェクト指向プログラムを読むのには、手続き型のコードをトレースするのとは違っ

---

[3]　訳注：安心のために肌身離さず持っている毛布のこと。スヌーピーの漫画に出てくるライナスがいつも青い毛布を持っているところから、ライナスの毛布と言われることもある

たスキルが必要になる。

凝集性のあるクラスが1つのことを扱うのであれば、その1つは何か名前をつけられるアイデアや概念になる。私たちは言葉を通じて世界を体験し理解する。ソフトウェアを作るのも、結局言語的な活動なのだ。何かに名前がつけられれば、それをクラスで表現できる。概念を言語化するのは難しいので、何かに簡単に名前がつけられたのであれば、それはうまく定義できていて理解しやすいことを意味する。反対に、名前をつけるのが難しければ、責任がまだうまく定義できていないことを示す。

クラスが1つのことを扱っているときに凝集性が高いと言ったが、複雑なものはどうやってモデル化すればよいだろうか？　人を扱うクラスを作りたいとしよう。人は複雑だ。歩く、会話する、食べる、話すといったさまざまなふるまいを持つ。凝集性を保ちつつどうやってこのような複雑なものをモデル化すればよいだろうか？

答えは**コンポジション**だ。

たとえば、人クラスは歩行クラス、会話クラス、食事クラスといったものから**構成される**。歩行クラスは、バランスクラス、歩幅クラスなどから**構成される**のだ。

クラスを概念の層を表すのに使い、私たちの頭の中と同じように概念をネストしたのだ。

もちろん、自分のシステムでは、人は名前と住所だけが必要で、ほかは不要なこともある。だが、もっと複雑なものを作るのであれば、ネストした抽象化を適用するだろう。

クラスは、手押し車のような有形の物も、当座預金口座のような無形のものも表すことが可能だ。アイデアやプロセス、関係性、それ以外の現実のものでも想像上のものでも表せる。クラスは**オブジェクトのふるまいを定義**し、実行時に new のキーワードを使って**インスタンス化**する。

明らかに、オブジェクトはものそれ自体ではない。オブジェクトは表現である。名前があるからではなく、**何をするか**を表しているからだ。名前は重要だ。クラスが何をしているかを理解する手がかりになるからだ。しかし、デジタル領域では、ものごととはラベルによって定義されるのではなく、ふるまいによって定義されるのである。

9.2　高品質のコードは疎結合である

このコード品質はオブジェクト間の関係を明確な意図を持った状態に保つことである。「疎結合」と言われることが多い。

9.2 高品質のコードは疎結合である | **145**

疎結合なコードは、それを利用しているコードに対して**間接的**にしか**依存**しない。したがって、分離や検証、再利用、拡張が容易だ。疎結合は通常、間接的な呼び出しによって実現される。サービスを直接呼び出す代わりに、中間層を通じて呼び出すのである。あとでサービスを入れ替える場合でも、中間層にしか影響はなく、システムのそのほかの部分に対する変更の影響を減らせる。疎結合にする場合は、コードに**つなぎ目**を入れておく。そうすることで、密結合するのではなく、依存性を注入できるのだ。

サービスを直接呼び出すのではなく、たとえば**抽象クラス**のような抽象化層を経由して呼び出す。Java や C# のような言語では**インターフェイス**を使ってそれを実現することも可能だ。あとで、テストの際にモックを使ってサービスを置き換えることもできるし、システムのほかの部分への影響を最小限に抑えながらサービスを拡張することもできる。これが、私が具体的な実装ではなく抽象化層を使って結合したい理由だ。

みんなが**密結合**と**疎結合**について話している際には、私はどちらがよいとか悪いとかは忘れるようにしている！

密結合は悪そうに聞こえるが、疎結合も良さそうに聞こえないのだ。もし、終了ボタンのある GUI プログラムがあったとして、終了のアクションが疎結合であってほしいとは思わない。GUI のボタンに「今日はまだ終わる気分じゃないんだ」と言ってほしいはずがないのだ。結合しているべきものは結合していてほしいし、結合すべきでないものは結合しないでいてほしいだけだ。この理由で、スコット・ベインが著書『Emergent Design: The Evolutionary Nature of Professional Software Development』[9]で使っている「意図的な結合と不慮の結合」という用語を私は使っている。そうすることで、良い結合と悪い結合が明確になるからだ。

だが、どのようにして悪い結合がシステムの中で発生するのだろうか？

本当に不慮のものなのだろうか？

グレムリンが、見ていないところでコードにこっそり入れていないとすれば、私のコードの中にどうやって悪い結合が登場するのだろうか？

不慮の結合はほかのコードの品質が低いときに現れる、というのが答えだ。たとえば、多くの異なる問題を扱う凝集性の低いメソッドがある場合、無関係な理由で結合する羽目になることもある。

これが、私が「神 API」を書くのを避ける理由だ。多くのことをやろうとしすぎた壊れやすい API で、保守するのは難しく、お互いに関係のないクラスをまたがって

結合しているのだ。コード再利用は冗長性をなくすという意味ではよいが、ほかのコードの品質を犠牲にしてはいけない。再利用という名のもとに、開発者はとても頻繁に「神 API」を書いてしまう。

もし API を呼び出しているほかの箇所で、同じ実装や状態を別の理由で共有しているのであれば、これを表に晒してはいけない。そうではなく、それぞれの呼び出し元が必要とする部分だけを内部的に使う別の API を複数作ることで、隠ぺいするのだ。こうすることで、冗長性をなくせるだけでなく、凝集性を上げ、適切にカプセル化し、正しい場所に責任を負わせることができ、テストもしやすくなるだろう。

良い設計を選択することは通常、ほかの箇所の品質を犠牲にすることを強いるわけではないことに注意しよう。私はこれを頻繁に口にしている。性能や別の制約によってコード品質をトレードオフにしてしまうケースがあまりにも多いからだ。だが、これは現実の制約が想定外だった場合のみに当てはまるべきである。多くの場合、正しい設計を選択すれば、コード品質は上がる。

結合は冗長性や機能分割がある場合には特に問題になる。問題の全部または一部がシステム全体に広がってしまっていると、それを正しく処理するにはすべての箇所が同期をとって動作しなければいけなくなる。その状況で結合を壊すと、誤った結果や壊れた結果が返ってくることになる。これらは追跡が必要な厄介なバグになってしまうのだ。

9.3 高品質のコードはカプセル化されている

高品質のコードは**カプセル化**されている。実装の詳細は外部の世界からは見えなくなっている。手続き型言語よりオブジェクト指向言語を使う最大の利点は、エンティティを本当の意味でカプセル化できることだ。カプセル化とは、単に状態やふるまいを非公開にする、という意味ではない。具体的には、**インターフェイス**（自分がやろうとしていること）を**実装**（どうやってやるか）と切り離すことなのだ。

カプセル化できるものはたくさんある。良いプログラムを書くプロセスは、ものごとを片付けつつも、できる限り多くのものを隠すプロセスである。私たちの目的を踏まえて、**何か**をやっているところから、**どうやっている**かを切り離すのを、カプセル化と再定義することにしよう。どうやって実装しているかを隠せば隠すほど、あとになってほかのコードに影響を与えずに自由にコードを変えられるようになる。これによって、コードはモジュール化され、扱いやすくなる。

うまくカプセル化されたソフトウェアは、**インサイドアウト**ではなく、**アウトサイド
イン**で設計することによって得られる。

アウトサイドインプログラミング

これは私が名付けたものだ。コンシューマーの観点で機能を設計する。サービス
は、クライアントのニーズにもとづいて設計される。サービスが**何を**やっている
かを示す名前をつけ、それが**どう**動くかは隠す。これによって、コンポーネント
が疎結合となっているサービス間で、強い契約が作られる。

インサイドアウトプログラミング

対照的に、ほとんどの開発者がソフトウェアを作る方法は、問題を小さなかたま
りに分解し、それらを縫い合わせて1つのソリューションを作るというものだ。
このやり方をインサイドアウトプログラミングと呼んでいる。ソリューションに
たどり着けるように問題を分解する。そうすることでコーディングが可能となる。
だが、最初に全体像を見渡すことなくいきなり実装に入ってしまうと、責任が明
確でない壊れやすいコードを作りがちだ。つまりカプセル化するのが難しいのだ。

結局、開発者はコードをインサイドアウト、アウトサイドインの両方の観点で見なけ
ればいけない。だが、順序が重要だ。細部から始めて全体像を無視してしまうと、小
さなものを組み合わせて大きな全体にするのが難しくなってしまう。全体像に着目す
るところから始めること。つまり、それぞれのコンポーネントは**何なのか、なぜある
のか**から始める。そうすればコード内にそのコンポーネントのための場所を簡単に作
れるのだ。

ソフトウェアの大部分は、自分が取り組んでいるドメインをどう捉えて、自分が
書くソフトウェアの中でどう表現するかにかかっている。ドメインモデルは、コン
ピューターのバックグラウンドがないドメインエキスパートでも理解できるものでな
ければいけない。会計システムを作っているのであれば、そこでのオブジェクトは、
口座、資産、収支、小切手など、会計士に馴染みのあるものになるだろう。

したがって、自分のドメインモデルと実装の詳細はできる限り切り離すことが望ま
しい。これは、柔軟性、一貫性、そしてわかりやすさの向上に役立つ。ソフトウェア
がどう作られているかではなく、ソフトウェアを使うことによって得られる体験から
始める。それからシステムの中のそれぞれのオブジェクトへと進めていく。

自分の周りの世界を見ると、すべてのものには固有の全体像があることに気づく。世の中のものをモデル化する際に、その固有の全体像を同じようにモデル化したいと考える。これは重要で、隠すことができるものは、それに依存しているコードを壊すことなく、あとから変更できる。これが非ソフトウェアの世界のやり方であり、コード内での概念の実装だけでなく、概念の活用も可能にする。

カプセル化は、変更がシステムに及ぼす「波及効果」を減らすのに役立つし、それ以上の効果がある。

部屋の全員がいくらお金を持っているか知りたいとき、それぞれの人のポケットに手を突っ込んでお金を取り出すのは不適切だ。ポケットの中にお金を入れていない人もいるかもしれない。財布に入れているか、もしかしたら靴下に入れてるかもしれない。どこにお金があって、それぞれの人が自分が所持するお金にどうアクセスしているか。そんなことに関心を持ちたくない。そうではなく、「いくらお金を持っているか」と質問して、それぞれの人が質問を理解し、答えをくれればそれでよい。

オブジェクトを使ってシステムを実装する際は、オブジェクトの責任は、オブジェクト自体に持たせる。そうすることでシステム内のオブジェクトが目的を持つようになる。システムの全エンティティは、それぞれ独自の責任がある。責任が変わった場合でも、多くの場合、システムのほかの部分から変更を隠すことができる。結果として変更のコストが下がるのだ。

ほかにもカプセル化できるものはたくさんある。関係性、プロセス、ふるまいの変化、プロセス内のステップ数、ステップの順番などだ。概念を抽象化によって隠せる。アルゴリズムの実装をメソッドシグネチャによって隠せる。アダプターパターンやファサードパターンを使って、自分のコードの中で外部のコードをラッピングできる。スコット・ベインは「カプセル化は、変化しているものを変化していないかのように外部に見せる」と言った。

カプセル化の方法はとてもたくさんある。メソッド呼び出しによって実装を隠したり、抽象化やインターフェイスによってアイデアややり方を隠したりすることもできる。

ギャング・オブ・フォーが書いた『オブジェクト指向における再利用のためのデザインパターン』[10]の中で分類されているデザインパターンでは、ちょっと違ったやり方でカプセル化している。彼らのカプセル化のパターンを見れば、パターンを理解して問題解決に活用できるだろう。

「知らぬが仏」というパターンがある。

これは人生では必ずしも真ではない。知らなくても被害を受けることはある。だがソフトウェアにおいてはこれは**常**に真だ。依存が少なければ少ないほど、コードの変更は簡単になる。

カプセル化のポリシーは、「必要に応じて公開する」だ。

言い換えれば、できる限り隠して、問題解決に必要なときだけ公開するのである。たとえば、すべてのデータをプライベートにしたところから始めて、あとから、それを公開しなければいけなくなってから、データにアクセスするための setter と getter メソッドを作るのだ。これらのメソッドは、protected か、package か、public にする。すでに公開してしまっているものを隠そうとするより、隠しているものを公開するほうが、一般的にはかなり簡単だ。解決しようとしている問題が必要としているものだけを公開して、ほかのものは隠すこと。

カプセル化が習慣になれば、**呼び出し側の視点**で設計するようになる。小さな機能それぞれに呼び出し可能なメソッドを用意して、パラメーターと戻り値は明確になるだろう。どんなデータが必要で、どんな戻り値が期待されているかが正確にわかるようになる。これは、システムの相互作用における副作用を減らすだけでなく、コードを説明する明確なドキュメントにもなる。それぞれのメソッドで何が必要で何が期待されているのかが正確にわかるのだ。

たぶんいちばん基本的なカプセル化の形は、メソッドシグネチャを使って、ふるまいの実装を隠すことだ。これは「実装ではなくインターフェイスをプログラムする」というパターンで、繰り返し言われている。

必要なものだけを公開し、それ以外は隠すこと。素晴らしいソフトウェアを作るプロセスは、いろんな意味で、できる限りカプセル化するプロセスである、と言える。誰でも仕様を満たせるだろうが、偉大なプログラマーは最大限の柔軟性のためにコードをカプセル化できるのだ。

9.4　高品質のコードは断定的である

高品質のコードは断定的だ。自分自身の責任は自分で管理する。ソフトウェアのエンティティは、好奇心旺盛なものではなく、断定的であるべきだ。このコード品質について話してる人は多くない。だが、どこにふるまいを配置し、適切な責任を与えるかを決める上で助けとなる、とても価値のあるものだ。

たとえば、ドキュメントの印刷を制御するコードがあるとしよう。これは、ドキュ

メントクラスの一部にするべきなのか、プリンタークラスにするべきか？　どちらだろうか？　この質問を開発者にするとすぐに、プリンタークラスがドキュメントの印刷を制御するコードを持つべきだと答える。だが、ちょっと考えてみよう。印刷するドキュメントを知っているのは誰なのか。これは明らかにドキュメントクラス自身だ。したがって、印刷自体を制御できるものの1つであることは間違いない。しかし、ドキュメントクラスがプリンターの詳細を知らなければいけない、ということを意味するわけではない。印刷のタスクはプリンタークラスに移譲されるが、担当しているのはドキュメントクラスだ。

私はカリフォルニアで多くの参加者に対してトレーニングを実施した。そして、断定性という品質を説明する具体的な方法を開発した。カリフォルニアの多くの人は、自己改善をしている。みんな、自己責任を持ち、独立独歩で、自分の領域で達人になりたいと考えていて、セラピーは大繁盛だ。

オブジェクトが断定的であることを「オブジェクトセラピー」と考えるとどうだろうか。オブジェクトは独立していて、自身の責任を持ち、自分で管理するのだ。良い理由がない限り、自分自身の仕事をほかのオブジェクトに肩代わりさせることはない。

経験上、オブジェクトは自分自身の状態を管理する責任を負うべきだ。言い換えれば、オブジェクトがフィールドやプロパティを持つのであれば、それらを管理するためのふるまいも持つべきである。これは、1つのオブジェクトがすべての仕事をしなければいけない、という意味ではない。ドキュメントクラスの例では、プリンターのインクの流れなど制御していない。それはプリンタードライバーの責任だ。ドキュメントクラスの責任は、プリンタークラスがドキュメントの印刷という責任を果たせるように情報を伝えることだ。

これによってオブジェクトは明確に定義され、あるべきところにふるまいが配置される。あるふるまいをどのオブジェクトが含むべきかを決めるときは、そのふるまいが依存する状態を持つオブジェクトを探す。ときにはあるタスクを実行するのに複数のオブジェクトの状態に依存することもある。その場合は、ほかの理由がなければ、もっとも依存しているものを選択する。

オブジェクトは興味をそそるものであってはいけない。オブジェクトは**権威的**であるべき、すなわち自分自身を管理するのだ。

断定的でないコードは好奇心旺盛すぎる。仕事をするのに、絶えずほかのオブジェクトの状態を参照しなければいけない。ほかのオブジェクトの呼び出しがあまりに多

く、自分自身で状態を管理するのに比べて効率が悪い。好奇心旺盛なオブジェクト
は、仕事を終わらせる上で、ほかのオブジェクトを呼び出して状態にアクセスせざる
を得ない。これはカプセル化を破壊し、性能の劣化にもつながる。『リファクタリン
グ』[11]の中で、マーチン・ファウラーはこれを「特性の横恋慕」、「不適切な関係」
と名付けて、断定性の欠如に関するコードの臭いを説明している。

　コードが好奇心旺盛になって断定的でなくなると、プロセスのルールは複数のオブ
ジェクトをまたいで拡がり、機能の分断が生じる。正しい結果を得るためには、複数
のオブジェクトが同期しなければいけないにも関わらずだ。ふるまいは間違った場所
に配置される。関心を持つべきでないオブジェクトに配置され、オブジェクトの凝集
性が下がり、複数の異なる問題を一緒に扱うようになってしまう。

　これは設計の際にモデル化すべきものを忘れたり見つけられなかったりする場合に
も起こる。新たなふるまいが必要だとわかったときに、本来所属すべき新しいクラス
を作るのではなく、既存のクラスに突っ込んだような場合だ。

　断定性の品質は、ふるまいをどこに配置するかを示してくれる。ほかのクラスの
データに強く依存しているメソッドがあれば、それをほかのクラスに移したいと思う
だろう。

　好奇心旺盛な香りはわかりにくい。クラスには多くの協力関係がある。したがって
注意深く検討しないと、ふるまいを配置する適切な場所を見つけるのは難しいだろ
う。

9.5　高品質なコードは冗長でない

　高品質なコードは冗長さを含んではいけない。同じことを繰り返してはいけない。
高品質なコードは冗長さを含んではいけない。同じことを繰り返してはいけない[†4]。

　学習であれば、冗長もよいだろう。繰り返しによって学習するからだ。だが、ソフ
トウェアにおける冗長性は常に、保守にコストがかかり重荷となる。

　ここでは私自身も注意しなければいけない。数年前ダラスとフォートワースの郊外
でソフトウェア設計のトレーニングをしたことがある。私は知らなかったが、部屋に
は NASA のシニア開発者が 2 人いた。私が「冗長性は常によくない」と言ったとこ
ろ、そのうちの 1 人が立ち上がってこう言った。「待ってください。冗長性が命を救
うんです！」

---

†4　訳注：筆者はあえてこのフレーズを繰り返している

彼は正しかったが、彼が話していたのは特別な種類の冗長性だ。つまり意図的な冗長性である。ミッションクリティカルなアプリケーションに取り組んだ経験があれば、この話は知っているはずだ。

私がミッションクリティカルと定義するのは、もしバグが本番環境に入り込んでしまうと誰かが死んでしまう可能性があるようなアプリケーションだ。このような環境では、ソーシャルメディアアプリケーションのコードを書いているときとは、作っているアプリケーションに対する考え方が異なる。少なくとも注意深くなければいけないし、夜はちゃんと寝たいと思うはずだ。開発は必ず信頼性に関するものになる。NASAから来た2人の開発者はミッションクリティカルなアプリケーションを作っていたのだ。

たとえば、スペースシャトルに5台のコンピューターがあったとする。ミッションクリティカルな計算では、5台それぞれが別々に計算し、答え合わせをする。5台の答えが一致すれば、計算結果は正しい可能性が高い。だが、一致しなかった場合は再計算が必要になるかもしれない。

NASAの開発者は正しい。ミッションクリティカルなアプリケーションのために意図的な冗長性を持つことが命を救うのだ。だが、私が話しているのは**意図しない冗長性だ。これはいつも保守する上で問題となる。

みんなDRY（Don't Repeat Yourself、繰り返すな）という単語を使ったり、「一度、ただ一度」というフレーズを使ったりする。だが、冗長性を見つけるのはいつも簡単というわけではない。

ほとんどの冗長性は明白なものだし、コードの中で簡単に見つけられる。だが、冗長性が巧妙な形で隠れていて見つけにくいこともある。エクストリーム・プログラミングで使われる「重複」という単語ではなく、「冗長」という単語を好むのはこのためだ。

**クリップボードから継承すると冗長性がもたらされることに私は気づいた。何かをクリップボードにコピーしたら、それを貼り付ける前に、本当にそれが両方の箇所で必要なのか、両方のものを呼び出したいのか自問できただろう。両方を呼び出したいのであれば、それに名前をつけて、メソッドでラッピングし、呼び出せるようにすればよい。

コードの中の冗長性のうち95%は簡単に見つけられるし、簡単に取り除けると言ってよいだろう。残りの5%は見つけるのが難しい。だが、それに労力をかける価値はある。私なら、時間があればそれを探しまわる。コードの冗長性が問題の本質を隠し

てしまいかねないからだ。問題を理解できていなければ、それを解決する正確なソリューションを見つけるのは難しい。冗長性を取り除ければ、今まで見つけられなかった問題のパターンを頻繁に見つけられる。これによって、複雑なコードは、より単純なソリューションに変えられる。

冗長性にはさまざまな形がある。状態やふるまいだけが冗長になるわけではない。ほかのものも多くは冗長になる可能性がある。冗長な関係、冗長なテスト、冗長な概念、冗長な解釈、冗長なプロセスなどだ。ほとんどのステップは同じで一部だけが異なっている場合に、将来ずっと保守し続けなければいけない2つのアルゴリズムを作ってしまうのである。これらの問題を解決するパターンはある。

私にとってコードの冗長性とは、複数の場所でやり方に関係なく同じことをしようとしていることを指す。同一ではないコードでも冗長になるし、同一のコードでも冗長にならないこともある。冗長性は必ずしも形状の繰り返しではない。冗長性とは、**意図の繰り返し**なのだ。

9.6　コード品質が私たちを導いてくれる

コード品質は小さなことだが、大きな違いを生む。オブジェクトははっきりと定義された特徴を持ち、自分の責任に注力し、実装を隠し、状態を管理し、一度だけ定義されるようにすべきだ。

こういったコード品質は開発者が良いソフトウェアを作る上でのガイドになる。

- コードに**凝集性**があれば、理解もバグを見つけるのも簡単だ。それぞれのエンティティは1つのことしか扱っていないからだ

- コードの**結合度が低ければ**、エンティティ間の副作用が起こることも少なくなるし、テストや再利用、拡張がより簡単になる

- コードがうまく**カプセル化**されていれば、複雑さを管理し、呼び出し元が呼び出し先の実装の詳細を知らなくてもよいように維持できる。あとから変更するのも簡単だ

- コードが**断定的**であることは、ふるまいを配置する場所は、多くの場合、依存データがある場所であることを示している

- コードが**冗長でない**ことは、バグ修正や変更を1箇所で1回だけやればよい

ことを意味する

　コード品質とは、凝集性 Cohesive（凝集性）、Loosely coupled（疎結合）、Encapsu lated（カプセル化）、Assertive（断定的）、Nonredundant（非冗長）である。これらの頭文字をとって、「CLEAN」だ。

　おもしろいことに、本書で取り上げるすべての原則と開発者のプラクティスは、コード品質から導き出される。コード品質は、私がソフトウェアの優れた点を計測する上での基準になっている。そしてここから先で議論することは良いコード品質の手助けとなるだろう。

　これらの品質を欠いたコードはテストも難しい。あるクラスのテストをたくさん書かなければいけないのであれば、凝集性の問題があることがわかる。関係ない依存関係がたくさんあるのであれば、結合の問題があることがわかる。テストが実装に依存しているのであれば、カプセル化の問題があることがわかる。テストの結果がテストしているオブジェクト以外から得られるのであれば、断定性の問題があるかもしれない。あちこちで同じテストを書かなければいけないのであれば、冗長性の問題があることがわかる。

　つまり、テストしやすさが設計や実装の品質を計測する基準となるのだ。かつては、どちらも有効だと思われる2つのアプローチがあった場合、私はどちらがよいかを明らかにするために時間をとって両方を試していた。今は、コード品質にもとづいてスコアをつけるだけだ。もしくはどちらがテストしやすいかにもとづいて決める。そうすることで、すばやく良い方法を見つけられるようになる。

　「CLEAN」コードの品質はお互いに助け合う。1つの品質を向上させれば、ほかの品質も向上する。すべての品質を心配することはない。1つか2つ妥当なものを取り上げて、それに着目すればよいのだ。

　ケント・ベックは『テスト駆動開発』[12]という読みやすくて一見するとシンプルな本を著している。この中で、コードの重複をなくすようにずっと気を付けているだけで高品質のコードになる、と言っている。これは正しい。だが、ここまで議論したすべての品質に同じことが当てはまる。実際のところ同じこと、つまり良いコードとは何か、という切り口を変えただけなのだ。

　ある1つの観点で改善すれば、ほかも同じように改善される。1つのコード品質を改善して、それに伴ってほかも改善されれば、それはつまり、コードの全体的な品質を改善する上で正しく進んでいると言える。

私が好むのは、凝集性に着目することだ。凝集性の問題は簡単に見つけて直せる。やっていることに名前をつける手助けになり、名前がつけば理解も容易になる。凝集性の問題を直すことで、ほかの品質も同じように向上するのを見てきた。もちろん、あなた自身は、カプセル化や断定性に着目するかもしれない。

だが、いずれの品質を選んでも、1つを改善すればほかが改善され、正しい方向に進んでいることがわかるはずだ。

9.7　明日のベロシティのために今日品質を上げる

明日のベロシティを上げるには今日コード品質を上げることだ。私はいつもチームにそう言っている。コード品質に着目し続ければ、私たちが書いているソフトウェアは明確で理解しやすいものになる。

私たちの脳は、これらの品質を含んだ情報は理解できる。そのように条件付けされている。したがって、これらの品質を示すコードは理解しやすく取り組みやすい。高品質のソフトウェアは、大量に作らなくても拡張しやすいし、プロジェクトの規模の拡大も容易だ。

高品質のソフトウェアはデバッグもかなり簡単だ。速くデリバリーできるようになるし、コードの保守も簡単になる。結果として、総所有コストが下がり、すばやい回収が可能になる。

ウォード・カニンガム[5] は**技術的負債**という単語を作った。これは、開発中に学習した内容をコードに反映しなかったときに起こることを説明したものだ。技術的負債以上に、開発を遅くし見積りを狂わせるものはほかにない。1時間で終わるべきものが1日以上かかったり、ときには、1つの機能追加でおびただしい量のコード変更が必要になったりする。コード品質の向上は変更のコストを下げ、見積りを予測可能なものにしてくれる。

ときには速度のために雑にやることもある。その場合、雑なものが積み重なってしまう前にきれいに片付けておきたいと思うだろう。品質を手助けするプラクティスを取り入れると、短期間で高品質なコードを書けるようになって、長期的には多くの時間を節約できる。確かに、カプセル化のために新しいクラスを作って、波カッコを余分に入力しなければいけないかもしれないが、これまでソフトウェア開発においてタイピングがボトルネックになったことなどあるだろうか？

---

[5]　http://c2.com/cgi/wiki?WardExplainsDebtMetaphor

私の友人にプロの料理人がいる。一晩に 200 皿以上の料理を作っている。彼は「私には汚くする時間がない」と言う。つまりすばやく働くということはきれいに働くということを知っているのだ。彼の作業台はいつも片付いていて清潔だ。彼の服の袖もきれいで乾いている。速く働けば働くほど、きれいになっている。私たちもそうすべきなのだ。

もしかしたらあなたはすでに、昔の本やコンピューターサイエンスのコースなどで、コード品質、つまり凝集性や結合、カプセル化といった単語を知っていたかもしれない。それらの考えの多くは、素晴らしいソフトウェアの基礎になっている。私が見てきた素晴らしいソフトウェアはいつもそうだった。最高にうまくいっている組織とは、ベロシティが高くビジネスの状況に対応して最高のソフトウェアを顧客に届けている組織のことだ。そのような組織はみな高品質のソフトウェアを土台にしていた。コード品質とそれを起点とするものに注力する文化を作っていた。これが成功の秘訣だ。

「CLEAN」コードの書き方がわかったあとは、それを確認する方法が重要だ。確実に高品質でテスト可能なコードを書いているかどうかを確認するいちばん良い方法は、最初にテストを書くことだ。詳しくは次の章で説明する。

9.8　実践しよう

ここまで説明した考えを実際にどうやるか見ていこう。

9.8.1　コード品質を上げる 7 つの戦略

人それぞれ品質の定義はさまざまだ。ソフトウェアが顧客の望んでいることをやってくれることを品質という人もいる。動作が速いことを品質という人もいる。エラーが起きないことを品質だという人もいる。これらは、みんなよいことではあるが、全部が単一の要因によるものなのだろうか？　そうだとしたら、高品質のコードを書くには、どこから始めればよいのだろうか？　コード品質を上げる上では、7 つの戦略がある。

品質の定義を明確にする

ソフトウェアの品質は有形物の品質とは異なる。パン屋で、適当な材料を混ぜてオーブンに入れても期待したケーキにならないのと同じように、コード品質を構

成する「材料」を理解することが重要だ。高品質のコードはどんな特徴を持つべきか？　高品質のコードは明確で理解しやすく拡張が簡単でなければいけない。

品質のためのプラクティスを共有する

高品質なソフトウェアを作る上での「品質」における共通定義を持つことに加えて、プラクティスも共有しなければいけない。アジャイルプロセスの活用が助けになるだろう。たとえば、機能の開発を重視することで、それぞれのメソッドに凝集性のある目的を持たせた開発を進められる。

完璧主義を手放す

ボルテールは「Don't let the perfect be the enemy of the good（完璧は善の敵）」と言った。私たちは、ソフトウェアにおいて完璧なものなど手に入らないことをわかっており、それができるなどといった幻想も抱いていない。だが、自分たちのコードがどう使われるかはっきりしない場合、素晴らしいものでも十分でない可能性がある。明確な受け入れ基準を持てば、必要なものを作る上で役に立つ。そうすれば、金メッキで覆われた機能を作らずに、前に進んでいける。

トレードオフを理解する

ソフトウェア開発は与えられた状況に応じて最善のトレードオフを繰り返す仕事だ。自分たちが下すトレードオフの意味を理解することで、現在の状況でのニーズに対処するための良い判断ができるようになる。ほかの領域での利点のために、あるエリアで対価を支払わなければいけないこともあるだろう。これを理解していれば、製品全体として良いものを作る助けになる。

「やり方」を隠す

実装の詳細をカプセル化し、インターフェイスを公開する。呼び出し元はどうやって実現されるかを気にすることなく、欲しいものが得られるようにする。これによって、あとから実装の詳細を変更する自由が得られる。このとき呼び出し元を壊すこともない。

良い名前をつける

プログラムにおいていちばん重要なドキュメントは、ソフトウェア自身だ。エンティティやふるまいには、どうやってやっているかではなく、何をやっているかを示す名前をつける。意味のある名前を保ち、メタファーは一貫したものにする。こうすることで、ソフトウェアは理解しやすく扱いやすくなる。略語や略称は避

ける。代わりに名前の全体をキャメルケースで記述する。長さを気にすることはない。ほとんどの IDE は自動補完できる。最初だけ入力したら、次回以降は最初の数文字を入力してリストから選択できる。名前は説明的、能動的、肯定的なものにし、呼び出しの結果システムがどう変化するかを反映したものにすること。

コードをテスト可能に保つ

テストしていないコードには大きなリスクがある。テストは重要だ。コードが動くかを評価するだけでなく、確実にテストできるようにもしたい。テスト可能なコードは高品質コードと相関関係があるからだ。

ソフトウェアの品質は勝手にできあがるわけでもないし、シックスシグマやウォーターフォールのような重厚なプロセスによって作り出されるわけでもない。ソフトウェアの品質は、私たちが解決しようとしている問題そのものや、それをどうモデルにするかに注意を払うことで手に入る。これによって、判断を集約することによる冗長性の排除、メソッドやクラスがやるべきことへのフォーカス、ふるまいの適切な場所への配置に役立つ。結果的に、保守と拡張が容易なコードベースが得られるのだ。

9.8.2　保守しやすいコードを書く7つの戦略

保守しやすいコードとは理解しやすく扱いやすいコードだ。設計は明確で、エンティティには適切な名前がついており、開発者は変更を恐れることもない。保守しやすいコードが偶然できあがることはない。注意を払って作るものだ。だが、コードを触る人にとって大きな違いを生み出す。保守しやすいコードを書くための7つの戦略を紹介しよう。

コードの共同所有を取り入れる

コードの共同所有とは、チームメンバーの誰もが、コードのどの部分でも変更してよいことを意味する。たとえ自分が書いていないところでも関係ない。チームは全員で同じコーディング規約を使う。したがって、誰がコードを書いたのかはコードを読んだだけではわからない。こうすることで、コーディングスタイルは一貫性を持ち、扱いやすくなる。共通のコードフォーマットを持つだけでなく、チームは同じドメインモデルを使って作業し、共通の開発プラクティス、設計を表す共通の用語を使うべきだ。

リファクタリングを熱心に行う

リファクタリングはコードを書く作業の中心的なものとなり、開発プロセスを通じてずっと行う。開発者は新しいふるまいのコードを書いて、それが動いているとしても、リファクタリングすべきだ。リファクタリングはひどいコードを書いてしまったことに対する言い訳などではない。リファクタリングはコードに保守性を組み込む方法を教えてくれるのだ。結果的にあとでコードを扱うのが簡単になる。

常時ペアで進める

ペアプログラミングは知識を伝える上でいちばん速い方法だ。いちばん良い組み合わせが見つかるまで、毎日いろんな人とペアを組んでみよう。そしてお互いから学習し続けるためにときどきほかの人ともペアを組む。すべてのタスクをペアでやるチームもある。最低限、設計、コーディング、リファクタリング、デバッグ、テストの際にはペアを組むべきだ。

頻繁にコードレビューをする

すべてをペアで作業していたとしてもコードレビューは有効だ。ペアを組んでいないほかの人があなたのコードを見てフィードバックする機会になるからだ。コードレビューは意思決定の理由に着目し、設計の選択肢やトレードオフについて議論する。

ほかの開発者のやり方を学ぶ

ほかの人のコードを読んで、ほかの人のコードの書き方を学ぶ。これは開発者としてのスキルを向上させる素晴らしい方法の1つだ。実質的には、すべての開発者は自分独自のスタイルがある。ほかの開発者が問題をどう扱っているかを学習することで、自分自身が成長するのだ。

ソフトウェア開発を学ぶ

20年前は、開発者必読のソフトウェア開発の本はほとんどなかった。だが今はたくさんある。プロの開発者でいるためには、継続的な学習が必要だ。医者は、週の8〜10時間を専門分野の本を読むのに費やしている。開発者も同じだ。

コードを読み書きして、コーディングの練習をする

スティーヴン・キングの本の中で、「作家になりたいなら、絶対にしなければいけないことが2つある。たくさん読み、たくさん書くことだ」と言っている。ヘ

ニー・ヤングマンが、どうやってカーネギーホールに出演するまでになったのかを聞かれたとき、彼は「練習、練習、また練習」と答えた。ソフトウェア開発も同じだ。人のコードを読み、コードを書く。練習するのだ。

クリーンなコードは扱いやすい。平均的には、コードを読む回数は、コードを書く回数の 10 倍以上だ。したがってクリーンに保つ努力をする意義がある。これらのプラクティスが習慣になって、コードを保守しやすく保つことができれば、すばやく配当が得られるようになるだろう。

9.9　本章のふりかえり

「CLEAN」なコードを書こう。**凝集性**があり、**疎結合**で、**カプセル化**されており、**断定的**で、**非冗長**なコードだ。CLEAN コードは高品質なコードだ。

本章では、以下のことがわかった。

- 凝集性のあるコードは副作用を減らす
- 疎結合なコードはテストが容易である
- カプセル化されたコードは簡単に拡張できる
- 断定的なコードによってソフトウェアがモジュール化される
- 非冗長なコードは保守の問題を減らす

良いコードとは理解が容易で扱いやすいコードであると定義すれば、この原則を守っているコードの品質を識別できるようになる。これらのコード品質は小さなものに見えるかもしれないが、注意を払うことで、保守しやすいソフトウェアを作る手助けになるはずだ。

10章
プラクティス6
まずテストを書く

テスト駆動開発は死んでいないのか？

本章で説明するテスト駆動開発（TDD）はもう死んでしまったと主張する人たちもいる。良いアイデアに見えるものの実際にはうまくいっていないと言うのだ。多くのテストや実装に依存するテストがかえって負担になってしまうという「テストによるダメージ」について語っている。

実際のところ、この指摘はそのとおりだ。

開発者がいつテストを書くのをやめるべきかわからないときに、「テストによるダメージ」が発生する。

開発者がテストファースト開発を行う利点は、既存のコードを変更するときにサポートを得られることだ。しかし、あまりにも多くのテストを書いたり実装依存のテストを書いたりすると、テストの変更が難しくなる。こういったテストは変更しやすさの手助けになるどころか負担となり、コードの変更は困難になり時間がかかるようになる。

かつて、**退屈するまで**テストを書くようにテスト駆動開発の熟練者に言われたことがある。退屈した時点で、おそらくそれ以上のテストを必要としないというのだ。この方法の問題は退屈するまでのしきい値が人によって異なる点にある。「退屈するまで」とは、どれくらいのテストを書けばよいのだろうか。

テストは仕様であり、ふるまいを定義するものだ。

テストをこのように捉えるとテストの適切な数と種類が明らかになる。コードを安全に変更するための最適なテストが提供されるだけではなく、実装にも集中できる。これなら作業が終わり次第、次のタスクに進める。

ほかの複雑なものと同じように、正しい方法は数少ないが間違った方法はごまんと

ある。テスト駆動開発を正しく適用できなかったからといって批判しないでほしい。

　テスト駆動開発を利用して開発を進めることを私は提唱している。そこで、いつも伝えている**テスト駆動開発を正しく使用する方法**と、落とし穴を回避する方法を説明しよう。ふるまいを表すのに十分な数のテストを記述し、テストが成功するための実装を記述するのである。

10.1　テストと呼ばれるもの

　ソフトウェア開発には「テスト」と呼ばれるものがいくつかある。それぞれ大きく異なっており、目的もまた異なる。テスト駆動開発の話に入る前に、いろいろな種類のテストを見ていこう。

10.1.1　受け入れテスト = 顧客テスト

　顧客テスト、あるいは**受け入れテスト**と呼ばれるものは、ストーリーのふるまいを明確にする。それによって、開発者はプロダクトオーナーまたは顧客担当者と本質的な対話をすることができる。開発者は、明示的なふるまいに対して実行可能なテストを書くことで、ストーリーを形式化したり、いくつかの例を作ったりすることができる。

　受け入れテストは、開発者がエッジケースの箇所や特定のシナリオに対する例外を理解するのに役立つ。また、受け入れ基準を定義することで、受け入れテストがどうなったら終わりになるか明確になる。

　これは開発者が回答すべき重要な質問の1つだ。自分が書いているコードがどのように使用されるのか、どのような状況で使用されるのか正確にはわからない場合がある。そういったときに、作りすぎてしまう傾向がある。限られた時間でどれか1つでも作りすぎてしまうと、ほかが疎かになる。「どうなれば完成といえるのか」を知ることは、必要なときに必要なだけ進むことを可能にする。それが開発者に満足感と完成感を与えてくれる。開発者は「このケースはカバーできていただろうか？　十分に堅牢にできただろうか？」というような不安を持つことが多いものなのだ。

　しかし、受け入れテストがグリーンになり受け入れ基準に達したら、気持ちよく次に進める。次のイテレーションでも同じようにして、どんどん機能を作っていける。

　こうした受け入れテストに使える自動化ツールがある。given、when、thenという3つの基準にもとづいたGherkinと呼ばれる言語（受け入れテストのツールに実

装されている）がある。これは自然言語でテストを書くもので、簡単に使える。

Given セットアップする When このトリガーが発生する Then 結果が見える
はずだ。

Given はテストを設定する方法だ。テストを実行するために必要な前提条件を指定する。When がトリガーになり、テストしたい動作を呼び出す。Then で期待する結果と実際の結果を比較する。そして、テストが成功したかどうかを示す。

自動的にバイナリな結果（成功か失敗）が出てほしいのだ。

受け入れテスト駆動開発（ATDD）については良い本が 2 冊あるので参考にしてほしい。ケン・ピューの『Lean-Agile Acceptance Test-Driven-Development』[13]とゴイコ・アジッチの『Specification by Example』[14]だ。

10.1.2　ユニットテスト = 開発者によるテスト

ユニットテストはストーリーよりも小さいユニットをテストするためのものだ。開発者がテスト駆動開発を行う際、コードの開発を進めるためにユニットテストを作る。

ユニットテストは内部ドキュメントとしても機能する。これによって多くの時間が節約できる。また、将来の変更でのミスを見つけるための回帰テストにもなる。これらのテストの実行を自動化して、テストスイートを実行したら書いたテストがすべて動くようにしておく。

本章では主にユニットテストに焦点をあてる。だが、ソフトウェア開発で使用するほかのテストについても知っておいてほしい。

10.1.3　それ以外のテスト = QA テスト

受け入れテストやユニットテストに加えて、ソフトウェア開発で使われる「テスト」はほかにもある。これらのテストの多くは、ワークフロー中のコンポーネント間の相互作用をテストする**結合テスト**のように、QA プロセスの一部になる。依存関係をモックで模倣するユニットテストとは異なるのだ。結合テストは、実際の依存関係を使用してコンポーネント間の相互作用をテストする。そのため、テストが壊れやすく遅いものとなる。複雑なワークフローでは多くの結合テストが必要となり、ビルド

が大幅に遅くなる。

したがって、依存関係は切り離して、ユニットレベルでできる限りのテストを行うほうがよい。これによってテストがスピードアップし単純なものとなる。

機能をテストするために、ユーザーの入力をシミュレーションするツールを使うチームもある。これらのツールは、テストの世界では一定の地位を築いているし、状況によっては価値がある。だが、これがシステムの機能をテストする唯一の方法なら、考慮すべき設計上の制約があるかもしれない。既存のシステムでトレードオフを余儀なくされている場合もある。だが、できるかどうかはさておき、簡単に検証できるようにテスト可能なコードを書くことを追求すべきだ。

品質を保証するテストにも多くのツールやアプローチがある。ここではテストを2つのカテゴリに分類する。

- リリース候補を検証するために必要なテスト
- そのほかすべて

できるだけ多くのテストを自動化することが重要だ。そして、リリース候補のテストをすべて自動化することはさらに重要だ。問題が起きる可能性を最小限にするために、できるだけ依存関係を少なくなるようにする。ソフトウェア開発**プロセス**も依存関係をできるだけ少なくすることが必要だ。ビルドを成功させるために人間の介入が必要になってしまうと、外部への依存性が生まれ、うまくいかないことがあるのだ。

通常、従来のQAプロセスでリリース候補を検証するには多くの手動による手順が必要だ。これはリリース候補のコストを引き上げ、より大きなバッチで作ろうとする力が働く。

しかし、自動テストを使用すればそういった人間の介入をすべて排除でき、いつでもリリース可能なシステムを作ることができる。だが、いくつかのソフトウェアは人間の介入を必要とするのも事実だ。たとえば、GPSソフトウェアを野外でテストすることは完全に排除はできない。コンポーネントを切り離しシミュレーションすることで、野外でテストをしたとしてもリリースのためのクリティカルパスになることはない。

10.2 QA

QAテストにはさまざまな形態がある。一部を紹介しよう。

- **コンポーネントテスト**はユニットがどのように連携するのかを調べるものだ
- **機能テスト**はユニットをまとめて、エンドツーエンドのふるまいを完全なものとするのに用いる
- **シナリオテスト**はユーザーがシステムと対話する方法だ
- **パフォーマンステスト**は「単独でテストはできたけど、何百万ものユーザーが同時にアクセスしたときどうなる？」という問いだ
- **セキュリティテスト**はコードの脆弱性を探すものだ

プロジェクトに必要なQAテストの種類はリスクによって異なる。ペースメーカーをテストするのとソーシャルメディアアプリケーションをテストするのではまったく異なるアプローチが必要だ。

品質工学（QE）は専門職の仕事になった。品質に対して工学的に取り組む必要性に気づいたマイクロソフト、アマゾン、グーグルのような企業は、多くのマニュアルテスターを、テスト自動化を行える開発者に置き換えた。そして、それはうまく行っているようだ。

すべてをそろえることで、ストーリーをできるだけ早く仕上げたいのだ。ストーリーを終わらせるには、実際に機能することを確認できる自動テストが必要だからだ。

10.2.1 テスト駆動開発は QA の代わりではない

ソフトウェア開発業界はテストコードを書いてもよいと言っている。だが、いまだにあとからテストを書いている。それによって、かなり多くの作業が必要になっている。

チーム全員をこのようなことに使うのは、貯蓄とローンのスキャンダルが発覚したあとに監査役を派遣したり、飛行機事故のあとにブラックボックスを開いたりするのと同じだ。のちのクラッシュを防ぐためのデータを収集したり、責任を割り当てたりする理由はわかる。だが、監査担当者は老後の蓄えを取り戻すことはできないし、原

因調査でクラッシュの被害者を生き返らせることもできない。

リリース直前の開発サイクルの終わりまで QA の実施を先延ばしにすれば、悪いニュースを伝えることになるだけだ。バグを見つけたら、それは手遅れなのだ。バグが書かれてからそのバグが発見・修正されるまで、時間が経てば経つほどコストは急激に増大する。

テストファースト開発をしていれば、自動回帰テストを用意する手助けになるはずだ。しかし、テストケースを網羅するために、あとからテストを追加することになる可能性が高い。

ふるまいを**検証する**のではなく、ふるまいを**表す**方法としてテストファースト開発を行うと、どんなテストが必要なのかより明確に理解できる。このようなやり方でテスト駆動開発を進めれば、無駄がなく意味のあるテストの土台が手に入る。これは安心してコードをきれいにするのに役立つ。だが、これ自体が QA 作業を置き換えるわけではない。

10.2.2　ユニットテストは万能ではない

ユニットテストで適切なものもあれば、ユニットテストのレベルではなく、**エンドツーエンドのテスト**のように実際の動作を見たいものもある。エンドツーエンドのテストとは、アプリケーションが最初から最後まで、期待したように機能しているかどうかを教えてくれるものだ。

ほとんどのシステムには、テスト駆動開発を使用せずに書かれたテストのないコードが組み込まれている。これによってテストが困難になる場合がある。ユーザーインターフェイスとやり取りするコード、データベースとやり取りするコード、マルチスレッドのコード、さらに高度なコードなどだ。

だが、設計を変更して構わないなら、本質的にテストできない機能はない。

とはいえ、既存のコードとやり取りしている場合や、既存のパッケージを使用している場合など、設計を変更できないときもある。環境面での権限を持っていてアーキテクチャーを変更できるのであれば、テストが難しいコードをテストしやすく変えることが可能だ。そうすることで、より高い保守性と拡張性をもつ良いものにできる。

ユニットテストが素晴らしいスタート地点であることは間違いない。テストファースト開発（先にテストを書いて、パスするための実装を書くこと）を行うことで、開発者は単なる自動化されたユニットテスト以上のものを得られる。これによって、良

い設計がなされたシステムを作る手助けになる。

10.3　良いテストを書く

ほとんどの開発者は、良いテストとはどういうもので、それをどう書けばよいかを知っていると思い込んでいる。だが、実際は少数の開発者しかそれを理解していない。これは習得が必要なスキルだ。

多くのマネージャーと開発者は、テスト駆動開発の本質についておかしな先入観を持っている。そして、その混乱の多くはテスト駆動開発の捉え方から生じている。テスト駆動開発を実践する方法はいろいろある。私は**テストファースト開発**を支持している。開発者が小さな機能のテストを書いてから、その機能を実装するというやり方だ。テストの観点（外部からの観察）と、コードの観点（内部からの観察）を行き来することで、フィードバックをもらいながら堅実に進められる。

すべてのテストを先に書いてから、実装する方法もある。しかし、それはテスト駆動開発であるとは考えていない。この方法にはいくつかの利点があるのは事実だ。だが、テストファースト開発で得られる頻繁なフィードバックのほうが大きな利点である。

「テストアフター開発」と私が呼んでいるものでは、コードを書いてからテストを書く。これにもメリットはある。自動化された回帰テストを好きなときに実行することで、システムが想定したように機能していることを確認できるのだ。だが実際には、コードを書いたあとにテストを書くのは難しく、そのためにかなりのコードをクリーンアップする羽目になる。結局、テスト可能なコードを最初に作成するほうが楽なのだ。テスト可能なコードを作成するいちばん簡単な方法はテストを最初に作成することだ。

最初にテストを書くことで、常に100%のコードカバレッジが確保できることも、重要な利点の1つだ。失敗しているテストを成功させるのに関係ないコードは1行もない。したがって、推奨する方法でテストファースト開発をすれば、すべてのコードがテストでカバーされる。

失敗したテストに合格するようにコードを書くことは、テスト可能なコードが書けていることを保証してくれる。同じことをテスト可能ではないコードに行うことは、非常に困難だ。開発者の持つ最大の課題の1つは、本質的にテスト可能ではないコードを書いてしまうことだ。あとからテストを書こうとすると、多くのものを再設計

し、書き直さなければいけない。テストファースト開発では、開発者がそのような状況に陥るのを防ぐことができる。

10.3.1　テストではない

　コードを書く前にユニットテストを書いていると「私は何をテストしているんだろう？」と思うことがある。だが、私はまだ何もテストしていない。私が書いているユニットテストは明らかにテストではないのだ。

　これがテストでないとすると、いったい何なのだろうか。どちらかというと**仮説**だと考えるとどうだろうか。

　テストを最初に書くときに行っているのは、要件を理解しているという**仮説**を立てることだ。サービスの呼び出し方法と、期待する戻り値の仮説を立てている。つまり、どうなったら完成するかの仮説を立てているのだ。

　いったんテストに合格するコードを書いたら、それは実際のテストになる。なぜなら、何らかのふるまいを実行してテストで検証しているからだ。そして、これはソフトウェアが寿命を迎えるまで価値を提供し続ける。影響を与える可能性のあるものは何も変わっていないことを保証し、コードが期待したように動くことを保証するのである。

　したがって、テストと呼ぶものは実際には二重の役割を果たしている。1つは、仮説であり、ふるまいの仕様だ。もう1つは、回帰テストが常に用意されていて実行され、コードが期待したように機能していることを検証することだ。

　ある意味では、テストは**センサー**であり、車のエンジンが正常に動作しているかチェックするライトのようなものだ。センサーは常にそこにある。何か問題が起きたり新しいコードが増えたりすると、グリーンからレッドに変わって教えてくれるようになっているのだ。

10.3.2　ふるまいの集合体

　テスト駆動開発は問題解決の考え方に大きな影響を与える。しかし、テスト駆動開発を間違えているときもある。私たちが使っている用語は誤解を招きやすいので、経験豊富なソフトウェア開発者でさえ混乱するのは想像に難くない。「ユニットテスト」について話をしていると、多くの開発者は「ユニット」がコードの一部であると思い込む。

だが、それは違う。

テストは書かれた時点ではテストではなく、ユニットもコードの一部ではない。私が「ユニットテスト」の「ユニット」と言った場合、多くの開発者が想定しているメソッド、クラス、モジュール、関数などのようなエンティティを指すものではない。

ユニットとはふるまいの単位、つまり独立した検証可能なふるまいのことだ。これは明確に違いを持って作り出され、システムのほかのふるまいと密接に結び付いてはならない。

これを正しく理解することはとても重要だ。

「ユニット」という用語は、あるふるまいがシステム内のほかのふるまいの集合体から独立しているという概念を示すために採用された。これは、すべてのクラスやメソッドがテストクラスやテストメソッドを持つべき、という意味ではない。あらゆる観察可能なふるまいが、それに紐づくテストを持つべきであることを意味する。

コードは常に観察可能なふるまいをするべきだ。

設計をきれいにするときに、ふるまいが変わらないのであれば、新しいテストを追加する必要はない。クラスやメソッドが増えたとしても、ふるまいが同じであればテストが壊れることはない。新しいテストは必要ないはずだ。

これは簡単に思えるかもしれない。だが、テスト駆動開発を適用し始めたときに開発者を迷わせることが多い。開発者は新しいクラスやメソッドを作るたびに新しいテストを作成し、コードの成長とともに多くのテストを追加することで、肥大化するのではないかと心配している。そう聞いたことがある。

だが、そうはならない。

「ユニット」が表現するのはふるまいだ。ふるまいが変わらないなら、テストを変える必要はない。

コードを書く前にテストを書く目的は、機能を効果的に作り、必要に応じてあとから簡単にコードをクリーンアップできるように、あなたをサポートすることだ。コードをクリーンアップするときに、テストに厄介ごとを増やさないでほしい。それでは自動回帰テストを持つことの価値の大部分を失ってしまう。ふるまいを表すために、常に必要最小限のテストを書くのだ。

10.4 テスト駆動開発はすばやいフィードバックを もたらす

ソフトウェアを開発するいちばん安価な方法は、最初からバグが発生しないようにすることだ。次に安価な方法は、あとで別のチームが修正するのではなく、発見したらすぐに同じ人または同じチームによって修正することだ。

ロシアの生理学者で行動主義心理学の父であるイワン・ペトローヴィチ・パブロフは、一連の刺激と反応のトランザクションが精神に定着するためには、刺激に対してすばやい反応を続けることが必要だということを示した。「この棒を叩いたらご飯がもらえる」、これだけでは犬には効かない。同じことがソフトウェア開発者にも言える。

何かを間違えた3か月後にそれについて言われたところで、将来同じ間違いを犯す可能性が高い。その頃にはきっと別のプロジェクトに入っているし、仕事を止めて対応することで落ちたスピードを取り戻す必要もある。そのバグのコードを見ても、何を書いたかなんて思い出せない。

開発者はすばやい刺激と反応を得られないから、このようなやり方を変えないのだ。テスト駆動開発はそれをもたらしてくれる。

10.5 テスト駆動開発はリファクタリングを サポートする

リファクタリング自体はコンピューティングの黎明期から実践されてきた。しかし、ソフトウェア開発分野が本当に変わったのは、マーチン・ファウラーが『リファクタリング』[11]を出版したときだ。彼はリファクタリングを「ソフトウェアの外部のふるまいを保ったままで、内部の構造を改善していくようにソフトウェアシステムを変更するプロセス」と定義している。この書籍は優れたプログラミングの方法に関する豊富な情報を含んでおり、すべての開発者が読んで理解すべき本だ。

コードをリファクタリングすることで、開発者はソフトウェアをより使いやすくすることができる。開発者が機能の実装に深く入り込んでいると、命名が少しずさんになる傾向がある。また、ふるまいを実装している最中に、何に命名をする必要があるかわからなくなることがある。こうしたことから、名前を改善し、コードをより保守可能にしたり、あとでコードレビューをしたりすることが必要になる。

アジャイルソフトウェア開発では、すべての要件を事前に把握しようとせず、考えながら設計を練り上げることが許されている。そのため、簡単に何度も間違えられる。すべてを最初から理解しようとするよりも、反復的にソフトウェアを作るほうがはるかに効率的だ。何かを間違えたときに、今の設計では拡張するのが難しくなることがある。そういうときに、既存の設計を劣化させることなく、変化に対応できるようにコードをリファクタリングすればよい。

しかし、ほとんどの場合はコードが非常に絡み合っており、どこかを変えるとほかでバグが発生する可能性が高い。そういったときはリファクタリングが危険になる場合がある。

コードがテストによってサポートされている場合は、リファクタリングが安全にできる。何かを間違えたらテストが失敗してすぐに教えてくれるからだ。そして、すぐに修正すればよい。

10.6　テスト可能なコードを書く

私はとても大きな会社（世界最大級のインターネット関連企業の1つ）向けにテスト駆動開発を教えたことがある。そのトレーニングが始まる直前の月曜日、午前8時45分にシニアマネージャーの1人がやってきてこう言った。「ここでテスト駆動開発を教えるそうですね」

私は「そうです」と答えた。すると彼はこう言った。「私たちはテスト駆動開発をやっていないし、やりたくもない。なんで私たちにテスト駆動開発を教えるんですか？　間違ってますよ」

オーケー、落ち着くんだ。と自分に言い聞かせて一息ついてから答えた。

「正直なところ、御社の開発者がテストファースト開発をするかどうかは気にしません。私が気にしているのは、**テスト可能なコードを書くかどうか**です。テスト駆動開発はそこにたどり着くのにいちばん早い方法です」

彼はその答えに満足していた。それは彼にとっても理にかなっていることだった。

テストが容易かどうかと、コードの品質のあいだには強い相関関係がある。テスト駆動開発は、あなたの代わりに設計してくれるものではない。しかし、良い設計をするための、自然に考える方法をサポートするフレームワークを提供してくれる。さまざまな考え方をテスト駆動開発の開発サイクルの段階に分けることで、問題の対処ははるかに簡単になるのだ。

私は 30 年以上ソフトウェア開発者をしている。若い頃は、信じられないほど細かいことをずっと覚えていられた。頭の中で 1000 行にわたるコードを組み立てて、コーディングすることができた。

しかし、年齢を重ねるにつれ、そういったことができなくなりつつある。良いニュースは、知恵が焦点、注意、保持、集中力にとって変わることだ。テスト駆動開発は、自然に考えることをサポートし、集中してより良い結果を生み出すのを助けてくれる。テスト駆動開発は、プロセスを単純化し、困難な問題に取り組みやすくしてくれるのだ。

実現するためには多くのテクニックが必要になるとはいえ、次の状況のどちらかには直面することになるだろう。

「ああ、そのテストなら書けます。理解できてます」

または、「不可能です。私にはできません」。

どうしてだろう？

うまくいかない状況というのは、設計の問題があって考え直すべきタイミングであることを示している。

これらのアンチパターン（結果的に明らかになった悪いこと）は、実際は悪いことではない。これらは、元の道に戻るための方法を考えさせてくれる手がかりだ。

私がビデオの編集をしていると、良くないシーンがあった。だが、そのシーンの 5 秒後まで、良くないことには気づかなかった。気づいたときにはもう別のシーンになっていて、そのシーンに戻るには巻き戻す必要があった。私はただ進むだけではなく、最後にうまくいくことを願っている。

テスト駆動開発では、生産性を維持するためにできることが常にある。コードをクリーンアップしたり、新しいふるまいのために別のテストを書いたり、複雑な問題をたくさんの小さな問題に分解することもできる。テスト駆動開発をするということは、難易度のダイヤルを持つようなものだ。詰まってしまったときには、いつでも「哀れになるほど簡単」にセットして、そこで少し自信をつけてから難易度を上げる。これを**自分自身**でコントロールしていくのだ。

ブログを書いたりトレーニングで教えたりするには、十分な休憩と大量のカフェインが必要だ。だが、大陸横断飛行中に半分寝ながらでも、テストファーストなコードは書ける。夜にベッドで妻と一緒に映画をながら見していても、テストファーストなコードは書ける。これがプロセスの強さだ。そして複雑なコードを書くときに私たちの頭脳の力を助けてくれる、歓迎すべき助けだ。これは怠惰な気持ちにアピールする

だけのものではない。実際に良い結果を生み出せるのだ。

10.7 テスト駆動開発は失敗することがある

テスト駆動開発には価値があるが、失敗してしまう組織をいくつか見てきた。ある
クライアントは、テスト駆動開発はうまくいかず、やめる必要があるとはっきり言っ
た。理由を尋ねたところ、コードをクリーンアップするのに1日、テストをクリー
ンアップするのに1週間かかるからだと答えた。

彼らは窮地に陥っており、テスト駆動開発を続けてプロジェクトを失敗させ倒産す
るか、テスト駆動開発をやめるかを選択する必要があったのだ。そのような選択に直
面しているなら、テスト駆動開発をやめることはいちばん確実で正しい。

リリースの準備ができているなら、テスト駆動開発の導入に挑戦する必要はない。
開発者が対応できないときは、開発者に新しい学習曲線の負担をかけるべきではな
い。

だが、このクライアントは間違ったことをしていた。コードの品質、「CLEAN」
なコード、優れた開発原則などは導入できていた。だが、テストもコードであるとは
見なしておらず、テストの冗長性が非常に高くなっていたのだ。彼らはテストを、全
体にとって必要不可欠なものではなく、取り組むべきものと捉えていた。

彼らはQAの立場で「テストが多ければ良いテストだ」と考えた。それによって、
あまりにも多くのテストを書くことになった。また、インターフェイスに対してテス
トするのではなく、実装に対してテストをしていた。その結果、コードのクリーン
アップをしようとしたときに、テストをクリーンアップするのが困難だったのだ。覚
えておいてほしい。ユニットテストはコードを整理するときにあなたを支援してくれ
るのだ。テストの支援性を踏まえて、テストを書かなければいけない。

同じクライアントがこう言った。「テストを実行すると数時間かかるので、頻繁に
は実行していません。なんでこんなに遅いんですかね？」 さらに彼はこう付け加え
た。「さて、これからデータベースの接続を取得して、使えるように作業をしなくて
はなりません」

そこで私が「あなたはOracleではありません。Oracleデータベースを使ってます
が、Oracleではないのです。どうしてOracleのコードをテストしてるんですか？」
と聞いた。

するとクライアントは「私たちのコードはデータベースと連携するので、接続する

必要があるんです」と答えた。

ユニットテストの書き方が違うのだ。

ユニットテストはユニットのふるまいをテストすることを目的にしている。

外の世界とやり取りする場合は、コードをテストするだけで済むように、外の世界をモックで模倣する必要がある。そこで私はクライアントに、シャント、依存性の注入、およびモックを使ったテスト不可能なコードをテスト可能にする方法など、さまざまなテクニックを紹介した。

これらのテクニックがあれば、テストしたいコードだけをテストできるようになるだろう。必要なテストだけ実行できるようになれば、テストに時間がかからなくなるのだ。

10.8　テスト駆動開発をチームに広める

テスト駆動開発は、組織だった正式な切り替えや技術的なパラダイムシフトとして管理を行うことなく、開発者個人やチームで会社に導入できるのかどうかを聞かれたことがある。

結局のところ、それがテスト駆動開発を少なからず実践している会社に根付かせたやり方だ。経営陣に「質の高いソフトウェアが開発できて、納期を守るのに役立つなら、なんでもしてください」と言われることもあるだろう。「なんだって？　２倍のコードを書くから２倍の時間をかけるだって？　君は狂ってるのか！」と言われてしまうこともあるだろう。

結局、経営陣がテスト駆動開発についてどんな先入観を持っているか次第だ。そして、私たちは開発者の先入観にもあわせて対応することになるが、両者の先入観はそれぞれ異なるものだ。それぞれがテスト駆動開発をしたがらない別々の理由を持っていることもある。だが、全員がテスト駆動開発を行うことの利点に気づけば、みんなワクワクすることになる。

テスト駆動開発の正しいやり方を身につける唯一の方法なんてものは存在しない。コピーアンドペーストで解決できる問題ではない。まずは、良い共通理解を形成するところから始まるのだ。これは、プラクティスの恩恵を受けるために従わなければいけない重要なルールだ。

10.9　テストに感染する

　何人かの開発者は、最初にテストを書かなければいけないことが不快だと言った。テスト駆動開発を始めるとき、これは多くの開発者にとっての最大の課題だ。なぜなら、実装を直接書くことに集中するように訓練されているからだ。開発者にキーボードを渡せば、ほとんどがすぐにプロダクションコードを書き始める。その習慣をやめて最初にテストを書くようになるまで、長い時間がかかる。だが、開発者は「目的」と「やり方」の世界を行き来するものなのだ。

　開発者はまず「作るものは何か」から始めるべきだ。それがインターフェイスだからだ。「作るものは何か」がテストだ。テストは「作るものは何か」のすべてだ。「作るものは何か」から始めることで、実装についての知識がシステムのほかの部分に漏れるのを防ぐ。コードの焦点を集中させられるし、カプセル化もできるようになる。

　まず、「作るものは何か」を明確にする。つまり、呼び出すメソッドの外観、名前、入力パラメーター、戻り値を明らかにする。それから「どうやって作るか」に焦点を合わせる。どうやって処理するのかを考えるのだ。**コーディングを始める前に、ふりかえって何を作りたいのかを考える。**そして、そのコンテキストを理解するようにする。内側（実装）からではなく外側（テスト）から考える。これは問題解決に取り組む自然な方法だ。

　一直線にプロダクションコードを書くという習慣をやめれば、自然に**テストファースト**に考えられるだろう。この現象に対して、テスト駆動開発の初期提案者の1人であるエリック・ガンマ氏が作った言葉がある。彼はそれを「テストに感染し始めた」[†1]と言った。

　テスト駆動開発をすることに非常に大きな価値があると思ったなら、あなたは「テストに感染」している。私もテストに感染している。あなたはテストファーストで開発されていないコードにお金を払いたくないと思うに違いない。

10.10　実践しよう

　ここまで説明した考えを実際にどうやるか見ていこう。

---

†1　Gamma, Erich. "Test Infected." http://junit.sourceforge.net/doc/testinfected/testing.htm

10.10.1 優れた受け入れテストのための 7 つの戦略

受け入れテストは、ストーリーからタスクまで、あらゆるレベルで適用できる。それらは Cucumber や SpecFlow のようなテストフレームワークで形式化できる。また、ストーリーカードの裏側に書くこともできる。受け入れテストは機能の開発が完了したことをチームに知らせる。また、開発する対象について全員が理解を共有するのに使うこともできる。優れた受け入れテストのための 7 つの戦略がある。

作っているものが何に役立つのか明確にする

受け入れテストを書くことで、何を作っているのか、それがシステムでどうなるのかを明らかにする必要がある。プロダクトオーナーと開発者がこのような会話をするだけでも価値がある。自分たちが作っているものを改善する方法について考えるようになる。

誰が何のために何をしたいのかを知る

ユーザーが何を望んでいるのかを知ることに加え、開発者はそれが誰のためであり、なぜそれをしたいのかを知るようにする。そうすることで開発者がタスクを達成するためのより優れた方法がわかり、タスクもより保守可能になる。ユーザーを擬人化して背景情報をつけるのだ。その機能が誰のためであり、その目的が何であるかを明確にすることで、開発者はその機能をより有益なものにすることができる。

受け入れ基準を自動化する

自動化された受け入れテストを定義することは、顧客にとっても開発者にとっても貴重な経験だ。例示を使って作業し、受け入れ基準の定義のために会話することで、何を作るべきかの共通認識を作れるようになる。

エッジケース、例外、代替パスを表す

受け入れテストでは、コードを介して代替パスを指定することもできる。これらのエッジケースを事前に定義することで、開発者は、いちばん重要な問題に最初に取り組むことができるようになる。また、うまくいかなさそうな可能性のあるものに集中して考えられるようになるし、問題を処理するための堅牢な方法を作り出せるようになる。

例示を使って詳細を具体化し、矛盾を一掃する

機能の使用例を見ることは、その機能に関する実装上の問題を理解するための素晴らしい方法だ。例示を使うことで、具体的に考えたり、話し合ったりできる。具体的な例示から始めよう。いくつかの例示を作れば、それを処理するためのコードの一般化と抽象化を始めることができる。

受け入れ基準とふるまいの分離

すべての受け入れテストには、合格か不合格か、いずれかの単一合格基準がある。ふるまいが異なれば、受け入れ基準も異なる。これによって、機能の作成を促進し、ほかの機能とは分離された、単一の受け入れ基準に焦点を合わせることができる。

各テストを一意にする

すべての受け入れテストは、固有であり、ほかのすべての受け入れテストから独立している必要がある。独立した受け入れテストがあれば、コードが冗長ではなく、単一の受け入れ基準に焦点を合わせているのだと確認できる。

受け入れテストは、開発者に何を作る必要があるのか、何がいちばん重要なのか、いつ終わるのかを教えてくれる。機能がどうなると終わるのかを知ることで、開発者が作りすぎるのを防ぐ。自分で考え直す必要なしに、次のタスクに進む自信を与えてくれる。

10.10.2　優れたユニットテストのための 7 つの戦略

ユニットテストは、リファクタリングを行う際に、どれほどの価値を持っているかによって、資産または負債のいずれかになる。テストが実装に依存している場合は、コードがリファクタリングされたときにテストもリファクタリングする必要がある。これはテスト実装の時間を節約するが、結果としては時間がかかる。優れたユニットテストのための 7 つの戦略がある。

呼び出し側の視点に立つ

常に呼び出し側の視点からサービスの設計を開始する。呼び出し側が何を必要としているのか、何を渡さなければいけないのかという考え方をする。

テストを使ってふるまいを表す

機能の開発を効率的に進めるためにテストを書くことは、設計を考えるのを助け、良い回帰テスト一式を残してくれる。このテストはシステムの**生きた文書**になる。ボタンをクリックするだけで、最新かどうかを確認できる。

新しい違いを生み出すテストだけを書く

テストを一意にする。すべてのテストは、開発を進めるものであって、システム上で観察可能な新しいふるまいを作り出すものでなければいけない。このアプローチを取れば、すべてのテストは一意になる。

失敗したテストにパスするためのコードのみを書く

コードを書く場合は、まず失敗するコードを書く。それから、テストに合格するプロダクションコードを書く。このルールは、書かれたすべてのコードがテストでカバーされていることを保証する。

テストを使って、ふるまいを作る

テストを使用して、ふるまいを作るにはいくつかの方法がある。**ハッピーパス**から始めて、そのあとで例外を見えるようにすることができる。または、逆にエラーケースから始めて、ハッピーパスに進むこともできる。どのアプローチがよいかは、状況に依存する。

コードをリファクタリングする

要件が明らかになり理解が深まるのにあわせて、コードをリファクタリングし、保守可能な状態に保つことが重要だ。コードをクリーンで、保守可能な状態に保つことは、反復開発にとって重要なポイントである。

テストをリファクタリングする

実装ではなくふるまいをテストしていれば、コードをリファクタリングするときに、テストを追加または変更する必要がない。テストがコードのリファクタリングをサポートしてくれる。だが、テストもコードだ。コードを改善し、保守可能で扱いやすくするための時間をかけないと、コードの品質が悪くなる可能性がある。

良いユニットテストがそろっていれば、リグレッションの確認ができる。また、コードを安全にリファクタリングできるように、開発者をサポートしてくれる。テス

トでふるまいを表すと、コードがどのように使用されるのかが明確に示される。そして、これが**内部文書**のいちばん信頼できる形式になる。このようにして、ソフトウェアをテストファーストで作ることで、保守コストの低い高品質なソフトウェアを作ることができる。

10.11　本章のふりかえり

　最初にテストを書き、次にテストに合格するのに必要なコードだけを書く。これによって、開発するソフトウェアの焦点を絞り、テスト可能になる。テストは安全にリファクタリングするのを助ける。テストコードはプロダクションコードと同じように「CLEAN」に保つ。

　本章では、以下のことがわかった。

- テストファースト開発の方法と、それをする**理由**
- あまりにも多くのテストを書いたり、実装依存のテストを書いたりすると、テストファースト開発は簡単に失敗する
- テストはコードのリファクタリングをサポートする必要があり、ふるまいを表すのに必要なテストだけを記述する
- テストファースト開発は QA に役立つが、QA に代わるものではない
- テストファースト開発は失敗するテストを作成し、合格するのに十分なコードを書くことで機能を作る。そのあと、必要に応じてリファクタリングし、失敗する別のテストを書くことを繰り返す

　テストファースト開発を正しく行えば、開発者が保守可能でテスト可能なコードを作成する助けになる。やり方がよくないと、テスト駆動開発は資産よりも負担になる。

11章
プラクティス7
テストでふるまいを明示する

　テストはすぐにフィードバックを返してくれるので、変更がシステムのほかの部分に悪影響を及ぼしてもすぐわかる。悪影響を及ぼしたら、単に変更を取り消せばよいのだ。難しく考えない。ユニットテストを使ってコード単体ごとに独立した検証を行うことで、ロジックの問題もすぐ解消できる。どんなに見つけにくいバグでも、夜遅くにデバッガーとにらめっこしなくてもよい。ユニットテストでキャッチできれば、コードに入り込まない。そうすれば、あとで見つけて削除する必要もない。

　開発者は、フィードバックによって動くものと動かないものがすぐわかる。これはソフトウェア開発の原動力を大きく変えるものだ。すばやいフィードバックがあればテストによって間違いが発見されるので、ものごとの理解も早くなるし、実験も積極的にできる。すばやいフィードバックを得るための簡単な仕組みさえあれば、チームの開発者全員がそれを活用できるし、より良いシステムを作るための学習ツールとして使うこともできる。確かに、良いコーディングプラクティスを学ぶことは、大幅な時間の節約になるだろう。だが、自ら書いたテストからのフィードバックをもとに、良いコーディングプラクティスを見つけていける開発者はたくさんいるに違いない。

　私が以前手に入れた中古車は掘り出し物だったが、電気系統にちょっと問題を抱えていた。3人の異なる整備士に修理を依頼したものの、誰も問題の原因を見つけることができなかった。ヘッドライトも消えたままだし、ウインカーも点灯しない。3人ともヘッドライトを交換したが、ウインカーが点灯したのはほんの一瞬だった。だが、4人目の整備士が問題を発見した。問題は1箇所ではなく、2箇所あったのだ。

　ウインカーの回路は2箇所で短絡していた。だから3人の整備士が原因を発見できなかったのだ。このような、相互作用する複数の問題によって引き起こされる複合的な問題は、ソフトウェアであれば見つけることはほぼ不可能だ。そのような障害が

起きると（実際に起きる）、問題を見つけて解決するのに何時間もかかる。何日もかかることもある。

ケイパース・ジョーンズの著書『ソフトウェアの成功と失敗』[15]によると、開発者の時間の半分以上が、過去にやった仕事の手直しに費やされている。手直しが貴重な時間とリソースを食い潰しているのだ。これこそが、テスト駆動開発で取り組むべき問題である。

そのため、マネージャーや開発者が実装の前にテストを書く時間はないと言っても、私は驚かない。テスト駆動開発をしていないから、テスト駆動開発をする時間がないのだ。だが、マネージャーだろうが開発者だろうが、私たちはこの止まらないランニングマシンから降りなければいけない。この業界がすべての答えを持っているわけでもないし、テスト駆動開発がソフトウェアの問題すべてを解消するわけでもない。それでも、これは正しい方向への第一歩なのだ。

テスト駆動開発は、私たちが書いているコードを理解するのにも役に立つ。具体例と照らしながらコードを作り上げていくからだ。人間は、考えるときは具体的になる一方、言語化するときは抽象的になるものだ。私たちはその翻訳をしなければいけない。

テストは特定のパラメーターを用いてコードを実行する。つまりテストは具体的な要件である。要件を具体化することは、良い実装を探る上で非常に価値がある。テスト駆動開発でソフトウェアを作れば、潜在的なバグのもとを取り除くことができる。

11.1　レッド / グリーン / リファクタ

テストファースト開発には、3つの異なるフェーズがある。これを、レッド、グリーン、そしてリファクタと呼んでいる。ユニットテストのフレームワークから得られる視覚的な手がかりに由来する。すべてのテストが成功するとグリーンが表示され、テストが失敗するとレッドが表示される。

最初にテストを書く時点では、テスト対象のコードはまだ存在しない。コンパイルすらできないため、まだ失敗することもない。統合開発環境（IDE）を使っている場合は、「このコードの参照先が不明です。メソッド：add() が見つかりません」のようなフィードバックが表示されるだろう。

次にやるのは「スタブアウト」だ。テストをコンパイルできるように、add() メソッドのスタブを作る。入力のパラメーターとして2つの数値を受け取れるように

する。まだ実装の中身については気にしておらず、単に 0 を返すだけだ。

　これは非常に単純な例だ。2 つの数字を加算するだけなら、多くのことを考える必要はない。だが、これが定率法による減価償却費用計算のような非常に複雑なものだった場合を想像してほしい。どうやってそれを呼び出すのか、その方法を最初に決めたいのだ。つまり、呼び出しに何が必要か？　戻り値に何を期待しているか？を明らかにする。ただ、中身は現時点ではダミーの値を返すだけにする。これをメソッドの「スタブアウト」と呼ぶ。

　メソッドのスタブを作れば、コンパイルしてテストを実行できる。もちろんテストは失敗する。失敗自体はレッドの表示によって判別できる。この時点でレッドの表示を確認するのは、テストのテストのためだ。レッドは、テストがちゃんと**失敗**することを示している。絶対に失敗しないテストは、テストがまったく実行されない以上にまずいので、確認が重要だ。

　実装は、テストをパスするのに必要ないちばん簡単なコードを書くところから始める。テストを実行すると、テストの成功を示すグリーンが表示される。次のステップは、必要に応じてコードの品質を向上させることだ。これによってコードは読みやすくなり、今後の作業も容易になる。また、テストコードの品質を向上させてもよい。それから最初のステップに戻って、別のロジックやふるまいを作る。

　最初のテストを書いているときは、コードに対して「これできるかい？」と聞いているようなものだ。もちろん、コードはできないので、「いいえ」と返す。そこであなたは、「了解。どうやるか教えよう」と答えて、実装する。そして、「今度はできるかい？」ともう一度聞く。これを繰り返していくのだ。

　つまり、これはあなたのコードとの素敵な対話だ。小さい単位で、レッド／グリーン／リファクタ、レッド／グリーン／リファクタ、と何度も何度も繰り返す。このようにしてシステム全体を作っていくのだ。

　はたから見ると、少し退屈に思えるかもしれない。だが、実際には少しも退屈ではなく、音楽のドラムビートのようなリズムだ。

11.2　テストファーストの例

　ここからは、実例を詳しく見ていこう。この例では、具体的なふるまいの開発を進めるにあたって、適切な種類と数のテストを作成していく。

　あなたがプログラマーではなく、ソースコードを読んだことがなくても、心配無用

184 | 11章　プラクティス7　テストでふるまいを明示する

だ。適切な名前をつけていくので、コードが何をしているかの要点は理解できるはずだ。このコードがどのように機能するかを正確に理解しなくても、ソフトウェアを作るときに開発者が考慮する多くのことを理解できるだろう。

　名前（name）と年齢（age）を持つ Person クラスを作成したいとする。ここでは、Eclipse[†1] を使って Java でプログラミングしていく。

11.2.1　テストを書く

まずは、ハッピーパスのテストを書くところから始めていこう。

```java
 1 package person;
 2
 3 import static org.junit.Assert.*;
 4 import org.junit.Test;
 5
 6 public class PersonTest {
 7     String personName = "Bob";
 8     int personAge = 21;
 9
10     @Test
11     public void testCreatePersonWithNameAndAge() {
12         Person p = new Person(personName, personAge);
13         assertEquals(personName, p.getName());
14         assertEquals(personAge, p.getAge());
15     }
16 }
```

　最初の行はテストのパッケージ名を定義している。次の2行は JUnit というテストフレームワークのパッケージをインポートしている。6行目で PersonTest というクラスを定義している。このクラスにテストを書いていく。

　7行目と8行目はテストで使用する**変数**で、名前がボブ、年齢が21であると定義している。テストコードのあちこちで、「ボブ」とか「21」と直接書くことはしない。値を保持する変数を定義して、意味のある名前をつけるのだ。これによって、タイプミスで設定を間違える可能性を減らし、21が年齢を表す数字であると明確に示す。

---

†1　Eclipse IDE for Java Developers, Version 4.2 (Juno) and JUnit 4.（訳注：Eclipse は定期的に新しいバージョンが公開され、機能が強化されていくため、以降の操作やメッセージに多少の違いが発生する可能性がある。適宜読み替えてほしい）

もし personName をタイプミスすればコンパイラが教えてくれるし、personAge を参照すればそれが年齢を保持していることは明らかだ。値をハードコードする代わりに意図がはっきりした名前のついた変数を使うテクニックは、テストを仕様として機能させる上でいちばん価値のあるものの1つだ。

10行目で使用している @Test はアノテーションだ。次の行がテストメソッドであることをこれによって宣言する。このテストメソッドが何をテストするのかを明確にするため、テストには冗長な名前をつけた。12行目はテストのセットアップで、Person クラスの新しいインスタンスを生成する。行番号の左側に赤い X が表示され、Person の単語の下に赤い波線がついていることに注意してほしい。これは Person クラスがまだ定義されていないため、コンパイラが認識できないことを示している。

最後の2行は、Person クラスの新しいインスタンスが生成されると、名前のフィールドに personName の値である「Bob」、年齢のフィールドに personAge の値である「21」が設定されていることを検証している。これは2箇所ある assertEquals というテストメソッドで行っている。1つめの assertEquals では、2つの文字列を受け取っている。最初の文字列は期待される結果「Bob」を示す変数で、2番目の文字列は Person の名前フィールドから取得される。

assertEquals() は文字列を比較し、同じであることを確認する。同じ文字列でない場合、ユニットテストフレームワークはレッドを表示する。

2つめの assertEquals では、数値を比較している。最初のパラメーターは期待される結果である 21 を示す変数だ。2番目のパラメーターは Person の年齢フィールドから取得される。両者が一致する場合、テストは成功する。期待する結果と取得した年齢が一致しない場合、ユニットテストフレームワークはレッドを表示する。

11.2.2　コードをスタブアウトする

この時点では、存在しない Person クラス、getName() と getAge() のメソッドをテストから参照しているため、まだコンパイルできない。そこで、Eclipse 上でそれらをスタブアウトする。

Eclipse で12行目の最初の Person という単語にマウスカーソルを移動すると、小さなウィンドウに「Person を型に解決できません」というエラーが表示される。Person のインスタンスを生成したいが、Person が定義されていないため Person が何なのかがわからないのである。この小さなウィンドウにはクイック・フィックスの一

覧も含まれている。最初の項目は「クラス 'Person' を作成します」だ。これを選択すると、Eclipse は Person クラスのスタブを生成する。

```
public class Person {
}
```

Person クラスはまだ空だ。だが、Person クラスが存在するようになったので、Person のインスタンスに関する最初のエラーはなくなった。しかし、= の後ろに「コンストラクター Person(String, int) は未定義です」というエラーが表示される。ここでは、名前と年齢を使用して Person を作成しようとしているが、コンストラクターと呼ばれる特別なメソッドがなく、これらのフィールドを受け取ることができないのだ。そこで、再びポップアップから「コンストラクター 'Person(String, int)' の作成」を選択して、Eclipse でこれを解消する。これで、Person クラスに次のようなコンストラクターが追加される。

```
public Person(String string, int i) {
        // TODO 自動生成されたコンストラクター・スタブ
}
```

string を name に、i を age に書き換え、これらのフィールドを明確にする。それから、TODO コメントを削除しておこう。以下のようになるはずだ。

```
public class Person {
        public Person(String name, int age) {
        }
}
```

これでコンストラクターのエラーは修正できたが、まだほかに 2 つエラーがある。getName() と getAge() が存在していないのだ。これらもスタブする。

Person インスタンスが生成できることをテストしたいだけなのだが、**ゲッター**（フィールドから情報を取得して返すコード）の定義が必要になる。ここでは、名前と年齢がそれにあたる。Person から情報を取得するために必要だからだ。そこで、getName() のスタブを同じ手順で自動生成する。

```java
public Object getName() {
    // TODO 自動生成されたメソッド・スタブ
    return null;
}
```

同じように、getAge() のスタブを自動生成する。以下のようになるはずだ。

```java
public double getAge() {
    // TODO 自動生成されたメソッド・スタブ
    return 0;
}
```

次にスタブを整理していく。getName() は、Object ではなく、String を返すようにする。getAge() は、double ではなく、int を返すようにする。これでテストにはエラーがなくなる。スタブされた Person クラスは次のようになる。

```java
public class Person {
    public Person(String name, int age) {
    }
    public String getName() {
        return null;
    }
    public int getAge() {
        return 0;
    }
}
```

これでコンパイルの準備ができた。テストコードのすべての参照が解決できるようになったので、テストを実行する。テストを実行すると……、レッドが表示される! まだ、名前と年齢のフィールドはダミーの値を返すままなので、実行結果が期待する値と一致しないからだ。

だが、思い出してほしい。テスト駆動開発での最初の目標は、レッドが表示されて、**テストが失敗すること自体を示す**ことだ。多くのことをした結果、それが確認できたのである。名前と年齢を持つ Person クラスを定義した。だが、まだ何も実装していないのだ。

11.2.3　ふるまいの実装

　名前と年齢のフィールドを定義し、コンストラクターでそれらに値を設定し、ゲッターで返すようにしよう。完成したコードはこのようになる。

```java
public class Person {
        private String name;
        private int age;

        public Person(String name, int age) {
                this.name = name;
                this.age = age;
        }

        public String getName() {
                return name;
        }

        public int getAge() {
                return age;
        }
}
```

　テストを実行すると、Person クラスが正常に機能していることを示すグリーンが表示される。この時点で、名前と年齢を指定して Person オブジェクトのインスタンスを生成できる。

11.3　制約を導入する

　ここで、年齢に負の数もしくは非常な大きな数を設定しようとするとどうなるだろうか。そうだ。年齢にはいくつかの制約が必要だ。

　Person クラスにいくつか定数を定義するところから始めよう。もちろんテストファーストで進めていく。

11.3　制約を導入する | **189**

```
 17◉    @Test
 18     public void testConstants() {
🔖19        assertEquals(Person.MINIMUM_AGE, 1);
🔖20        assertEquals(Person.MAXIMUM_AGE, 200);
 21     }
 22  }
```

MINIMUM_AGE と MAXIMUM_AGE の下に赤い波線が表示される。まだ定義していないから当然だ。そこで、Eclipse を使って自動生成し、以下のように書き換える。

```
public static final int MINIMUM_AGE = 1;
public static final int MAXIMUM_AGE = 200;
```

このコードでは、受け入れる最小の年齢を 1、最大の年齢を 200 と設定するために使うシンボルを定義している。200 歳の人がいるなんて話は聞いたことがないし、誰かが 200 歳になる前にもう私はいないので、プログラムを自分で書き換えることもない。

そして、私のここでの行為は、レガシーコードになり得るものを作り出す行為そのものだ。西暦の先頭 2 桁が常に 19 になると想定した銀行のソフトウェア（またはそのほかのソフトウェア）を書くようなものだ。私たちが 200 歳を超えて日常生活するようになると、それにあわせてこのコードの修正が必要になるのだ。だが、MAXIMUM_AGE という定数を見つけ、300 とか 500 とか 5000 とかに変更するのは誰でも簡単にできる。これはシンプルな言語と**意図が伝わりやすい名前**を使用したからだ。詳細については次の章で詳しく説明する。

11.3.1　テストを書いてコードをスタブアウトする

次は、年齢が小さすぎないことを確認するテストを作成する。年齢を保持するのに使用しているデータ型は int だ。Java では、-2,147,483,648 から 2,147,483,647 までの数を保持できる。そのため負の数からの保護が必要になる。年齢に MINIMUM_AGE より 1 小さい値を渡すと**例外をスロー**することを確認するテストを書こう。PersonTest クラスに以下のテストメソッドを追加する。

190 | 11 章　プラクティス 7　テストでふるまいを明示する

```
23    @Test(expected = AgeBelowMinimumException.class)
24    public void testConstructorThrowsExceptionWhenAgeBelowMinimum() {
25        Person p = new Person(personName, Person.MINIMUM_AGE - 1);
26    }
```

このコードは特別なアノテーションだ。コンストラクターが 0 つまり MINIMUM_AGE
- 1 の値で呼び出されたときは、Person がインスタンス化されないこと、その代わ
りに AgeBelowMinimumException を**スローする**のが期待する動作であることを JUnit に
伝える。だが、この例外はまだ存在していないため、下線が引かれている。そこで、
Eclipse でスタブを作る。

```
public class AgeBelowMinimumException extends RuntimeException {
}
```

これですべてがそろって、テストを実行できるようになった。実行すると……、
レッドだ！

11.3.2　ふるまいの実装

例外を確認するテストは用意できたが、まだコードに新しいふるまいが実装されて
いない。Person クラスのコンストラクターのコードを更新して実装を進めていこう。

```
public Person(String name, int age) {
    if (age < MINIMUM_AGE){
        throw new AgeBelowMinimumException();
    } else {
        this.age = age;
    }
    this.name = name;
}
```

このコードでは、Person クラスのコンストラクターに渡された年齢が MINIMUM_
AGE 未満の場合、例外をスローする。パラメーターが意味をなさない場合は、無効な
Person クラスのインスタンスを生成するのではなく、例外をスローして終了するの

だ。

このテストはいわば逆のことをテストしている。そのことに注意してほしい。

MINIMUM_AGE 未満の年齢を持つ Person クラスのインスタンスを生成しようとした場合、**例外をスロー**したい。テストでは、年齢が MINIMUM_AGE 未満の場合に例外がスローされることを確認する。もし**例外がスロー**されない場合は、JUnit がレッドを表示する。

最後に、MAXIMUM_AGE を超える年齢で Person を作成しようとすると、同じように例外がスローされることを確認するテストを作成する。

```
28    @Test(expected = AgeAboveMaximumException.class)
29    public void testConstructorThrowsExceptionWhenAgeAboveMaximum() {
30        Person p = new Person(personName, Person.MAXIMUM_AGE + 1);
31    }
```

先ほどと同じく、例外のスタブを作成する。

```
public class AgeAboveMaximumException extends RuntimeException {
}
```

実際には、AgeBelowMinimumException と AgeAboveMaximumException ではなく、AgeOutOfRangeException という単一の例外を使用することになるだろう。だが、今回は、範囲には2つの境界があり、境界の判定にそれぞれ別の条件を設定できることを示すために、このようにした。

例外のスタブを作成したので、コンパイルできるようになった。テストを実行するとレッドが表示され、この新しい例外に関する実装が必要なことがわかる。そこで、Person クラスの**コンストラクター**に以下を追加する。

```
if (age > MAXIMUM_AGE) {
    throw new AgeAboveMaximumException();
}
```

11.4　作ったもの

ここまでで、Person、PersonTest、AgeBelowMinimumException、AgeAboveMaximumException という4つのクラスを作成した。この Eclipse プロジェクトの Java ソースコー

ドは、本書の Web ページからダウンロードできる[2]。

PersonTest クラスのコードは以下のとおりだ。

`PersonExample/tst/person/PersonTest.java`

```java
package person;
import static org.junit.Assert.*;
import org.junit.Test;

public class PersonTest {
        String personName = "Bob";
        int personAge = 21;

        @Test public void testCreatePersonWithNameAndAge() {
                Person p = new Person(personName, personAge);
                assertEquals(personName, p.getName());
                assertEquals(personAge, p.getAge());
        }

        @Test public void testConstants() {
                assertEquals(Person.MINIMUM_AGE, 1);
                assertEquals(Person.MAXIMUM_AGE, 200);
        }

        @Test(expected = AgeBelowMinimumException.class)
        public void testConstructorThrowsExceptionWhenAgeBelowMinimum() {
                Person p = new Person(personName, Person.MINIMUM_AGE - 1);
        }

        @Test(expected = AgeAboveMaximumException.class)
        public void testConstructorThrowsExceptionWhenAgeAboveMaximum() {
                Person p = new Person(personName, Person.MAXIMUM_AGE + 1);
        }
}
```

Person クラスのコードは以下のようになる。

---

[2]　https://pragprog.com/book/dblegacy/beyond-legacy-code

11.4 作ったもの | **193**

PersonExample/src/person/Person.java

```java
package person;

public class Person {
        public static final int MINIMUM_AGE = 1;
        public static final int MAXIMUM_AGE = 200;
        private String name;
        private int age;

        public Person(String name, int age) {
                if (age < MINIMUM_AGE) {
                        throw new AgeBelowMinimumException();
                }
                if (age > MAXIMUM_AGE) {
                        throw new AgeAboveMaximumException();
                }
                this.age = age;
                this.name = name;
        }

        public String getName() {
                return name;
        }

        public int getAge() {
                return age;
        }
}
```

2つの例外クラスのコードは、それぞれ以下のようになる。

PersonExample/src/person/AgeBelowMinimumException.java

```java
package person;

public class AgeBelowMinimumException extends RuntimeException { }
```

194 | 11章　プラクティス7　テストでふるまいを明示する

PersonExample/src/person/AgeAboveMaximumException.java

```
package person;

public class AgeAboveMaximumException extends RuntimeException { }
```

　テストには3つのアサーションが含まれていることに注意してほしい。1つめは、年齢がMINIMUM_AGEとMAXIMUM_AGEのあいだにある場合のハッピーパスのアサーション。2つめは、年齢がMINIMUM_AGEより1小さい場合のアサーション。そして3つめが、MAXIMUM_AGEより1大きい場合のアサーションである。

　MINIMUM_AGEやMAXIMUM_AGEをテストするアサーションを書かないのはなぜか。それはMINIMUM_AGE以上MAXIMUM_AGE以下というハッピーパスのテストと重複するからだ。これらは同じ理由でテストが合格または失敗する。**テストの重複を避ける**ために、それ以上のアサーションは省くのだ。

　テストの完全性を考慮して、さらにアサーションを書いたほうがよいと考える人もいる。それならそれで構わない。それに対して異議を唱えようとは思わない。それどころか、テストをしてくれたことを褒め称えたいと思う。

　私の場合は、テストを仕様として捉えている。そのため、自分のコードは、たとえ些細な部分でも、すべてテストでカバーするのが好みだ。テストは仕様の一部であり、すなわち、テストスイートの一部にすべきだと思うからだ。したがって、定数のテストも用意する。たとえば、コードに次のようなテストがあることに注意してほしい。

```
@Test
public void testConstants() {
        assertEquals(Person.MINIMUM_AGE, 1);
        assertEquals(Person.MAXIMUM_AGE, 200);
}
```

　誰かがMINIMUM_AGEを18にすべきだと判断してコードを変更すると、上記のアサーションの1つが失敗する。ふるまいの変化を引き起こす可能性があるものはすべてテストでカバーすべきだ。

11.5 テストは仕様だ

私はユニットテストを仕様だと考えている。どんなテストを書くか検討する際に、この考えが役に立つ。

先ほど、MINIMUM_AGE から MAXIMUM_AGE までの線形範囲（1 から 200 までの数値）のテストの書き方を説明した。結果として、次のように 3 つのアサーションが必要であると判断した。

- 1 から 200 までの値が必要で、MINIMUM_AGE - 1 もしくは 0 を渡した場合は例外がスローされる
- 有効値は MINIMUM_AGE 以上 MAXIMUM_AGE 以下である。この場合は、エラーなしで戻り値を返す
- MAXIMUM_AGE + 1 もしくは 201 を渡した場合は例外がスローされる

3 つのアサーション（0、21、201）がそれぞれ独立していることに注意してほしい。これらが同じ理由で失敗することはないのだ。テストは常にさまざまな理由で失敗するが、各テストは 1 つの理由だけで失敗する。コード自体にルールを組み込むのである。

これは要求のドキュメントとは対照的で、一連のユニットテストを持つことの大きな利点の 1 つだ。要求ドキュメントが古くなっているかどうかを判断するのは困難で、ときには不可能なことすらある。だが、ここでは、ボタンをクリックするだけで、すべてのユニットテストが実行され、すべてのコードカバレッジが最新であることを確認できる。これは**生きた仕様**なのだ。

システム内の機能やふるまいを検証する場合、機能ごとに、最適な**種類**のテスト、最適なテストの**数**というものがある。テストはそれぞれの機能で固有なものであり、それに応じた名前をつける必要もある。

11.6 完全であれ

一連のテストがストーリー全体を伝えていて、完全な仕様になっていると仮定しよう。この場合、もしふるまいのテストを書いていなければ、そのふるまい自体が偽ということになる。テストスイートに含まれていないものはすべて、存在しないものと

見なされるのだ。つまり、システムのすべてのふるまいをカバーする完全なテストを持っていなければいけないことを意味する。実際のテストファーストの開発でも、**完全なテストセットを持つ**ことになる。ふるまいを作るときは常にテストを作るのだ。

そして、テスト可能なコードを書き続けていくことで、最終的には、全体的な品質の劇的な向上を目にすることになる。テスト容易性とコード品質のあいだには密接な相関関係がある。だが、これは QA も同時にやる、と言っているわけではない。

「テスト駆動開発と同時に QA をやることで一石二鳥を狙おう」と言いたい衝動に駆られるかもしれない。だが、それをしたところで、本当にテスト駆動開発をしていることにはならない。たぶん、とても多くのテストを書く羽目になる。ふるまいを示さないようなテストを書き、コードのテスト仕様はぐちゃぐちゃになり、可読性が落ち、わかりにくくなり、あとから直しにくくなってしまう。

QA の役割は、開発の段階で考えていないようなケースについても確実にカバーできるようにすることだ。書籍の編集者のような考え方は脇に置いて、単に**ふるまいを作る**ことに集中し、あとから必要に応じてクリーンアップするのだ。簡単な話だ。本や原稿を書くときは、まず書いて、それから戻って編集するほうが簡単なのと一緒だ。作家なら誰でも知っている。書いた人が必ずしも編集するわけではない。同じことがコーディングにも当てはまる。まず、ふるまいを作成し、あとからそれを保守可能にするのだ。

だが、この考え方をマネジメント側に説明するのが難しい可能性もある。QA の代わりにテスト駆動開発をするように言い出すかもしれない。もちろん、テスト駆動開発はコードをテストしやすくし、テストカバレッジを増やす上で役に立つ。しかし、システムが停止する可能性のある箇所の調査、非機能要件の検討、そのほか従来 QA プロセスがやってきたことは、引き続きやらなければいけないのだ。

代わりに、最終的な QA プロセスのかなり前、すなわちまだ問題に対して手を打てるうちに問題を見つけよう。だが、これも同時に行うことはできない。QA エンジニアと開発者で協力して進めるのはよいが、それでも、1つの脳で2つのことを同時に行うことはできない。指定されたふるまいに着目してテスト駆動開発でテストを書く際には、いったん QA のマインドセットは脇に置いておく。それから、コードが動くようになったら、QA の考え方でテストを書き、コードが動かない場合がないかどうか、ほかに問題が起きないかどうかを確認するのだ。QA テストをたくさん追加すると、ビルドが遅くなる可能性がある。そのため、コードが機能するようになってから、QA テストを追加するほうが効率的だ。

11.7 テストを一意にする

　良いテストの基準とは、テストが未知の理由ではなく**既知の理由**で失敗することと、その既知の理由で失敗するテストは**システム内**で1つだけであることだ。つまり、**テストは一意であるべきだ。**

　冗長ではない一意なテストなら、テストが失敗したときに明確なフィードバックが得られる。テスト全体ではなく1つのテストが失敗するだけなので、直すのに何週間も使う必要もない。

　これはテスト駆動開発を採用したときにチームが失敗するよくある理由だ。たとえば、彼らはこう考えてしまう。「テストが2つあるのはよい。3つならもっとよい。10個あればきっと素晴らしいに違いない。よしテストをまとめて書いてみよう」

　だが、これでは結局テストが冗長になるだけだ。コードをリファクタリングする際に、多くのテストもあわせてリファクタリングが必要になり、著しくスピードが落ちてしまう。何かが失敗すると、複数のテストが同じ理由で失敗することにもなる。こうやってテストがノイズまみれになり、本当の問題が何なのかを明らかにしなければいけなくなるのだ。

　テストファースト開発は**設計方法論**だ。テスト可能なコードを書くことを強制し、要件を具象化することで、開発者が高い品質のコードを書けるようにするものだ。

　何かのテストを書く場合、そもそも、それを評価する手段が必要だ。したがって、扱いやすい大きさで書くようにしよう。小さければ小さいほどよい。また、**1つのことを扱う**、**焦点を絞った**コードにすることも忘れないようにしよう。もしクラスに複数の問題があるなら、テストが失敗する理由も複数ある。その結果、クラスに含まれる問題の数に合わせて、必要なテストの量も急激に増加する。

11.8 コードをテストでカバーする

　多くの企業は、ユニットテストのコードカバレッジ率の標準を定めている。だが、私にとって意味ある数字は唯一100%だけだ。

　もちろん、いつも100%が達成できるとは限らないことは理解している。ただ、開発者としては、ほかのサービスに依存するために一部のコードがテストできない場合でも、100%を目指したいのだ。

　コードカバレッジツールは、コードのどこがユニットテストによってカバーされているかを示してくれる。コードカバレッジの最適な割合に関する議論は、抜け道につ

ながることもある。企業がテストカバレッジの目標を 60% とか 80% に設定していて、開発者はそれをテストを書かない言い訳にしているのを見かけたことがある。テストするのが難しいコードをテストせずに放置して、テストが簡単だという理由で些末な箇所のテストを書くのだ。逆に、複雑なコードはテストを書いて、ゲッターやセッターのような簡単なコードにはテストを書かない開発者もいる。自明なコードにはテストを書く必要がないと考えているからだ。

私の場合は、テストをコードの仕様化のために使う。よってテストカバレッジ 100% を目指す。ゲッターやセッターのような些末なふるまいも、仕様として定義するためにテストに入れるのだ。失敗したテストがパスするコードしか書かないため、テストカバレッジは常に 100% になる。

コードに複数のパスがあってコードが複雑なら、そのコードをテスト対象に含めたいと思うはずだ。コードのパスごとに異なる結果が生じるなら、それぞれのパスに対してユニットテストが必要だ。

コードのパスが増えるにつれて、それらのパスをカバーするのに必要なユニットテストは指数関数的に増える。テスト駆動開発で単純なコードを書くことは、これらを防ぐ効果があるのだ。

11.9　バグにはテストがない

すべてのバグはテストがないゆえに存在する。テスト駆動開発を用いてバグを修正するには、まずバグを再現させるような失敗するテストを書く。次に、テストがグリーンに変わるように、バグを修正する。これはバグを修正するだけでなく、誰かがシステムに変更を加えても同じバグが再発しないようにすることも含まれる。

ソフトウェアのバグはいくつかの種類に分類できる。構文エラーやタイプミスなど軽微なものから、ロジックエラーや設計上の問題などの深刻な問題までさまざまだ。テスト駆動開発はこれらすべての問題に対応できる。

テストはコンパイラではできないフィードバックを提供してくれる。従来、プログラム実行前のコンパイラによる構文チェックしか、開発者はフィードバックを得られなかった。ソースコードが構文的に意味をなしていることは確認できても、ロジックは確認できなかったのだ。コンパイラは構文といくつかの基本的なエラーしかチェックできない。コードが構文として正しいことは保証できる。だが、ロジックが正しいかどうかは保証できないのだ。

ユニットテストは構文エラーと概念的エラーのギャップを埋めるものだ。ほかのツールでは見つけられない間違いは、ユニットテストであれば見つけられる。あなたが見逃して顧客が見つけてしまうような間違いでも、ユニットテストであれば見つけてくれるのだ。慌てた顧客から電話を受けるよりも、テストが1つ失敗するほうがずっとよい。完璧なコードを書くのではなく（誰も書けない）、このような間違いをコードとユニットテストのあいだで済ませるのがよいだろう。

11.10　モックを使ったワークフローテスト

ユニットテストはパラメーター、結果、アルゴリズムなどの検討にとても役に立つ。しかし、一連の呼び出しが正しい順序か、似たようなほかのシナリオで正しく動くかはテストできない。このような場合には、**ワークフローテスト**と呼ばれる別のやり方が必要になる。

ワークフローテストでは**モック**を使用する。モックは実際のオブジェクトの代役だ。モックはテストのみで使用され、コードが外部の依存関係とどのように相互作用するかを検証する。テスト対象のコードに必要な外部のオブジェクトは、すべてモックに置き換えることが必要だ。さまざまなテクニックやツールもあるので、活用するとよいだろう。

モックがある値で呼び出されたときに、特定の値を返すようにする。そうやって作ったモックとあなたのコードが会話するテストを書くのだ。モックに対して、「正しく呼び出されたか？　正しいパラメーターで呼び出されたか？」と尋ねるようなものだ。こうすることで、コードが外部の世界に影響を及ぼすことなく、その作用を理解する手助けになる。

11.11　セーフティネットを作る

テスト駆動開発はソフトウェアを作るためのリズムや、開発者が安全にコードを書くためのセーフティネットを提供してくれる。もちろん、セーフティネットという概念を無視して進めることも可能だ。だが、セーフティネットはアクロバットをする人にとって重要なのと同じくらい、開発者にとっても重要だ。小さな失敗が人生の終わりにつながるかもしれないとわかった上で、誰が1日5回も空中ブランコに上がるだろうか？　セーフティネットを持つことは、心理的な保証だ。安心して試せるようにして、本当の革新につながる実験を自由にできるようになる。

テストファースト開発を行う最大の利点は、ソフトウェア開発者がテストしやすいコードを書くようになり、維持するコストも抑えられることだ。

開発者があとからテストコードを書いていると、その過程で、テストしやすくするためにコードを変更する必要性に気づくことがある。最初からテストを書いていれば、はるかに効率的に進められる。テストファーストをしていれば、テストしやすくするためにコードを書き直す必要はない。

したがって、あとからテストを作成するという従来の知恵に反しても、最初にテストを書くことから始めるほうがはるかに理にかなっている。同様に、開発者は設計から始めるように教えられるが、プロジェクトの後半のほうが正しい設計についてはるかに多くのことがわかる。そこで、私は従来の知恵に反する別のプラクティスを提唱したい。**最後に設計をする**というプラクティスだ。これについては次の章で説明する。

11.12　実践しよう

ここまで説明した考えを実際にどうやるか見ていこう。

11.12.1　テストを仕様として使うための 7 つの戦略

ふるまいをユニットテストとして記述することで、必要なものしか作らないようにすることが可能だ。また、テストの範囲を、これから決めようとしているふるまいの仕様だけに絞ることができる。これらのテストは、作成したふるまいの使い方を文書化しているだけではない。それに加えて、機能を作った順番も表現できる。順番がわかれば、ソフトウェアがどのように設計されたのかもわかる。テストを仕様として使う上では 7 つの戦略がある。

テストを文書のように扱えるようにする

ハードコードされた値をパラメーターとして使うのではなく、それらの値に名前をつける（たとえば、20 ではなく maxUsers）。明示的に一般化することで、テストを仕様のように読めるようになる。

意図がはっきりわかる名前のついたヘルパーメソッドを使う

セットアップの処理や、そのほかの機能を独自のヘルパーメソッドでラッピングする。これによって、個々のテストの重複を排除しつつも、異なるセットアップオプションを用意できるようになる。また、ヘルパーメソッドに意味のある名前

をつけることで、テストが読みやすくなる。

何が重要なのかを明らかにする

重要なことや概念に名前をつけて一般化し、テストで実行したいことや状態を記述する。ハードコードされた値を渡す代わりに、名前のついた変数を渡す（たとえば、4ではなくanyInt）。

実装ではなくふるまいをテストする

テストは実装ではなくふるまいにもとづいた名前をつけて、実行するようにすべきだ。testConstructorは悪い名前で、testRetrievingValuesAfterConstructionが良い名前だ。テストが主張したいことを正確に表現するために、長い名前を使って構わない。ふるまいに着目することで、コードがテストしやすくなり、開発に集中できるようになる。

モックを使ってワークフローをテストする

アサーションは値やふるまいをテストできるが、ワークフローやオブジェクトがほかのオブジェクトとどう相互作用するかはテストできない。依存関係から切り離してコードをテストしたい場合、モックが外部の依存関係の代わりとなる。

書きすぎない

テストでふるまいを微細に記述するのは簡単だ。アルゴリズムを理解するのに、必要以上のテストを書くこともある。だが、抽象化の方法が見つかりアルゴリズムを作り終わったら、いったん戻る。システム内のすべてのテストが重複した区分をテストしていないことを確かめながら、冗長なテストを削除していくことが重要だ。

正確な例を使う

テストは実際のふるまいをアサーションすることで、抽象的な要件を具体化する。実際の使われ方を反映した例を使って、実行されるようにする。正確な例を使って作業することで、コーディングを開始する前に矛盾や設計上の問題が明らかになり、早期に対処できる。

テストファースト開発を使用してふるまいを作っていくと、テストスイートで生きた仕様が表現されるようになる。テストはいつでも実行でき、グリーンが表示されれば仕様が最新のものであることを確認できる。ふるまいを記述するユニットテスト

は、リファクタリングの助けになり、システムの使われ方を文書化する貴重な資産にもなる。

11.12.2　バグを修正する 7 つの戦略

バグはソフトウェア業界の悩みの種だ。見つけるのが難しく、修正するのにコストもかかる。バグにどう対応するかは、ソフトウェア開発プロセスに大きな影響を与える。バグをゼロにするか、少なくともバグをバックログに溜めないようにして、できるだけ早く対処するようにする。バグをプロセス改善に活用することで、同じバグを再度出さないようにすることも可能だ。バグを修正する 7 つの戦略を紹介しよう。

そもそもバグを作らない

こんな冗談を知っているだろうか。

患者「こんにちは先生。腕を上げると痛いんだ。診てくれないか」

医者「なるほど、それなら腕を上げないでください」

私たちは最初からバグを書かないようにしたいと思っているはずだ。そのためには、高品質のコードを作成し、ツールを使用してミスを防ぐようにする。

できるだけ早くバグを見つける

バグを作ってしまうのであれば、できるだけ早くバグを見つけられるようなプロセスにすべきだ。バグが作られてから修正されるまでの時間が長い場合、そのコードは書いた開発者にも馴染みがなくなり、修正に時間がかかる。自動回帰テストがあれば、開発者は自分のコードにどんなバグがあるか、即座にフィードバックを受けられるようになる。バグが作られてから修正されるまでのサイクルタイムをゼロに近づけること。それがバグを修正するコストがいちばん低くなる方法だ。

バグを見つけられるように設計する

回帰テストがどれほど優れていても、見逃すバグはある。そういうときにバグを見つけやすいほうがよい。コード内のバグを見つけられるかどうかは、コードの品質に直接関係している。たとえば、凝集性が高くて、しっかりとカプセル化されていれば、バグを引き起こすような副作用を持つ可能性は低いはずだ。このようなソフトウェアは読みやすく理解しやすい。そのため、バグを見つけやすくなるのだ。

正しい質問をする

開発者はバグを見つけるために、多くの時間と労力をデバッグに費やしている。そのため、バグをすばやく見つける方法が重要になる。大学の教授は、実験が成功したか失敗したかは問題ではなく、何を学んだかが重要だと言う。これはデバッグにも当てはまるアドバイスだ。バグを探す際には、バグの有無を判別するシナリオを作って、それに沿って進め、バグが見つかるまでコードを絞り込んでいく。

バグをテストの不足と見なす

バグを見つけたら、修正する前に失敗するテストを書く。そして、バグを修正したらテストにパスするようにする。バグは誤った想定のために起きる。その誤った想定が何であるかを把握し、ユニットテストで具体化する。その問題を回帰テストで網羅することで、二度とそのバグに対処する必要がなくなる。

欠陥をもとにプロセスを修正する

バグを見つけたら、そもそもなぜそのバグが発生したのかを確認する。これによって、ソフトウェア開発プロセスの問題が明らかになる。プロセスを修正することで、将来の多くのバグを解決できる。ツールが正しいことを行う手助けとなるような方法を探すこと。

失敗から学ぶ

バグが開発プロセスにおける誤った仮定や欠陥を表しているなら、単にバグを修正するだけでは不十分だ。代わりに、最初にバグが発生する要因となった環境を修正するのだ。設計とプロセスの脆弱性に関する教訓としてバグを利用し、設計やプロセスを修正する方法を探すのだ。間違いを学習の機会として使い、問題が持っている貴重なメッセージを活用する。

バグはソフトウェア開発に多大な損失を与えている。その額は、年間何十億ドルにも及ぶ。バグはコードの問題だけではなく、ソフトウェア開発プロセスの問題でもある。バグをこのように見ることによって、プロセスを改善する方法を見つけるためにバグを活用できるのだ。それによって将来起こり得る同じバグを排除できるようになる。

11.13　本章のふりかえり

生きた仕様を作るには、テストにふるまいを記述する。テストファーストでの基本機能の開発例、そして、テストを使ったふるまいの記述方法について見てきた。開発者がテストファースト開発を行うことの利点を理解すれば、テストの魅力に取り憑かれ、すべての開発をテストファーストで行いたいと考えるはずだ。

本章では、以下のことがわかった。

- テストスイートを使用して、ふるまいを記述し確認する方法
- テストを活用することで、目的を明確に説明できるようになるとともに、それらが生きた仕様になること
- テストは「セーフティネット」を提供してくれる。それによって、リファクタリングが可能になり、間違いがすぐにわかるようになること
- ふるまいのテストを書くことで、書くべきテストの種類と数を常時把握できること

テスト駆動開発を正しくできれば、開発者がより保守可能でテスト可能なコードを作成できる。だが、中途半端にやれば失敗する可能性もある。テストを実行可能な仕様と見なすこと。そうすれば、ふるまいに対し、どのようなテストを書くべきか完全にわかるようになる。テストファースト開発の例を 1 歩ずつ進めてきたので、たとえプログラマーでなくとも、基本的な概念は理解できたはずだ。

12章
プラクティス8
設計は最後に行う

　すべての設計を最後まで先延ばしにすべきだと主張しているわけではない。ただ、ソフトウェアの設計活動の中には、開発サイクルの最後に実施したほうが効果的・効率的なものがあるのは確かだ。ここで議論しているのはホワイトボードでやる設計の話ではなく、コードがすでに書かれていて、テストでサポートされている状態からの設計の話だ。この時点が、ソフトウェアの保守性を設計するのに最適のタイミングなのだ。

　テストがあることで安全にコードをクリーンアップできる。そのため、コードが動作して、サポートするテストがある状態まで待ってから、コードの設計を形にする。適用するデザインパターンの判断やシステムのより良い理解は、プロジェクトの最初よりも、プロジェクトの終わりのほうが得られやすい。

　今までのやり方とは順番が逆になるのだ。これまでの開発では、コードを動かし、開発サイクルの終わりまでにどれだけバグを取れるかにフォーカスしてきた。ただ、このプラクティスでは、これまでとは違い、いかに保守可能なコードを書くかという設計に努力を払う。

　テストを最初に書いて、最後に設計をしよう。

12.1　変更しやすさへの障害

　保守可能なコードは読みやすく理解しやすいため、変更が簡単で柔軟だ。コードを書いた開発者だけでなく、ほかのプロのソフトウェア開発者にとっても、読みやすく理解しやすいのが重要だ。

　ここまで、「良いコード」の一面は変更しやすさにあることを見てきた。開発者に変更しやすいコードとは何かと質問すると、たいていは、ドキュメントがそろってい

るとか、意図がわかる名前がついているとか、一貫したメタファーに従っているなどの回答が返ってくる。それらはコードの理解をたやすくし、変更を楽にする。

コードを変更しやすくするために、開発者が利用できるガイドラインはあるだろうか？　答えはもうわかっているだろう。**イエス**だ。これまで、コードの変更を簡単にするための原則とプラクティスを見てきた。では、現実的な質問をしてみよう。目指すべきことだけではなく、避けるべきことを知っていることも同じくらい重要なことがあるからだ。

コードの変更を難しくするものは何か？　開発者のやっていることで、コードをあとで変えにくくしてしまっていることはあるか？

開発者が普通に受け入れているプラクティスの中には、コード変更の障害となるものが含まれていると私は思う。コードを扱う上での障害物になるのだ。たいていの障害物は小さなもので、それぞれでは問題にならない。だが、作り続けていると、結果的に開発を大幅に遅らせることになる。

それでは、変更を難しくする開発者のプラクティスをいくつか見ていこう。ちょっと技術的な内容になるので、開発者でない人は我慢してほしい。

変更を難しくするプラクティスは以下のようなものだ。

カプセル化の欠如

あるコードがほかのコードを「知って」いると、直接的もしくは間接的な依存性が増える。結果として、小さなコードの変更がまったく無関係に見える部分に予想外の問題を引き起こすことがある。あるコードがほかのコードを「知って」しまったり、ほかのコードの実装方法に依存したりすると、システムのほかの部分に影響を与えることになる。システムを壊さずにコードを変えるのは難しくなる。

継承の過度な利用

継承はオブジェクト指向言語の重要かつ有用な機構である。ただ、過度の利用や間違った利用は、無関係な問題を紐づけてしまったり、深い継承ツリーを作ってしまったりして保守上の問題を引き起こす。

具体的すぎる凝り固まった実装

重要部分の抽象化を欠いていると、2つかそれ以上のふるまいのあいだの共通性も失われてしまう。結果として、冗長なコードや不必要に複雑なコードとなり、扱いが難しくなる。抽象化を欠いた実装だと、将来の変更や追加も難しくなって

しまう。

インラインコード

メソッドとして切り出して呼び出すのではなく、コードをインラインでコピーアンドペーストしたほうが、組み込みシステムなどでは効率的だと考えられてきた。コードは読みにくく冗長となる。だが最近では、コンパイラが間接的なメソッド呼び出しを最適化できる。そして、メソッドを抽出することで、可読性が上がり、メソッドに良い名前をつけやすくなる。コメント付きでコードをコピーアンドペーストする必要はない。

依存性

依存性の扱い方も重要だ。適切に分離しないと、一緒に扱う必要のない問題同士を結合させてしまうことになり、あとで問題を分割するのを難しくする。

作ったオブジェクトを使うか、使うオブジェクトを作るか

これは最初理解するのが難しかった。だが、あとから最小限の努力で拡張できるコードを書くには、いちばんやってはいけないということがわかった。オブジェクトをインスタンス化するにはオブジェクトの詳細な情報を知っている必要がある。その知識がカプセル化を破壊する。コードのユーザーがオブジェクトのサブタイプまで知らなければいけなくなり、特定の実装に依存することになる。サービスのユーザーがサービスのインスタンス化まで行ってしまうと、このように結合してしまい、テスト、拡張、再利用が難しくなる。のちほど詳細を議論する。

これらはコードを変更しにくくする障害のほんの一部にすぎない。たまにしか起こらないのであれば、小さなことだし大した問題にならないことも多い。ただし、数百万行にも及ぶコードで繰り返し行われていると、積み重なって大きな問題になる。

半導体チップの設計をしているハードウェアエンジニアの友人がいる。彼は「ソフトウェアはぬるすぎる」と言った。回路設計をするとき、たった1つの小さなミスが設計全体を台無しにし、会社は修理のために何千万円も費やすことになる。そのため、彼はとても注意深く、あるいは偏執的なまでに、設計をチェックし、そして再チェックしてから製造部門に渡す。彼に言わせれば、ソフトウェアエンジニアは規律に欠け、ホルスターから銃を抜く前に発砲してしまうようなガサツな人がほとんどだそうだ。集中する場所を間違えており、行く先々を散らかして回っている。そう指摘した。

反論しようがない。

問題はちょっと雑な状態のままにしても**大丈夫**なことだ。ある程度までだが。そして、開発者はソフトウェアを作るときの規律についてほとんど教えられていない。学生時代に履修するプログラムは小さくて些細なものにすぎない。プロが書くエンタープライズシステムとは比べるべくもない。

小さなプロジェクトではコードが雑なままでも大丈夫なこともある。しかし、ある程度までだ。プロジェクトが大きくなると、積み重なった悪行から逃れるすべはない。

12.2　持続可能な開発

ソフトウェア開発を持続可能にするには、すなわち現時点で機能をすばやく作成しつつも将来簡単に拡張できるようにするには、保守性に注意を払わなければいけない。

持続可能なコードを書くための5つのプラクティスを示す。

死んだコードを消す

コメントアウトされたコードや呼び出されないコードは死んだコードであり、開発者の注意を削ぐ以外に何の役にも立たない。消そう。何かの理由でコードが必要になっても、バージョン管理システムから戻せばよいだけだ。コードを取り出し、必要に応じて現在の動いているシステムに足せばよい。

名前を更新する

メソッドやクラスの名前を意図のわかる良い名前に更新する。ソフトウェアの開発過程でいろいろなことがわかってくるにつれて、コードの機能は少しずつ変わる。コードを変えたら、コードが今やっていることを反映するように名前を変えよう。

判断を集約する

判断を集約し、1回だけで済むようにする。冗長なコードも削除できる。判断を変えることがあっても1箇所変更すれば済む。コードの変更がより安全でシンプルになる。

抽象化

すべての外部依存性には抽象を作成し利用する。モデルに欠けているエンティ

ティは作成する。モデルはモデル化対象の特性を反映しなければいけないからだ。こうしておけば、コードのテスト、拡張、再利用が簡単になる。

クラスを整頓する

モデル化対象のドメインからエンティティを見逃すことは誰にでもある。そうなったとき、何が起こっているかを理解するのは難しい。利用範囲においてモデルが完全であることを確認すること。そうすれば、正しいふるまいと正しい属性を持つようにクラスを整頓できるだろう。

12.3　コーディング対クリーニング

ソフトウェアを作ることは多くの異なるメンタルモデルを必要とする。開発者は多くのことを頭の中で追跡しなければいけない。多くの詳細が関われば関わるほど厳しい規律が必要となる。

大変だ！

日常生活では通常必要ない細かいレベルで、開発者が気にしたり考えたりしなければいけないことがたくさんある。同時に、抽象化し、実装し、設計しなければいけない。それを毎日やらなければいけないのだ。

異なるメンタルモデルを分割し、それぞれ別々に追跡できれば、それぞれのメンタルモデルは明確になるかもしれないが、それ以外のメリットはない。同時に複数のメンタルモデルと抽象を扱う中で見出した設計のほうが、弾力的で問題の本質を反映できるため、はるかに良いものとなる。理解しやすく、保守コストも安く済む。

コーディングとクリーニングを別々のタスクとして区別することには利点がある。コーディング中は、特定のタスクの解決方法を探している。クリーニング中は、動くコードを、保守可能にしている。

別々のタスクとして実行したほうがやりやすいので、それぞれ別の活動と捉えている。コーディング中は、テストに合格するようにふるまいを調整することに集中する。クリーニング中は、テストでサポートされた動くコードを理解しやすく扱いやすくすることに集中する。

良いコーディングプラクティスに注意を払おう。改善のためにちょっとずつコードを触り続けることで、改善のスパイラルに入っていくことができる。プロジェクトがよく陥る、技術的負債のスパイラルとはまったく逆だ。

技術的負債は短期的にも長期的にも返済を続けよう。短期的には、テストファース

ト開発のリファクタリングステップの中で返済する。長期的には、チームの学習を
コードに取り込むための定期的なリファクタリング作業の中で返済していくのだ。

技術的負債が溜まり続けてしまう場合もある。新しい機能を実装するために設計変
更が必要だったり、単にもっと良いやり方を思いついたりする場合だ。テスト駆動開
発のリファクタリングステップでは解消しきれない。このような状況では、通常数か
月ごとに、大規模な技術的負債の返済作業を行う。大規模なリファクタリングを実施
して、大きな負債を片付けるのだ。このような場合でも、ユニットテストが助けとな
る。

12.4　ソフトウェアは書かれる回数より読まれる回数の ほうが多い

そう聞いて驚く人も多いが、コードは読むためのものだ。本や新聞の記事と変わら
ない。平均して、コードは書かれる回数の 10 倍読まれている。

効率性のため、あるいは拡張性のため、ソフトウェアはもっと読みやすくなければ
いけない。コードは書き手（自分自身）のためではなく、読み手（ほかの人たち）の
ために書くのだ。ソフトウェア開発は「1 回書いたら終わり」の作業ではない。ソフ
トウェア開発者は「何回も書き直す」職業で、コードは継続的に拡張され、クリーニ
ングされ、改善される。

変わり続けるユーザーのニーズに対応するため、コードは柔軟で、変更可能で、作
業しやすくなければいけない。コードの意味を伝えるために、コメントではなく意
図の伝わる名前をつけよう。コードがそうなっている理由を伝えるためにコメントは
使ってもよいが、コードがやっていることを伝えるのにコメントを使うのはよくない。
コードがやっていることはコード自体が伝えるべきだ。

もちろん例外もある。ドキュメントが不十分な API などだ。Windows の API の中
には、壊れていてドキュメントと実際の動作が違うものもある。そのような場合は、
コメントに「この API は、本来はこのように呼び出されるはずだが、動作しないの
で、このような形になっている」などと記述する。

こうして、知識をシステムに埋め込んでいるのだ。これは良いことだ。ただ、コメ
ントを書くのが、コードを見ても読み手が理解できそうにないという理由なら、意図
のわかるようにコードを書き直したほうがずっとよい。

12.5　意図によるプログラミング

　API、メソッド、サービスなどを外の世界に公開しようとするとき、メソッドの中に実装を入れることはしない。実装は別のメソッドに移譲する。

　こうすれば、コードが読みやすくなるからだ。一部のコードは移譲し、一部のコードは実装するようなことをやってしまうと、頭の中で抽象レベルと実装レベルの観点を切り替えなければいけなくなる。こうなると、頭の中でタスクスイッチが頻発する。1回では大したことがなくても、タスクスイッチがずっと続くと、非常に重い作業となってしまう。

　公開 API の実装はどんな小さな機能でも移譲してしまえばよい。そうすれば、繰り返しのタスクスイッチをなくせる。コードはスクリプトやメニューのように読めるようになる。抽象と同じレベルの**正確さ**を備えているからだ。**このステップの次にこのステップ、その次はこう**、のように理解できる。

　このテクニックを「意図によるプログラミング」と呼んでいる。**観点の一貫性**を保ち、抽象レベルをコードの中で一定に保てるので、コードが読みやすく、理解しやすくなる。

　バグがあっても、どのステップにバグがあるのかを正確に特定できる。アイデアの小さな断片レベルで抽象化されているので、大量のコードを読むことなくバグを見つけられる。

　オブジェクト指向でのコードの階層について考えてみよう。私たちが自然に使っている考え方だ。ハイレベルのことについて考えているときには、細かい詳細までは考えていない。そして、実際にそのステップを行う状況になってから、上位層から下に降りて、詳細を見始める。コードの理解も同じようにやる。抽象のレベルが層になっているだけだ。これはつまり、**目的**と**やり方**の話だ。今日の TODO リストを作るとき、**なにをやるか**は書くが、**どうやってやるか**を書くことはない。

　やり方に目を向けてしまうと、**目的**の中に入り込んで、実現に必要な別のことをたくさん見出すことになってしまう。だが、分解構造をたどって見なければいけなくなるまでは、後回しでよいのだ。

　外から見るとシェルゲーム[†1]のように見えるかもしれない。私も最初はそうだった。オブジェクト指向はクソだと思っていた。だが、それぞれの抽象の階層で、コードを

---

†1　訳注：複数のカップを逆さに並べて、そのうち1つに小さなボールを入れてシャッフルし、どれにボールが入っているのかを当てるマジック。よく見ていても当てることができない

212 | 12章　プラクティス8　設計は最後に行う

深く理解できた。その理解をコードに反映させなければいけない。

　コードは思考のようなものである。そう思わない開発者もいるだろうが。コードを常に思考に従って整頓しなければいけないとは思いたくはない。だが、そうすることで、明確に思考できるようになり、明確に設計できるようになるのだ。

　TODOリストに「銀行で車のローンの支払いをする」という項目があったとしよう。これは**目的**で、私がやろうと計画していることだ。「車のキーを持って、靴を履く。車に乗り込む。エンジンをかける……」と書く必要はない。銀行に行って車のローンの支払いをするだけでも、**やり方**のリストはものすごく複雑になる。だが、全部やらないと目的は達成できないのだ。

　ではその場合、全部を書き出す必要があるのだろうか？

　やり方の1つに、「銀行まで運転する」がある。それはどうやってすればよいだろうか？　ほかにも、「小切手を切る」必要もある。これはどうやってすればよいだろうか？　タスクはいくらでも詳細にできる。詳細に書き切ることはできるのだろうか？

　プログラミングで書き切れる最後の単位は、**論理積**、**論理和**、**否定**といった論理回路だ。すべてはこのレベルまで詳細化され得る。だが、その途中で意味のある単位にまとめて処理をする。その単位が**抽象**だ。

　これは、規律があり、有用で、強力な考え方だ。

12.6　循環複雑度を減らす

　循環複雑度は、トーマス・マッケイブが論文「A Complexity Measure」[2] で発表したものだ。循環複雑度はコードの中の実行経路の数を示す。

　条件分岐が1つあるコードの循環複雑度は2だ。実行経路が2つあり、2種類の異なるふるまいをコードが示す可能性があるからだ。条件分岐がなければ、循環複雑度は1になる。コードが示すふるまいは1つしかないからだ。循環複雑度は幾何級数的に大きくなる。循環複雑度が2の文が2つあったら、循環複雑度は4となる。3つあったら8だ。循環複雑度は少ないに越したことはない。一般的に言って、循環複雑度の数は、最低限必要なユニットテストのメソッドの数に等しいからだ。

　循環複雑度を常に1にすることは**できない**。条件分岐が一切使えないからだ。何も

---

[2]　McCabe, Thomas J. "A Complexity Measure." IEEE Transactions of Software Engineering Volume SE-2, no. 4 (1976) http://www.literateprogramming.com/mccabe.pdf

与えられた情報を考慮しないことになってしまう。実は、コンピューターの定義は、プログラム可能なシステムのことであり、条件分岐なしでは成立し得ない。だが、メソッドの**条件分岐は少ないに越したことはない**。

条件分岐は高くつく。プログラミング言語に含まれる30くらいのキーワードごとにコストを計算すると、キーワードごとのコストはかなり違うことがわかる。中でも飛び抜けて高価なのが、流れを制御する条件分岐だ。if、switch、**単項演算子**、**ループ**、**例外**などが含まれる。それらのキーワードは難しく、脳には負荷となる。1本の流れではなく、2本の流れを追わなければいけなくなり、注意が分散してしまうからだ。

たとえばifがあったら、条件が真の場合と、偽の場合の両方をテストしなければいけない。2つの条件を頭に入れておかなければいけない。難しい。ある顧客から送られてきたコードには条件分岐が6段並んでいた。循環複雑度は64だ。私も含めて、ほとんどの人はそんな数の条件を頭に入れておくことはできない。循環複雑度が高いと、バグの確率が上がるのはそういう理由だ。

それぞれのエンティティの循環複雑度を小さく保てれば、コードをカバーするテストの数も少なくて済む。私はコードでポリモーフィズムを使うのが好きだ。オブジェクトを使う際の条件分岐をオブジェクト生成のタイミングに移せるからだ。生成と利用のフェーズを分割することは、コードを疎結合にし、扱いやすく、保守可能にするのに役立つ。

12.7　生成と利用を分離する

オブジェクト指向言語では、オブジェクトを生成（インスタンス化と呼ばれる）してからオブジェクトを利用する。あるオブジェクト群は生成のみに関わり、またあるオブジェクト群は利用にしか関わらないので、生成と利用のフェーズを分けることには意味がある。オブジェクトを生成するオブジェクトをファクトリーと呼ぶ。ファクトリーは new キーワードをカプセル化する。new キーワードはクラス定義から実行可能なオブジェクトを生成する。new を利用するには、対象のオブジェクトを知っていなければいけないという要件がある。

「やってほしいことがあるんだけど」と私があなたに言ったとしよう。

「いいよ、何を？」とあなたは答える。

「何か。今やって」と私は言う。

あなたは、きっと私を笑うだろう。

同じことをコードでやらないでほしい。コードで何かを**作りたい**としよう。オブジェクトを new するには、new するオブジェクトの型を渡さなければいけない。この要件は外せない。あなたに何かをやってほしかったら、何かを伝えなければいけないのだ。伝えないと、何かをやることはできない。これは new の問題に限らない。伝えなければ、何をやったらよいかわからないのは当たり前だ。

オブジェクト指向でよく使われるテクニックに**ポリモーフィズム**がある。大仰な言葉だが、コンセプトはシンプルだ。タスクを**実施**してほしいが、どうやってやるかというタスクの**中身**は知りたくない。こういうときに役立つ。

たとえば、圧縮されたファイルを伸長したいとしよう。zip 圧縮されていたら、unzip しなければいけない。pack されていたら、unpack だ。だが頼む側としては、どの圧縮方式かは気にならないかもしれない。知っているのは、ファイルは圧縮されていて、適切な伸長プログラムを使えば伸長できるということだ。

コンピューターにとっても、何かを伝えられずに「何かやって」というリクエストに応えるのは、人間と同じく難しい。コンピューターは**正確**に伸長ルーチンがどれかを知らなければいけない。そこで、システムのほかの部分に担当させる。この場合は、伸長ルーチンを決定するオブジェクトは、圧縮されたファイルにアクセスできるようにする。圧縮されたファイルは、どう圧縮されたかを知っているからだ。クライアントコードは、どの圧縮方式が使われたかを知る必要はない。クライアントコードは、単に「伸長して」と言えば、魔法のように適切な伸長コードが利用される。本当は魔法ではないが。

これがポリモーフィズムの動作だ。お互いに独立したコードブロックを作ることができ、それぞれ独立して成長させることができる。たとえば、誰かが見たこともないような圧縮ルーチンを持ってきても、既存のコードを一切変更せずに自動的に利用可能になる。圧縮ルーチンの選択は既存コードの責任ではないからだ。圧縮ルーチンの選択は圧縮クラスに移譲される。与えられた仕事を想定どおりにこなせれば、コードは動作し、誰もがハッピーだ。システム内でほかのコードから自分のコードを独立させるのにこのテクニックはとても役に立つ。システムを安全かつ効果的に拡張できるようになる。

だが、正しくポリモーフィズムを使うにはオブジェクトの生成を分離する必要がある。オブジェクトを使うエンティティではない別のエンティティに生成させる必要があるのだ。オブジェクトの生成を隔離することで、どの実装オブジェクトを使うのかという知識も隔離し、システムのほかの部分から隠ぺいできる。

ビジネスルールと実行を分離するだけでなく、呼び出し元とサービスの依存性が結合するのも防ぐ。外部のサービスをモックにして、コードを分離し、隔離してテストを実施できるようになる。

オブジェクトの生成と利用を分離することで、依存性をなくし、テスト容易性を向上できる。分離されたコードは変更、保守がしやすくなる。ファクトリーはオブジェクトの生成だけ行い、利用はしないので、テストも簡単だ。ビジネスルールを渡して、ファクトリーが返すオブジェクトが何なのかを確かめればよい。条件判断の文も減らせるし、インスタンス化も気にしなくてよくなるため、コードからの利用も簡単になる。

もし使っている言語やフレームワークの機能を使いたいのであれば、単にオブジェクトをインスタンス化してしまえばよい。だが、将来拡張が見込まれる自分で作成したクラスや、外部依存があるクラスは、必ずテスト用にモックできるようにしておく。ほかのエンティティがサービスなどをインスタンス化して、利用するエンティティに渡すようにするのだ。

12.8　創発する設計

反復開発は設計を創発する。単一のテスト可能なふるまいから始め、拡張を続けていくことで、設計が創発される。テストファースト開発を通じて、ソフトウェアを漸進的に作り、設計原則とプラクティス、技術的負債に注意を払っていれば、初めに全部設計するよりも、良い設計にたどり着ける。

ソフトウェアの開発中に出てくる課題に注意を払い続けていると、課題があなたにささやきかけてくるようになる。「ねえ、もっといいやり方があるよ」、「ねえ、こんな選択肢も使えるよ」。その瞬間、これまで頭を悩ませてきた最悪なもの、バグ、苦痛、欲しいものがわからない顧客、負債側に入ってほしくないさまざまなものを、資産に変える方法に気がつく。

開発の課題は、より開発をうまくやるための手がかりになる。開発で見えてくる課題は形を変えた福音でもある。掃除機の中から引っ張り出すより、目の前の課題を片付けるほうが簡単なことが多い。新しい要求がきたら、どう扱うかを考えて開発する。ジャストインタイム設計と呼ぶこともある。先を予測しないので、作り込みすぎることもない。開発を続けるにつれ、要求も進化できる。問題のフォースに注目しよう。問題をより深く理解し、より良い設計を自然に生み出せるようになる。

創発設計がうまくいくには、良い原則、プラクティスに従うだけでなく、品質とテスト容易性にも気を配らなければいけない。ゴミのようなコードを書いてしまったら、次のイテレーションで直す羽目になり、だんだん扱うのが難しくなる。数週間なら大丈夫のこともある。だが4年、5年と経てば、まったく保守可能でないシステムを作り上げてしまう。

そんなシステムは誰も触りたくないはずだ。

12.9　実践しよう

ここまで説明した考えを実際にどうやるか見ていこう。

12.9.1　創発設計をマスターする7つの戦略

ジャストインタイム設計とも呼ばれることもある創発設計は、ソフトウェアを漸進的に開発する上級のテクニックである。正しくやれば、品質の良いソフトウェアを非常に効率よく開発できる。多くの分野の深い理解を必要とし、初心者向きのテクニックではない。創発設計をマスターするための7つの戦略を示す。

オブジェクト指向設計を理解する

オブジェクト指向言語を使っているからといって、オブジェクト指向設計になるわけではない。クラス定義のカーリーブレースのあいだに書かれているソフトウェアのほとんどは手続き的だ。良いオブジェクト指向設計は、うまくカプセル化されたエンティティから作られ、解決する問題を正確にモデル化している。

デザインパターンを理解する

デザインパターンは複雑さに対処し、さまざまなふるまいを分離するのに有効だ。システムのほかの部分に影響を与えずに、新しいふるまいを足せるようになる。事前に設計するのではなく、創発設計を実践する中でパターンは明らかになってくる。ソフトウェアの開発を続ける中で、パターンの適用先がたくさん見つかるはずだ。

テスト駆動開発を理解する

テスト駆動開発は、システムを変更した際の回帰テストをサポートするセーフティネット以上のものだ。うまくやれば、テスト駆動開発は良い設計原則、プラ

クティスをサポートする。

リファクタリングを理解する

リファクタリングは、外部のふるまいを変更せずに設計を変えるプロセスだ。コードを動かしたまま、小規模もしくは大規模の再設計を行う完璧な機会が得られる。私が設計をするのは、機能の実装が終わったあとのリファクタリングのあいだが主だ。良い設計をすることに集中できるので、良い設計が創発されやすい。

コードの品質にフォーカスする

あらゆる良いソフトウェアはコードの品質に支えられている。コードを「CLEAN」（高凝集、疎結合、カプセル化、断定的、非冗長）にできなければ、すぐにレガシーコードになってしまい、触るのが怖くなるだろう。コードの品質に注意を払うことで、より保守可能なコードを書く方法を見出し、柔軟な設計と、変更しやすいコードにつながる。

情けはかけない

開発者は設計全部の事実を把握してなくても、設計に思い入れを持つようになりやすい。設計の限界を知り、必要なら設計を変えることをためらわないこと。創発設計を実践するのにいちばん重要なスキルである。

良い開発プラクティスを習慣にする

スクラムやエクストリームプログラミングといったアジャイルプラクティスは、設計を行うための有効なツールである。だが、ツールが設計をするわけではない。良い設計を生み出すには、まずプラクティスの背後にある原則を理解し、良い開発プラクティスを習慣にしなければいけない。いつもツールを使っている状態にすることで、ツールの恩恵を得られるだろう。

創発設計とは、ソフトウェアを作り続ける中で、設計の選択肢を知り、袋小路にはまり込むのを防ぐことだ。良い設計プラクティスを理解し、使えるようになれば、自信を持って設計を変更できるようになる。将来の変更を扱える自信になるのだ。ソフトウェア開発のストレスが減り、もっと楽しくなる。

12.9.2　コードをクリーンにする7つの戦略

よろしい。コードをクリーンにする時間を確保したし、マネジメント側の承認も得

た。では、どうすればよいだろうか？　レガシーコードのリファクタリングは、絡まったロープをほどくようなもので、始める場所を見い出すのさえ難しいことがある。以下に、コードをクリーンにする7つの戦略を示す。

コードに語らせる

意図を明らかにする名前を使って明確なコードを書こう。コードが何をやるかは見ればわかるようになるので、やることについての過剰なコメントも必要なくなる。コードを説明するコメントが多いときは、開発者は、ほかの開発者がコードを読めないかもしれないと心配したのではないかと考える。

テストを足すために、接合部を作る

レガシーコードを扱うとき、コードの再設計をサポートできるテストコードを足すことは、非常に価値のある作業の1つだ。ただし、レガシーコードは絡み合っていて、テストすべき部分を分離するのが難しいことが多い。マイケル・フェザーズは、著書『レガシーコード改善ガイド』[16]の中で、レガシーコードをテストしやすくするために接合部を追加するテクニックを説明している。これらのテクニックを利用すれば、ソフトウェアの独立性を高め、テストをシンプルにできる。

メソッドの凝集性を高める

いちばん重要なリファクタリングを挙げるなら、メソッドの抽出とクラスの抽出だろう。メソッドは多くのことをやりすぎていることが多い。メソッドの中に、ほかのメソッドが隠れていたり、ときにはクラス全体が潜んでいたりすることもある。名前のつけられる小さな機能を新しいメソッドとして抽出し、長いメソッドを分割しよう。ロバート・マーチン（アンクル・ボブ）は理想的なメソッドは4行を超えないと言っている。4行は極端かもしれないが、メソッドに名前がつけられる限り、メソッドをなるべく小さいメソッドに分割するのが良い方針だ。

クラスの凝集性を高める

クラスがいろいろなことをやりすぎているというのも、レガシーコードでよくある問題だ。まずクラスの名前をつけるのが難しくなる。大きなクラスは複数の問題を結び付けてしまい、必要以上に結合を強めてしまう。クラスの中に複数のクラスを隠してしまうと、過大な責務を抱え込むことになり、あとで変更しにくくなる。複数のクラスに分割することで、扱いやすく、設計を理解しやすくなる。

判断を集約する

クラスとメソッドの凝集性を高めても、ビジネスルールがシステム全体に分散していることもある。分散してしまうと、読むのも変更するのも難しくなる。プロセスのルールを集約してみよう。ビジネスルールを抽出して、ファクトリークラスに可能な限り集めてみよう。判断が集約されていれば、冗長性もなくなり、コードは理解しやすく保守しやすくなる。

ポリモーフィズムを導入する

さまざまなふるまいを隠ぺいしたいなら、ポリモーフィズムを導入しよう。文書をソートしたり、ファイルを圧縮したりするような、タスクを実施する方法が複数ある場合を考えてみよう。呼び出し側がどのバリエーションを使うかを気にする必要がないように、ポリモーフィズムを使うのだ。あとでほかのバリエーションを追加したくなっても、クライアントコードは一切変更しなくて済む。

生成をカプセル化する

ポリモーフィズムが機能するのは、クライアントがベースの型を通じて派生型を利用するからである。クライアントは、どのようなソートアルゴリズムが使われるかを知ることなく、sort() を呼ぶ。クライアントからはどのソートを使うかは隠ぺいしたいので、クライアントにオブジェクトをインスタンス化させることはできない。オブジェクトにスタティックメソッドを追加して、自分自身をインスタンス化する責任を持たせるか、ファクトリーに責任を移譲する。

リファクタリングは開発に欠かせない。新機能を追加するコストを下げる。設計をきれいにするとコードはより保守可能になるという事実は経験しないとわからない。リファクタリングを活用しよう。

12.10　本章のふりかえり

設計を最後にして、意図を示すプログラミングを行うことで、複雑さを減らし、変更を容易にできる。

本章では、以下のことがわかった。

- 品質は保証できない。品質は作り出すものだ。品質を検証するのではなく、作り込むことに集中しよう

220 | 12章 プラクティス8 設計は最後に行う

- 読みやすく理解しやすいコードが、柔軟で、変更しやすい（ゆえにコストパフォーマンスも高い）

- 意図を示すプログラミングは観点の凝集につながる。抽象のレベルがそろい、読みやすく、理解しやすくなる

- オブジェクトの生成と利用を分離することで、テスト容易性を改善し、依存性を下げよう

- 創発設計は初心者向きではない。品質とテスト容易性に不断の注意を払う必要がある

　開発の中で学んだことを設計に反映し、保守性に注意を払うことで、レガシーコードの死のスパイラルから脱出できる。進化とともに継続的に改善するコードは、扱いやすく、保守コストも安く済む。

13章
プラクティス9
レガシーコードを
リファクタリングする

リファクタリングとは、外部へのふるまいを変更せずに、コードを再構築または再パッケージ化することだ。

数年前、私はマネージャーに、2週間のイテレーションすべてを使って、コードのリファクタリングをしたいと頼んだことがある。そのときのことを想像してほしい。そこでマネージャーが言ったのは、「いいね！　それで、どんな機能が増えるの？」というものだった。

私は、マネージャーにこう言わなければいけなかった。「待ってください。私は今、**リファクタリング**の話をしています。リファクタリングは内部構造を変えるだけで、ふるまいは変えません。なので新しい機能は**増えません**」

彼は私を見て「君はなんでリファクタリングをやりたいんだい？」と質問した。

私はなんと答えるべきだろうか？

ソフトウェア開発者は、こういった状況によく直面する。私たちはマネジメント側が使う言葉を使わないため、どう言ってよいかわからないのだ。私たちが使っているのは開発者の言葉である。

気分がよいとか、そのほうがかっこいいとか、Clojureなどの技術を身に付けたい。そういった理由でマネージャーにリファクタリングしたいと言うべきではない。このような答えがマネージャーに受け入れられることはない。そうではなく、リファクタリングをすることで、ビジネスにとってどう意味があるかを伝える必要があるのだ。

開発者はリファクタリングがどういうものかを知っている。だが、それを表現するのに適切な語彙を使う必要がある。つまり、**価値**と**リスク**につながるビジネスの語彙を使う必要があるのだ。

どうすれば、私たちはリスクを減らし、多くの価値を生み出せるのか？

ソフトウェアはその性質上、リスクが高く頻繁に変更される可能性がある。リファクタリングは以下の4つのコストを削減する。

- あとからコードを理解する
- ユニットテストの追加
- 新しい機能の追加
- さらにリファクタリングをする

機能を追加したりバグを修正したりするためにコードを触る場合は、リファクタリングする意味がある。だが、もうそのコードを触らないのであれば、リファクタリングする必要はないかもしれない。

リファクタリングは、新しいシステムを学ぶのにとても良い方法だ。意図がよくわからないメソッドをラッピングしたり、意図が伝わる名前に変えたりすることで、学習の要素をコードに埋め込んでいくのだ。過去に書かれた貧弱なコードをリファクタリングすることで、失われたものを取り戻せるだろう。

私たちはみな、進ちょくを見極めて期限を守りたいと思うものだ。そして、結果的に、ときには妥協することがある。リファクタリングすることで、そうやって雑にやってしまったものを片付けられるのだ。

13.1　投資か負債か？

まず、2009年の4月に私が書いたブログの話をしよう[1]。

一部の企業は、ソフトウェアを一度書いたら終わりだと考えている。確かに、一度書かれたソフトウェアは変わらない。だが、私たちの周りの世界は変わってしまう。そして、変わらないソフトウェアはすぐに時代遅れになってしまう。

事実として、コードは腐っていく。システムがある時点ではうまく作られていたとしても、将来どのように変更されるかは予測できない。だが、良い

---

[1]　Bernstein, David Scott. To Be Agile (blog). "Is Your Legacy Code Rotting?" http://tobeagile.com/2009/04/27/is-your-legacy-code-rotting

ニュースもある。ソフトウェアを変更する必要がない場合は、おそらくその
ソフトウェアは使われていない。ソフトウェアは価値を提供し続け、容易に
変更できるのが望ましい。

あなたはダンボールで素敵な家を作れるし、良い天気の夏日なら持ちこたえ
る。だが、暴風雨がきたら壊れてしまう。建築家には、建築物を強固にする
上で従わなければいけない標準やプラクティスがある。ソフトウェア開発者
として、私たちも同じことをしなければいけない。

私の顧客の1つに、東海岸にある、地球上でも有数の金融会社がある。この
会社では、膨大な量のレガシーコードに悩まされている。大半は、請負業者
か彼らのエースエンジニアたちによって作られたものだ。最初のバージョン
が完成するとすぐ、別のプロジェクトに引っ張られていき、経験の浅い開発
者がシステムの保守をする。中には、元の設計を理解していないため、変更
を加えるためにハッキングをする人もいる。そうして、結果的に混乱に陥っ
た。

上級マネージャーや開発者とのミーティングで私はこう言った。

「あなたが財務部門のリーダーになったと仮定しましょう。ファンドマネー
ジャーを外部から連れてきて、その人に最高の投資をしてもらいます。そう
したら、ポートフォリオを凍結して、マネージャーをほかのプロジェクトに
異動させます。どう思いますか?」

すると、最初の部分は正しいと思うが、市場は絶えず変化しているので、
ファンドマネージャーはポートフォリオを継続的に調整すると答えた。

そこで私は、「なるほど。では、エースエンジニアを雇ってシステムを設計、
開発してもらい、終わったらほかのプロジェクトで働いてもらいますか?」
と尋ねた。

マネージャーの1人が言った。

「私たちのソフトウェアは重要な資産であり、ほかの資産と同じような保守
が必要だということでしょうか?」

ビンゴ!

9万ドルのメルセデスを買って、お金を大量に払ったからといって、ディーラーに
点検のために持っていかないと主張するだろうか? どれほど高価でよくできた車で
も、保守が必要だ。家を建てるときに、カーペットの交換もせず新しいキッチンに交

換することもなくペンキの塗り替えも不要だと思う人などいない。どうせ必要になるからといって、納車3日後にメルセデスのトランスミッションを交換したりはしない。だが、納車翌日にバックギアに入らなくなったとしたら、トランスミッションを見てもらう前に、バックせずにどれだけ走れるかと考えるだろうか？

　先送りしても良いものもあれば、先送りするとまずいものもある。両者の違いを知ることはとても重要だ。

　技術的負債は、ほとんどの場合累積していく（例外はある）。したがって、ほとんどの場合は、できるだけ早く技術的負債を返済するのが正しい選択だ。技術的負債のあるシステムで開発者が作業すると、問題にぶつかる。開発者は、何度も何度も技術的負債に遭遇し、そのたびにコストを払う。車をバックさせることができないなら、バックしなくて済むように行動（運転習慣やルート）を変える。1つの問題がますます多くの問題を引き起こすのだ。技術的負債に早く対処すればするほど、クレジットカードの債務と同じように、コストは安くなる。

13.2　怠け者になる

　技術的負債は、金銭的負債と非常によく似ている。利子があなたを消耗させるのだ。

　私は金融業界やクレジットカード業界で働いたことがある。業界には、私のような人のことを示す、おおっぴらにできない単語がある。私は請求書を受け取ると、いつもすぐ全額を決済する。支払残を発生させない。クレジットカード会社は、私のような顧客を「怠け者」と呼ぶのだ。私のような顧客からは利益が出ないので、クレジットカード会社から嫌われるのである。残高を積み上げていって、最低限の支払いしかしない人のほうが、彼らにとっては都合が良い。大手クレジットカード会社に1万7,000ドルの支払残がある人も知っている。最低限の決済だけ続けると、返済するのに93年と18万4,000ドルが必要になる。

　金銭的負債と同じように、問題を無視してもそれが解決するわけではない。あなたには、技術的な「怠け者」になってほしいのだ。

　ときには、技術的負債をしばらくそのままにしておかなければいけないこともある。何をすべきかわからないので修正の適切なタイミングではなかったり、修正すべきときに時間がなかったりもする。結局、思っている以上に、技術的負債と関わっていくことになるのだ。だが、クレジットカードで数か月最低限の支払いをしておい

て、そのあと利子も含めてまとめて残金を支払うのと、22世紀初頭のある日まで全部先延ばしにするのとでは、大きな違いがある。

　私たちは完璧なコードを作ろうとしているわけではない。これは何度でも強調したいところだ。誰も完璧に成し遂げることはできないし、ソフトウェア開発者も、それを**望んでいるわけではない**。私たちは、常にトレードオフを意識しておかなければいけないのだ。コードに問題があっても出荷するのか？と言われたら、そうだと答えるのだ。そうしないと仕事にならない。

13.3　コードの変更が必要なとき

　最悪にできの悪いレガシーコードでさえも、変更する必要がない限り、そのままにしておけば価値を提供し続けられる。

　この手の判断は、ケースバイケースになる。ミッションクリティカルなソフトウェアには、ビデオゲームとは異なる標準が必要だ。ソフトウェアがよいのは、物理的な機械とは違ってまったく故障しないことだ。だが、変更や拡張が**必要**になったレガシーコードとなるとどうだろうか。

　ソフトウェアが実際に使われるようになると、ユーザーはうまい使い方を見つける。そして、それが変更要求につながる。あなたが作ったソフトウェアからユーザーが多くの価値を得られるように、コードを安全に改善する方法を見つけて、ユーザーのニーズの変化に対応できるようにするのだ。

　ここまでで、優れたコードの特徴を理解したはずだ。リファクタリングの原則を踏まえて、コードを保守可能で拡張可能になるように、安全かつ段階的に変更していこう。設計が不適切なレガシーコードに対して、モックを挿入してテスト可能にする安全なリファクタリングを行い、ユニットテストをコードに組み込もう。このセーフティネットがあれば、新しい機能の安全な開発に役立つ複雑なリファクタリングが可能になる。

　こうやって従来のコードをクリーンアップし、段階的に変更を加え、テストを追加してから新しい機能を加える。そうすることで、新しいバグを発生させることなく従来のコードが使えるようになる。ユニットテストを適切な範囲に適用していれば、グリーンが出ている状態から新しい開発やリファクタリングを安全に進められる。ソフトウェアを変更する上で、はるかに安全で安価な方法だ。

　私たちの業界には、期待どおりに動かず、保守が難しく、ひっそり拡張されていく

コードが多数ある。こういったレガシーコードに対して何ができるだろうか、**どうすべきだろうか**。

多くの場合、できることは何もない。

この業界では、レガシーコードを**時限爆弾**ではなく、**地雷**と見なす必要がある。コードが機能していて、変更やアップグレードする必要がない場合は、そのままにしておくのである。これは世界中のレガシーコードの大部分に当てはまる。レガシーコードは「壊れていないなら直さないでくれ」と言っているのだ。

レガシーコードをいじり始めると、問題が起こる。コードが意図したとおりに機能しているなら、そのまま使い続ける。これは世界中の既存ソフトウェアのほとんどに当てはまる。一般的に、リファクタリングしたいコードとは、変更が必要なコードなのだ。

コードにバグがあったり、機能の追加や変更をしたりする場合は、既存のコードに手を加えることが理にかなっている。コードの変更は、危険でコストがかかるので、慎重に進める必要がある。だが、コードを変更するのが理にかなっているなら、安全に実行できる方法を使うようにしよう。そのためのテクニックは、本書で述べてきた、良質な新しいコードを書くためのテクニックと同じだ。

新しいコードをリファクタリングするのと同じように、既存のコードをリファクタリングできるのだ。

13.3.1　既存コードへのテストの追加

このアプローチでは、既存のコードを変更し、テストしやすいようにする。そのため、テストファーストによるコードの作成よりもはるかに困難な場合がある。だが、保守性の向上と、既存コードの変更コストの削減という効果がある。

変更要求には価値がある。誰かが関心を持っていて、改善されたものを見たいと思っていることを意味するからだ。

変更要求が来て、それに対応して、既存のソフトウェアに新しい機能を追加すれば、顧客は多くの利益をソフトウェアから得られるようになる。もちろん、誰も気にしていない忘れられたコードもたくさんある。そのコードは静かに腐っていくかもしれない。だが、使われている部分（顧客が使っていて、変更の可能性がある部分）は、リファクタリングの対象になる。

13.3.2 良い習慣を身に付けるために悪いコードを リファクタリングする

開発者全員がリファクタリングを知っているわけではない。だが、リファクタリングは良い開発習慣を身に付けたり、保守可能なコードを書く方法を示したりする上で役立つ技術だ。つまり、ソフトウェア開発者にとって、常に求められるスキルである。

レガシーコードのリファクタリングは退屈に思える。だが、実際は非常にエキサイティングでチャレンジングだ。ちょっと練習すれば、より簡単にできるようになる。リファクタリングが得意になると、とても興味深いことが起きる。悪いコードを書くのをやめ、悪い慣習に従うのをやめ、**プレファクタリング** [17]を始めるのだ。つまり、最初からクリーンなコードを書こうとするようになる。コードのリファクタリングは、コードを書くときにしてはいけないこと、**代わりにすべきこと**を学ぶ上で最速の方法の１つなのだ。

13.3.3 不可避なことを先送りする

ソフトウェア開発者としての私たちの目標は、価値あるソフトウェアを作り、価値を創造することだ。これは、私たちが開発するソフトウェアが価値を創造し、未来でも価値を生み出し続けなければいけないことを意味する。

ソフトウェアが価値を生み出し続けるためには、所有コストを下げなければいけない。そうすれば、ソフトウェアの改善や拡張が、コストパフォーマンスに優れたものになる。つまり、ソフトウェアの保守性を優先することで、ソフトウェアの所有コストを削減できるのだ。

だが、ソフトウェアはどこかの時点で葬られなければいけない。葬られずに生き残っているソフトウェアの寿命にびっくりしたことがある。子供の頃に書いた自慢にもならないようなコードでも、何らかの形で今日まで残っている。

ソフトウェアは、実を結ばずに死ぬか、思った以上に長く生き残るかのどちらかだ。コードが将来どのような形になっていくのかを正確に予測することはできない。投資対効果をできる限り高くするのと同時に、所有コストを下げることも必要だ。

228 | 13章　プラクティス9　レガシーコードをリファクタリングする

13.4　リファクタリングのテクニック

　コードをクリーンアップして、コードがテストしやすくなるにつれ、コードの拡張
は簡単になり、将来の変更コストが削減できる。ここで、私が使っているリファクタ
リングのテクニックをいくつか紹介しよう。

　一般的に、レガシーコードのリファクタリングは機能レベルから始める。つまり、
観察可能なふるまいに対してピンニングテストを書くのが最初だ。

13.4.1　ピンニングテスト

　ピンニングテストは非常に粗いテストだ。数百から数千行のコードからなる単一の
ふるまいに対して行う。最終的には、もっと小さいテストが必要になる。だが、まず
は全体的なふるまいに対してピンニングテストを書くところから始めて、最低限必要
なサポートを得られるようにする。それから、コードに変更を加え、ピンニングテス
トを再実行し、エンドツーエンドの動作がまだ正しいことを確認するのだ。

　ピンニングテストは非常に粒度が粗い。そのため、最後に加えた変更がコードに与
える影響を確認するために、頻繁に実行しなければいけない。こうして、依存性の注
入点を追加するようなリファクタリングをする上で必要なセーフティネットが手に入
る。依存性の注入によって、効果的にオブジェクトとサービスを分離できるようにな
り、サービスをモックに置き換えることで単独でテストできるようになる。これを受
けて、より小さな単位のふるまいでテストできるようになり、複雑なリファクタリン
グに必要なきめ細かいユニットテストが追加できるようになるのだ。

　これこそが、少しずつ小さく改善していく方法だ。開発者が小さな変更を何度も加
えて品質を下げ続けたからこそ、レガシーコードは存在している。これに対抗する方
法は、品質を向上させるような小さなコードの変更を、少しずつ加えることだ。これ
を続けることで、レガシーコードの負担が減っていく。

13.4.2　依存性の注入

　オブジェクトの依存関係を切り離すことの価値については以前に説明したとおり
だ。これはコードをよりテストしやすくするための重要なステップだ。だが、コード
を独立してデプロイ可能にすることも重要だ。オブジェクトグラフの生成が、実際に
オブジェクトを利用する箇所と切り離されていれば、システム内で密結合を作り出す
ことなく、依存関係を注入できる。これはオブジェクト指向プログラムの基本的なテ

クニックだ。

Pivotal Software の Spring[2] などのフレームワークは、**依存性注入フレームワーク**と呼ばれる。

考え方はシンプルだ。使用するオブジェクトを自分で生成するのではなく、フレームワークに作成させてコードに注入するのだ。

依存関係を生成するのではなく、依存関係を注入することで、オブジェクトはサービスから切り離される。これによって、ソフトウェアはテスト可能になり、拡張しやすくなる。実際の依存関係を注入する代わりに、モックを注入することで、コードを簡単にテストできるようになる。依存性の注入によって、コードの保守性も向上する。ビジネスロジックを1箇所にまとめたり、オブジェクトを簡単に利用できたりするようにもなる。新しいシステムを理解するために最初に見にいくコードは、オブジェクトのインスタンスを生成しているところになることが多い。私であれば、ファクトリー、依存性注入フレームワーク、あるいはオブジェクトのインスタンスを生成しているところに注目する。

13.4.3　ストラングラーパターン

システムを停止せずにコンポーネントを変更する場合は、**ストラングラーパターン**を使う。マーチン・ファウラーが2004年に提唱したパターンだ[3]。古いサービスをラッピングする形で新しいサービスを作り、最終的に古いサービスがなくなるまでゆっくりと**置き換えていく**という考え方である。

まず、古いサービスを置き換えることを目的とした、新しいサービス用のインターフェイスを新たに作成する。この時点では、新しいインターフェイスの実体は古いサービスのままだ。ただし、サービスを呼び出す新規のクライアントからは、新しいインターフェイスを利用する。これによって、古いサービスへの流入を止める。最終的には、新しいインターフェイスの内部コードはクリーンなコードに置き換わることになる。

そうして、古いインターフェイスが、新しいコードを呼び出すための単なる薄い皮になるまで、既存システムをリファクタリングする。そのあとに、古い呼び出しをサ

---

[2]　Spring. https://spring.io

[3]　Fowler, Martin. Martin Fowler (blog). "Strangler Application." June 2004. https://martinfowler.com/bliki/StranglerFigApplication.html

ポートし続けるのか、新しいインターフェイスを使用し、レガシーシステムを廃止するかを決めるのだ。ストラングラーパターンは、プロダクションコードにレガシーコードがある場合に使える貴重なテクニックだ。

13.4.4　抽象化によるブランチ

　最後のテクニックは、**抽象化によるブランチ**とマーチン・ファウラーが呼んでいるテクニックだ[†4]。名前に反して、これはバージョン管理からブランチをなくすのに役立つ。このアイデアは、変更したいコードからインターフェイスを抽出して、新しい実装を書くというものだ。新しい実装を開発しているあいだは古い実装をそのまま使い、開発中の機能をユーザーから隠すために、フィーチャーフラグを使用する。

　準備が整ったら、機能を有効にして、古い実装を新しい実装と置き換える。単純で、わかりやすいアプローチだ。ブランチを複数持つ必要もない。ブランチは、多くのソフトウェア開発会社にとって大きな問題だ。これまで見てきたように、フィーチャーブランチを作って開発を始めると、統合を先送りし、ウォーターフォール開発になってしまうのだ。

　システムが非常に密結合していると、ほかに影響が出ないようにしつつ、特定箇所の依存関係を解決することができない場合がある。絡み合っている依存関係を抽出する上では、オラ・エルネスタムとダニエル・ブロランドによる『The Mikado Method』[18]という本が役に立つはずだ。

13.5　変化に対応するためのリファクタリング

　レガシーコードを扱うための技術はほかにもたくさんある。だが、基本的な考え方は単純だ。クリーンアップし、保守可能で理解しやすいように変え、安全に変更できるようにテストを組み込むのだ。ユニットテストによって安全性を担保した上で、コードを大きくリファクタリングしていく。

　私はリファクタリングを規律だと考えている。コードを変更する標準的なやり方を示すような規律を作る必要があるのだ。つまり、直感だけでほかの人に説明できないようなコード修正のやり方ではなく、全員で共通した安全で繰り返し可能な手法が望ましい。

[†4]　Fowler, Martin. Martin Fowler (blog). "Branch by Abstraction." January 2014. https://martinfowler. com/bliki/BranchByAbstraction.html

リファクタリングの目的は、顧客が変更したいものを変更しやすくすることだ。顧客の心を読んだり、未来を予測したりするわけではない。必要に応じてコードの変更ができるように、保守性の標準やプラクティスに従うことで実現する。これにはユニットテスト、ドメインの正確なモデル化、抽象化による呼び出し、「CLEAN」コードの作成などが含まれる。こうすることで、困難な状況から解放されて、コードが変更できるようになり、顧客が必要としているものを多く提供できるようになる。

13.6　オープン・クローズドにリファクタリングする

これは私の人生を変えた言葉だ。レガシーコードの沼から抜け出すのに使える。リファクタリングは外部のふるまいを変えずに設計を変えるものだ。**オープン・クローズドの原則**では、ソフトウェアは「拡張に対して開かれているが変更に対して閉じられている」べきだとしている。言い換えると、新しい機能の追加は、新しいコードの追加と最小限の既存コード変更で済むようにする。既存コードの変更を避けるのだ。新しいバグが発生する可能性があるからだ。

オープン・クローズドになるようにリファクタリングすることは、ソフトウェアに機能を追加する上で、安全かつコストパフォーマンスの高いやり方だ。変更を加える際は、常に2段階のプロセスで進める。まず、新しい機能に対応できるように、拡張したいコードをリファクタリングする。この時点ではまだ新しい機能は追加しない。抽象化したりインターフェイスを定義したりすることで、ソフトウェアにスペースを作る。ユニットテストを用意し、新しい機能に対応できるようにリファクタリングしていく。こうすれば、グリーンで安全を確認しながら進められる。間違いがあれば、テストがすぐに教えてくれる。これがコードを変更するための、安全でコストパフォーマンスの高い方法だ。

新しい機能のためのリファクタリングが終われば、最初のステップであるリファクタリングステップが完了する。ここから次のステップ、拡張ステップに進む。まず、実装したい新しいふるまいを表す失敗するテストを書く。次に、新しいふるまいを実装し、失敗しているテストをグリーンにする。前のリファクタリングステップでコードがすでに変更されているので、コードを追加するだけで済む。すでにコードが安全になっているので、コードを大きく変更することなく、コードを追加できるはずだ。最後に、新しく追加したコードをリファクタリングし、理解しやすく、保守可能なものにする。

この手順を同時に実行しようとすると（ほとんどの開発者がそうしている）、混乱して間違えやすい。そして、大きな代償を払うことになる。だが、これらの手順を別々に実行し、ユニットテストを正しく適用することで、ソフトウェアの変更がはるかに簡単になり、リスクが少なくなる。

　私は常に、2段階のプロセスでコードに変更を加える。テスト駆動開発を使用して機能を作るときも、既存システムに機能を追加するときも、同じやり方で進める。レガシーコードに対して使うテクニックの多くは、新しいコードを書くときにも適用できるのだ。良いコードがどのようなものなのかを理解すれば、レガシーコードをリファクタリングするときに何をすべきか容易にわかるだろう。

13.7　リファクタリングで変更しやすさを確保する

　コードの変更しやすさが偶然生まれることはない。良い開発の原則とプラクティスに従って、意図的に新しいコードを書くか、レガシーコードを慎重にリファクタリングする必要がある。

　これはどんな職業にも当てはまる。医者は患者を魔法のように治すわけではない。ときには患者が自分で治療することもある。だが、ソフトウェアが自分でコードを書いたり書き直したりすることは決してない。コンピューターにやらせるしかないのだ。

　コードの変更しやすさを担保することは、正しい抽象化を見つけ、コードが適切にカプセル化されていることを意味する。最終的に、変更のしやすさは、自分がモデル化しているものを理解してモデルへ組み込むことによって得られる。それによって、正確性と一貫性がもたらされるのだ。

　これらのプラクティスは、あなたの代わりに設計してくれるわけではない。テスト駆動開発は設計の助けにはなるが、何も考えなくてもテスト駆動開発がコードを生み出してくれるわけではない。テスト駆動開発は、変更可能なコードを効率的に作る順序を見つけるのに役立つツールだ。順序はとても重要だ。

　科学が芸術より優れている部分は、順序やプロセスや手順が多数あることだ。レシピに従って料理するようなものである。私たちは、同じレシピから始めても、違う方法で微調整し、さまざまなおもしろい料理を作ることができる。とはいえ、基本的な習慣は共有し続けるのである。ソテーの方法、調理する前に野菜を刻んでおくと良いこと、生の鶏肉は出さない、といったものだ。

順序はソフトウェア開発において、非常に重要だ。すべての問題は異なり、解決策を見つけるために違ったアプローチを必要とすることが多い。だが、ソフトウェアの問題を解決する一般的な順序だったアプローチは存在する。テストを最初に書いたり、設計を後回ししたりといったものだが、それらの中には直感的でないものもある。

13.8　2回めは適切にやる

テスト駆動開発はふるまいを定義するために、具体的な例示を使う。具体例を使って開発を進めるのは、抽象的に考えるよりも簡単だ。具体例は、安定したインターフェイスを作るのに役立つ。複数の具体例があれば、1つの例しかない場合と比べて、コードを汎化するのが簡単になる。

私の好きな言葉に、「2回めは適切にやる」というものがある。

これを言うと、開発者に私の頭がおかしいのではと思われることがある。私たちは、常に**最初から**適切なことをするように言われてきたからだ。

だが、あなたが最初から適切にやっている、あるいはうまくできていると思っているのであれば、余計な仕事をたくさんしていることにほかならない。1つの例だけで、汎化するのは非常に難しい。例が1つしかない場合は、具体的に書こう。ただし、2番目、3番目の例があるなら、汎化するほうがはるかに簡単になる。複数の例があれば、それぞれの何が同じで、何が違うのかがわかる。そこから、汎化し正しい抽象化を見つけられるのだ。

三角測量は天文航法に由来する馴染み深いプラクティスだ。地平線に複数の点を設定したり、複数の星を設定したりして、それらを計測することで、単一点よりもはるかに正確な測量結果が得られる。同じことがコードでも有効だ。

もし、非常に複雑なアルゴリズムをどのように作ればよいかわからないなら、いくつかの例を作成する。2つまたは3つの例を使うことで、アルゴリズムの本当の形を推測できるようになる。これは1つの例で推測するよりも、はるかに簡単だ。

2つの例があれば、各ステップを汎化するところから始められるし、適切な抽象化がわかる。例が1つしかないなら、テストファーストで具体的にコードを書く。これによって、欲しいふるまいの開発を駆動してくれるユニットテストがもたらされる。2つめの例があれば、グリーンを維持してリファクタリングできるセーフティネットが手に入る。

ソフトウェアは**柔らかい**。この事実を活かして、より良い柔軟なコードを簡単に書

くことができる。重要なポイントである。

しかし、最初から正しくやろうとするのは大きなプレッシャーになる。これはすべてのことに当てはまる。いつでも元に戻れること、編集できること、クリーンアップできること、いつでも**リファクタリング**できること。これらを理解していれば、非常に大きな自由が得られる。

ある設計から別の設計にどうやって移行するかを知るために、リファクタリングを学ぶようにしよう。設計が変化できることを理解していれば、事前に最初から適切な設計を見つける必要はなくなる。何でも試すことができるし、**適切な**設計が見つかれば、設計を改良するためにリファクタリングできるのだ。

確実性に慣れていると、奇妙な戦略に思えるかもしれない。だが、私たちは絶え間なく変化する未知の世界に住んでいることを認識してほしい。このようなアプローチに慣れることで、優れたコードをすばやく書けるようになり、作業の開始時点ですべての要件を集める必要もなくなる。これによって自由度が上がる。これこそが、開発者の共感を得られる理由でもある。

13.9　実践しよう

ここまで説明した考えを実際にどうやるか見ていこう。

13.9.1　リファクタリングから価値を得るための7つの戦略

リファクタリングは、開発者が設計を改善するための機会を与えてくれる。マネジメント側にとっては、多くの場合、既存システムに新しい機能を追加する上で、安価でリスクの少ない手段を手に入れることができる。以下で紹介するのは、リファクタリングから価値を得るための7つの戦略である。

既存のシステムを学ぶ

コードのリファクタリングは、コードを学び、学んだことをコードに反映する上でとても良い方法だ。不適切な名前のメソッドを適切な名前のメソッドで置き換えたり、ラッピングしたりすることで、コードの可読性を向上できる。同時に、システムがどのように機能するかを学び、この例だと適切な名前をつけることで、ソースコードに知識を反映できる。

小さく改良する

安全なリファクタリングとは、リファクタリングのうち比較的簡単に実行できる
サブセットだ。多くの開発ツールでは、メソッドやクラスの名前の変更、抽出、
移動などが自動で簡単にできるようになっている。コードを書くときにこれらの
ツールを使い続けることで、作っているものに対する理解の進化を反映していく
のだ。

レガシーコードをテストで改良する

リファクタリングは4つのコストを削減する。コードの理解、テストの追加、新
機能の追加、さらなるリファクタリングのコストだ。コードをリファクタリング
することで、設計を改善し、ユニットテストを増やす機会が得られる。良いテス
トを増やすことで、複雑なリファクタリングを行う自信が高まり、良いテストを
書く機会が増えていく。

クリーンアップをしながら進める

リファクタリングは常に行う。コーディングは何が機能するのかを発見するプロ
セスだ。最初は適切なアプローチがわからないかもしれない。しかし、理解が進
むにつれ、コードを改良したり、名前を変更できたりするようになる。コードを
扱いやすいものにする上で、これは不可欠だ。テスト駆動開発の重要なステップ
は、実装がうまくできたら、コードをリファクタリングすることだ。こうするこ
とで、コードの保守性が向上し、保守コストが下がり、拡張性が向上する。

詳細がわかったら実装を再設計する

継続的にリファクタリングしても、開発中に技術的負債は溜まっていく。既存の
設計を変更したほうがよい新しい情報が手に入ったり、現在の設計では対応でき
ない新しい機能を実装したりする場合は、大規模なリファクタリングが必要だ。
これには、コードの大幅な再設計と実装が含まれ、そうすることで、新しい機能
を簡単に追加できるようになる。

進む前にクリーンアップする

動作を確認したら、次のタスクに進む前に、既存のコードをリファクタリングす
ることで、扱いやすくする。メソッドが実際に何をしているのかを理解できてい
るうちに、名前を適切にし、意図を明確に表現する。コードが読みやすく、適切
にレイアウトされていることを確認する。大きなメソッドから、小さいメソッド
を切り出し、必要に応じてクラスを抽出する。

やってはいけないことを学ぶリファクタリング

世の中のソフトウェアの大部分は、多くの技術的負債を抱え、リファクタリングの必要性が非常に高い。これは大変な作業に思えるかもしれないし、実際にそうだろう。だが、コードのリファクタリングは非常に楽しいものになり得るものだ。コードをリファクタリングするときに、多くのことを学べる。また、自分自身や他人のミスを片付けることで、新しいコードを書く際に同じ問題を起こさなくなる。リファクタリングをすればするほど、良い開発者になれるのだ。

リファクタリングとは、リスクと不要な作業を減らすことである。パフォーマンスが高い開発チームでは、コードのリファクタリングに半分の時間を費やしているように見えることもある。だが、同時に設計を改善し、保守性の向上に取り組んでおり、この取り組みからすぐに成果が出ている。コードを読む回数は、コードを書く回数の10倍以上だ。クリーンコードにリファクタリングすることは、コードを読むコストを下げる。

13.9.2　いつリファクタリングを行うかについての7つの戦略

リファクタリングできるコードは、自分たちが扱える量よりはるかに多い。そのため、どのコードをリファクタリングするのか、しないのかの判断が必要になる。ソフトウェアが正常に機能していて、拡張する必要がないのであれば、コードをリファクタリングする必要はない。リファクタリングにはリスクがあり、コストがかかる。したがって、目的が妥当であることを確認しよう。いつリファクタリングを行うかについての7つの戦略を紹介しよう。

重要なコードがうまく保守されていないとき

ほとんどのソフトウェアは、リファクタリングするのが危険な状態にある。コードが本番環境で稼働している場合は、ちょっとでもコードに触れると、予期しない結果をもたらすことがある。そのため、レガシーコードに触れないのが賢明であることも多い。だが、重要なコードが理解できないものになっていて、クリーンアップが必要な負債になっていることもある。このような場合は、複雑なリファクタリングができるように、テストコードをあとから加えることが有効だ。

コードを理解している人がいなくなったとき

ソフトウェアはチームの誰でも扱えるようになっていることが必要だ。だが、既存のコードの中には、「エキスパート」と呼ばれる人しか扱えないようなものもある。これは会社にとって良い状況ではない。コードの保守または変更が必要な場合は、先に進む前にキーパーソンがコードをクリーンアップする。そうすることで、コードをクリーンアップするコストを回避できる。

新しい情報によって、より良い設計が見つかったとき

要件とそれに対する私たちの理解は常に変化する。今よりも良い設計が見つかって、コストよりもメリットのほうが大きい場合は、コードのリファクタリングが選択肢になる。これは、ソフトウェアをクリーンで最新の状態に保つための、継続的なプロセスだ。リファクタリングを通じて設計を改善することは、ソフトウェアを保守可能に保つための安全で効果的な方法である。

バグを修正するとき

バグの中にはタイプミスによるものもあるが、設計の欠陥を表すようなものもある。多くの場合、バグは開発プロセスの欠陥の兆候だ。少なくとも、バグはシステムに存在すべきテストがないことを示している。テストを書くのが難しかったために、テストがなかった可能性もある。その場合、テストを書いて、テストしやすいようにリファクタリングするとよいだろう。バグを修正してテストがすべて通れば、解決だ。

新機能を追加するとき

機能を追加するもっとも安価で安全な方法は、新しい機能を追加できるようにリファクタリングしたあとに、機能を追加することである。コードに対して、同時にいくつかの変更を加えるような状況にしたくはないのだ。新機能に対応するためのリファクタリングには、抽象化とインターフェイスの追加が必要になる。これによって、システムを簡単に拡張できるようになる。リファクタリングが終わってから、機能を追加するのがわかりやすい進め方だ。

レガシーコードのドキュメントを書くとき

コードの中には理解不能なものがある。それが理解できるようにドキュメントを書く前に、ちょっとしたリファクタリングやクリーンアップを行う。ドキュメントを作る目的は保守性の向上だが、これはリファクタリングの大きな目的の1つでもあるのだ。

作り直すより安いとき

本番環境で動いているレガシーシステムを放棄して作り直すのは、賢明ではない。作り直したアプリケーションでも、多くの場合、元のものと同じくらいの技術的負債を負うことになるからだ。根本的に異なることをしないと、以前と同じ問題が発生するのだ。リファクタリングは、システムが動いている状態でコードを少しずつクリーンアップする、安全で体系化された方法だ。

リファクタリングはコストが高いが、多くのコードがリファクタリングを必要としている。限られたリソースで最良の選択をするためには、リファクタリング対象を選択する必要がある。バグの修正や、機能追加などのためにコードを触る必要がある場合、それがリファクタリングの良い機会になる。この機会を利用することで、コードをより保守可能で、扱いやすくするのだ。

13.10　本章のふりかえり

コードを変更する場合は、必要に応じてレガシーコードをリファクタリングしよう。リファクタリングのテクニックを活用して、コード変更に関する規律を作っていこう。保守性を上げてソフトウェアの所有コストを下げるために、私たちはプロとして、品質を保証するのではなく、コードをリファクタリングし品質を作り込むように変えていく必要がある。

本章では、以下のことがわかった。

- 技術的負債を返済するためにコードをクリーンアップする効果的な方法
- 機能追加の前準備と、実際の機能の追加を切り離すことで、作業が大幅に単純化され、バグ発生リスクが減ること
- コードを効果的にクリーンアップする方法と、ソフトウェアを作るときに設計を改善することが重要な理由
- リファクタリングがうまくなれば、クリーンなコードを自然に書き始めるようになること

リファクタリングとそれをするスキルは、レガシーコードをクリーンアップする上で重要だ。既存のレガシーコードを変更する前に、最初にやるべきステップはリファ

クタリングだ。そして、新しいコードも、レガシーコードにならないようにクリーンアップする。リファクタリングは、既存のコードベースを学ぶための、非常に効率的な方法でもある。

14章
レガシーコードからの学び

　新規のコードを書くこと、そして良いコード、つまり保守可能なコードとはどういうものかについて触れてきた。オブジェクト指向プログラミングとエクストリームプログラミング由来の確かな原則とプラクティスによって、開発者ははるかに保守や拡張のコストが低いコードを書けるようになる。保守可能なソフトウェア開発のプラクティスがもっと採用されれば、ソフトウェアの保守コストは下がる。そしてユーザーは、自分たちのソフトウェアが存在する限り価値を得ることが可能になる。未来は明るいのだ。しかし**現在**はどうだろう？

　すでに世の中に存在しているレガシーコードはどうしたらよいのだろうか？　コードを保守可能にする開発プラクティスを使って作られたわけではないソフトウェアはどうしたらよいのだろうか？

　私は手に負えない進行中の問題に対応し続けている。その事実がありながら、本書では新規のコードを書くことに主眼を置いている。それは私たち全員が、良いコードとはどのようなものか理解しておきたいからだ。ソフトウェアを保守可能なものにするために、どういったものを探し求めるべきなのか、理解しておきたいのだ。より良いものがどんなものか知らなければ、レガシーコードをリファクタリングしてもより良いものにしようがないのだ。

　ここにたどり着く方法についても目を向けた。開発者であれば本来は触れるのも恐ろしいレガシーコードの山頂に座ることだ。

　そして不幸なことに、レガシーコード危機は改善するどころかむしろ悪い方向に進みそうだ。「2.4.1 ここにも 10 億ドル、あそこにも 10 億ドル」で見たように、効果のないソフトウェア開発プロセスがビジネスにかけているコストは、アメリカ合衆国だけでも毎年 100 億ドル単位に上る。低品質なソフトウェアのために**命**が失われてい

る。なお不幸なのは、それはすぐには変わりそうにないということだ。

　言うまでもなく、過去にさかのぼって今あるすべてのソフトウェアをここで見たようなプラクティスに合わせるのは難しい。時すでに遅しだ。しかし、この9つのプラクティスがあれば私たちはプロとして前に進んでいける。今後は前よりもはるかに良いコードを書いていけばよい。

　それならば、すべての新しいソフトウェアパッケージを保守可能にするために、今後誰もがこの素晴らしいプラクティスを使ってコードを書いていったらどうだろうか。いつになればああいう古いレガシーコードがシステムから追い出されて消えていくのだろうか。

　ソフトウェア業界は大きな船だ。そして大きな船を方向転換させるには時間がかかる。多くの会社で行われているソフトウェア開発のやり方が近い将来変わるとは思えない。スクラムはエクストリームプログラミングを支えるはずだった。少なくともケン・シュエイバーとマイク・ビードルの著書『アジャイルソフトウェア開発スクラム』[1]の表紙にはそう書いてある。しかし、アジャイルとスクラムはマネジメントプラクティスに変わってしまい、技術的なプラクティスにそれほど重きを置かなくなってしまった。

　企業はアジャイルの技術プラクティスをいくつか導入し始めているかもしれない。素晴らしいソフトウェアを生み出すためにこれらのプラクティスを**習得する**ということは1つのゴールだ。しかし、アジャイルを導入しようと試みる企業のほとんどは、これをとうてい成し遂げられない。

　ソフトウェア開発は大変だ。存続可能なソフトウェアを作る以前に、開発者はたくさんのことを正しくやらなければいけない。長い闘いになることもあるだろう。

　オブジェクト指向プログラミングが一般的になったのは1990年代からだ。しかし、オブジェクト指向プログラミングの能力をうまく活用し、保守性を高められた人は少なかった。私はクライアントのために膨大な行数のコードをレビューしてきた。その多くはJavaやC#といった優れたオブジェクト指向言語だった。これは世界規模の主要産業を動かす企業システムでかつて動いていたコードの話なのだが、そのほとんどが、非常に手続き型で、冗長で、品質も低く、保守も難しいようなものだった。

　プラクティスは導入できるが、導入したプラクティスが主流になるにはしばし時間がかかる。そして開発者もマネージャーも、プラクティスを正しく使うためには、その**根本にある原則**を理解しなければいけない。

　アジャイルもエクストリームプログラミングも、ソフトウェア開発者がソフトウェ

ア開発者のために始めたものだ。プロとしての私の経験では、技術プラクティスはアジャイルのマネジメントプラクティスと少なくとも同じくらいには重要である。しかし、多くの組織ではほとんど注意が向けられていない。アジャイルの技術プラクティス抜きでアジャイルのマネジメントプラクティスをやっても、多少は利益があるだろう。だが、アジャイルの本質的な価値は、エクストリームプログラミングの技術プラクティスを適用することによって得られるのだ。

　私は従来型のウォーターフォール開発のチームにテストファースト開発や創発設計のようなエクストリームプログラミングのプラクティスを教え、何度も成功してきた。開発はウォーターフォールの枠組みの中で行われていたとはいえ、それらのプラクティスを使って大きな成功を収めた。たとえそれがウォーターフォールプロセスだとしても、組織の同期点が開発プロセスの中でうまく機能しているようであれば、アジャイルのマネジメントプラクティスをたくさん導入する必要はないのだ。

　アジャイルを既存の組織に持ち込むのが難しい理由の1つは、多くの組織が階層型の構造になっていて、ウォーターフォールに非常によく似た出入口や手続きが存在することだ。そのIT部門をアジャイルの世界に持ってくるのは難しいだろうが、私が一緒に仕事をする事実上すべてのチームが、もっと保守可能なソフトウェアをもっと迅速に作る必要性に駆られていることはわかる。本書で見てきた9つのプラクティスはそのためにもってこいだ。

　アジャイルな設計とテストファースト開発を何年にもわたってマイクロソフトの開発者に教えてきたが、彼らの多くは偽ウォーターフォールプロセスの中で活動している。どうやって要求を手に入れるかは問題ではないのだ。要求がくると、少なくとも何人かの開発者はテストファーストで開発する。これによって、のちの開発サイクルで取り込まれる新しい要求に対して、ソフトウェアを非常に変更しやすく反応の速いものにしておけるという利益を得ている。

　あなたがどんな方法論を使っているかはわからない。だが、テストファースト開発、リファクタリング、ペアリング、設計スキル、継続的インテグレーションといったエクストリームプログラミングの技術プラクティスが、ソフトウェア開発の成功のカギだ。そういったものが、ドメインを理解して、それを正確にモデル化するための文脈を与えてくれるのだ。

244 | 14章　レガシーコードからの学び

14.1　もっと良く速く安く

　まずは、私たちの業界における気味が悪いほどに高い欠陥率や、法外に高いソフトウェアの保守コストがわかる統計値と調査報告から見てみよう。私たちには、低迷から脱出するための助けとなるような新しいアイデア、新鮮なアプローチ、プラクティスを入念に試験する機会があるのだ。だが、エクストリームプログラミングやリーンやスクラムはここしばらく渾然としている。そのため、ウォーターフォールの世界を離れて先に進むために、多くのチームでは何かしらの新しいやり方を取ろうとしている。

　ではどうやっているのだろうか？

　カッターコンソーシアムを通じて、Quantitative Software Management Associates（QSMA）社はアジャイルプラクティスの導入効果について調査した。そこでわかったことは、ウォーターフォールのせっかちなスケジュールに間に合わせようとしている大規模チームほど欠陥率は高く、ときには平均の4倍を超えることもあることだった。成熟したエクストリームプログラミングとスクラムのチームが、最高の成果を上げるチームだった。これらのプロジェクトチームの欠陥率は平均よりも30%から50%低かった[1]。

　「Realizing Quality Improvement Through Test-driven Development: Results and Experiences of Four Industrial Teams（テスト駆動開発を通じた品質向上の気づき：4つの事業チームの事例から）」[2] という論文によれば、調査対象のテスト駆動開発を実践しているすべてのチームが欠陥密度の大幅な低下を示したという。「IBMのチームは40%、マイクロソフトのチームは60%から90%」だ。テスト駆動開発は「開発チームは生産性を大幅に減らすことなく、開発したソフトウェアの欠陥密度を大幅に減らす」ことができると結んでいる。

　シルマレッシュ・バットとナチアパン・ナガッパンはマイクロソフトのWindowsとMSNの部門におけるテスト駆動開発のプラクティスについて調査し、論文「Evaluating the Efficacy of Test-Driven Development: Industrial Case Studies（テ

---

[1]　Mah, Michael. "How Agile Projects Measure Up, and What This Means to You," Cutter Consortium, 2008. https://www.cutter.com/article/how-agile-projects-measure-and-what-means-you-424846

[2]　Nagappan, Nachiappan, Maximilien, E. Michael, Bhat, Thirumalesh, and Williams, Laurie. Realizing Quality Improvement Through Test-driven Development: Results and Experiences of Four Industrial Teams. Springer Science & Business Media, 2008. http://link.springer.com/article/10.1007%2Fs10664-008-9062-z

スト駆動開発の有効性評価：業界事例）」[3] にまとめた。同じ組織の中でも、テスト駆動開発を使って開発されたプロジェクトでは、テスト駆動開発を使っていない似たようなプロジェクトに比べて、コードの品質の面で大幅な向上（2倍以上）が見られた。

ノースカロライナ州立大学のボビー・ジョージとローリー・ウィリアムズは、「小さなJavaプログラム」を作っているソフトウェア開発者の2つのグループを調査した。その結果、テスト駆動開発者は高品質なコードを生み出し、「18% も多くブラックボックステストをパスした」ことがわかった。テスト駆動開発チームの開発時間が16% も長くなったにも関わらず、テスト駆動開発者のテストケースは平均「メソッドの98%、命令文の92%、分岐の97% のカバー」を達成した。直接開発者たちと話をすると、開発者の92% が「テスト駆動開発は高品質なコードを生み出す」と信じていることもわかった[4]。

テスト駆動開発をするのは欠陥を減らすことには役立つが、相当な犠牲を払うと言う人もいるだろう。プロダクションコードの倍のテストコードを書くことになるので、それがスピードを落とす原因になると思う人がいるのだろう。しかしそれは間違った思い込みだ。ソフトウェア開発を制限する要因はタイピングだと言っているようなものだ。

だが、それは間違っている。開発者を見てほしい。プロジェクトを見てほしい。開発者がほとんどの時間を費やしているのはコーディングではない。仕様書を読み、ドキュメントを書き、会議に出席するのに時間を費やす。そして、デバッグにいちばん多くの時間を浪費しているのだ。

テストファースト開発をすることでこれらの活動の大部分が不要になり、開発者が何よりもやりたいこと、つまりコードを書くことに置き換えられるようになる。**テストはコードだ。**しかし単なるコードではない。テストは**欠かすことのできないコード**だ。作成される機能の仕様を駆動するからだ。

生産性を向上させるのに、品質低下の犠牲を払う必要はない。実際は、双方が密接に関連している。「Exploring Extreme Programming in Context: An Industrial Case Study（エクストリームプログラミングのコンテキストでの探求：ある業界における

---

[3]　Bhat, Thirumalesh, and Nagappan, Nachiappan. "Evaluating the Efficacy of Test-Driven Development: Industrial Case Studies." http://dl.acm.org/citation.cfm?id=1159787

[4]　George, Boby, and Williams, Laurie. "An Initial Investigation of Test Driven Development in Industry." Department of Computer Science, North Carolina State University. https://collaboration.csc.ncsu.edu/laurie/Papers/TDDpaperv8.pdf

事例）」[5] には、同じプロダクトの2つのリリースを比較した結果、「50%の生産性の向上、65%のリリース直前品質の向上、35%のリリース直後品質の向上」が見られたとある。一方はチームがエクストリームプログラミングの方法論を採用する前に完成したリリースで、もう一方はエクストリームプログラミングを使って約2年後に終わったものであった。

　QSMとカッターコンソーシアムの調査では、フォレットでのエクストリームプログラミングのプラクティスについて詳しく検討している。そこでは「業界標準と比較しておよそ5か月という目覚ましいスケジュールの短縮と倍の品質（欠陥が半減）」が見られた。それだけでなく、フォレットは130万ドルの節約を成し遂げた。6つのリリースにまたがる節約額を掛け合わせると、節約額は合計780万ドルにも上る。

　コード品質へのテスト駆動開発の効果に関する実験データは、文献が悲惨なほどに不足している。私が見つけた「Quantitatively Evaluating Test-Driven Development by Applying ObjectOriented Quality Metrics to Open Source Projects（オープンソースプロジェクトにおけるオブジェクト指向品質メトリクスの適用によるテスト駆動開発の定量的評価）」[6] という論文で、ロン・ヒルトンは、テスト駆動開発の使用状況に違いのある複数のオープンソースプロジェクトでのコード品質について調査している。それによれば、テスト駆動開発を使用しているプロジェクトでは、凝集度は21.33%まで上がり、結合度は10.05%にまで改善し、複雑度は30.98%まで下がっていたことがわかった。

　改善の余地が大いにあれば、多くの企業がエクストリームプログラミングのプラクティスを導入するだろうと考えられる。しかしそういった声はいまだ聞かれない。2013年のState of Scrum Report（スクラム現況調査）では、調査に回答した企業のうち40%がスクラム、15%がカンバン、11%がリーンを採用しており、エクストリームプログラミングを採用している企業はたった7%だった。複雑な学習曲線が存在しプラクティスを極めるには努力を要するが、見返りが期待できるし非常に意義深いものであるはずだ。

---

[5]　Layman, Lucas, Williams, Laurie, and Cunningham, Lynn. "Exploring Extreme Programming in Context: An Industrial Case Study." http://dl.acm.org/citation.cfm?id=1025140

[6]　Hilton, Ron. "Quantitatively Evaluating Test-Driven Development by Applying ObjectOriented Quality Metrics to Open Source Projects." https://www.nomachetejuggling.com/2009/12/13/quantitatively-evaluating-test-driven-development/

14.2　不要な出費はしない

　私たちは小さな間違いをたくさん犯す。なぜなら人間だからだ。だが言葉どおりに
しか動かないコンピューターの世界において小さな間違いを1つでも起こせば、そ
れは大きな間違いとなってしまう。コンピューターはあなたが何をしようとしている
のか知らない。解釈したり読み取ったりしてくれるのでもなければ、コードを提案や
ガイドラインとして受け取ってくれるのでもない。何も考えずに特定の命令に従って
いるだけなのだ。命令を組み込んで、それが機能しているかを確認し繰り返し何度も
テストする。そうすれば、ただバックスペースを押して文字を消し、即座にバグを修
正して、次に進むことができるのだ。これは、ほんの数秒の出来事で、こんなこと
が、驚くほど頻繁に起こる。

　アジャイルだろうがそうでなかろうが、開発チームの中には、テスト駆動開発を実
践しておらず、独立したQAプロセスをあてにして、開発者がコードに関するフィー
ドバックをもらうのに2週間もかかるチームもある。そのような開発チームでは、
まさにその手の単純なバグが致命的問題になり得るのだ。バグを修正するために数週
間前に書いたコードを思い出す。そのために費やす時間は、開発者の1日のほとん
どを占めるようになるだろう。「時は金なり」という言葉が本当だとしよう。開発者
やQAエンジニアなどにお金を払っているので、まさに「時は金なり」だ。数秒でバ
グを直すほうが、同じバグを1日も2日もかけて協力しながら直すよりも、よほど
安くて済む。

　独立したQAプロセスで品質を**保証する**だけよりも、開発者のための良いプラク
ティスを使って品質を**作り出す**ことに取り組めば、その拮抗する力を方向転換させる
ことができる。保守性に注力できる。そしてそれが、自分たちが書くソフトウェアの
所有コストを下げる唯一の方法だ。「CLEAN」でテスト可能なコードは、保守する
にも拡張するにもより少ないコストでできるようになる。これが基本線だ。

　私たちが本書で念入りに見てきたことが、開発時間の1/3から1/2を要する要求
のオーバーヘッドを減らし、1/3の時間を要する身の毛もよだつような統合時の問題
とデバッグフェーズ全体に対処するのに役立つようであれば、テストを書くために時
間を追加する必要はないだろう。**私たちの時間と努力の半分以上は取り戻せるのだ。**

　そういうことであれば、その取り戻した時間の半分を再投資して、リファクタリン
グしながらコードをクリーンにすることで品質を作り込もうと思えるのではないだろ
うか？　そう思えるなら、あなたは死に体の従来型開発のまだ一歩先を行けている。

保守コストを低減できるようになるだろう。

　QAを撲滅せよと言っているわけではない。QAに大きな力を割かなければいけないのか、まったく不要なのかは、プロジェクトによる。しかしとにかく、開発者のための良いプラクティスを使って品質を作ることに重点を置き、リリース候補版を検証するために必要とされるテストはすべて自動化しようと努力をするべきだ。こういうことをしていけば、コードを作成し保守するコストを大幅に減らせるようになるだろう。

14.3　まっすぐで狭いところを歩く

　ソフトウェア開発の世界ではすべてに意味があって、まっすぐで狭い理解の道がある。そのまっすぐで狭い道を歩くために努力をしよう。ものごとが意味をなさなくなった瞬間に、道を外れたことに気づけるからだ。

　ほんの少しだろうと道を外れることは許されない。そのたった1つの小さなものがすべてを破壊する可能性があるし、その道のずっと先で破壊する可能性もあるのだ。

　ソフトウェア開発者にとって最大の見すごしの1つは、設計においてエンティティを識別し損なうことだ。エンティティがモデルの中に見つからず、ふるまいをどこに置くかわからなくなると、モデルはねじれ始める。すると、設計は理解して把握したものとは違ってきてしまう。モデル化しようとしたものとは違うものになってしまうのだ。それがすべてのバグ、低品質なコード、そういったすべての問題の温床になる。私がいつも理解して把握することに立ち返りたい理由はこれなのだ。**問題が起きてから対応するよりも、先手を打つためだ。**企業の職場でいつも耳にするような、こういう「火消し」で穴を塞ごうとしてごちゃごちゃする感覚に、いつも私はイライラさせられてきた。

　ソフトウェア開発が後手後手のプロセスであるはずがない。じっくり考えるプロセスでなければならず、かといって遅いというわけではない。実際のところ、テストファーストで書いても大してスピードは落ちない。私は何度も目にしてきたから知っているのだ。このプロセスをきちんとやって、理解して、学習曲線を上っていこう。そう、学習曲線は必ず存在する。

　テストファースト開発をすることで前よりも生産性がはるかに上がった開発者を私は知っている。彼らはタイピングの問題ではないのだとわかり始めている。ソフトウェア開発において私たちのスピードを落とすものはデバッグだ。要求や、コードを

書く以外のソフトウェア開発プロセスに含まれるすべてのものを、書き、読み、解釈することだ。テスト駆動開発を適切にすることで、こういった挑戦に取り組みやすくなり、コードを書く以外の活動をユニットテストで置き換えやすくなる。すでに言ったとおり、テストはコードだ。テスト駆動開発をするというのは、開発者はより多くの時間コードを書き、それゆえに価値を提供することなのだ。

ここに課題がある。

こういったプラクティスの適切なやり方を学ぶのは難しい。題材を扱った本は多くない。学習曲線もある。これらのプラクティスを習得するのに12か月以上も苦労していたり、効果的にできなかったりするチームを見てきた。だが、それは本書で扱っていることの特徴を理解していないからなのだ。

これらのプラクティスが**何なのか**だけでなく、**なぜそれが重要なのか**を理解することが、チームにとって習熟への早道になる。一度チームが早道に乗ってしまえば、これらのプラクティスを効果的に使っている経験豊富なほかの開発者と仕事をして、さらにその習熟スピードを速めてもらうことができ、1か月もあれば大概はテストファースト開発で以前より生産的になることができる。

しかし本当の課題が出てくるのは、テスト駆動開発を導入する以前に自分たちが書いた大量のコードを見直し始めたときだ。何年もかけて埋めた穴の奥から掘り出すのには、同じように何年もかかるだろう。幸いなのは、掘り起こして技術的負債を返済し始めれば、**本当に**生産的になる経験ができることだ。

14.4　ソフトウェア職のスキルを高める

ソフトウェア開発において何が重要で何が重要でないか、私たちは理解する必要がある。ソフトウェア開発の規律を作り上げ、真の職業とするためには、学びやすく理解しやすい原則やプラクティスを共有することに重点的に取り組まなければいけない。

このことはあらゆる工学にも当てはまる。電気技師や配管工のような熟練の職人は昔からの基準やプラクティスに従う。この基準やプラクティスを作る人たちは、単に、結果を達成するための最速でいちばん効率のよい方法を探しているわけではなかった。ほかの要因も探していたし、公衆安全も少なからずその1つであった。彼らは都市の上下水道システムや送電網を適切に利用することが必要だ。それらの基準は明確に伝達され実行可能である。

電気技師が照明器具を1つ取り付けるのに、家全体の配線をやりなおしたかのような料金を請求することはない。物理的なものの中には、変更が難しいものもあれば、そうでないものもあるというのを、私たちはわかっているのだ。

しかし触れることのできないソフトウェアの仮想世界では、開発者以外の人のほとんどがこれをなんとなく理解することさえなかなかできず、簡単に変更できそうなものとそうでないものの違いを理解することが難しい。

ソフトウェア開発コミュニティは、1990年代にはまるで閉鎖されたかのようになってしまった。より良いソフトウェアを作るための新しい技術が、競争優位性だと考えられるようになったのだ。しかしこれは健全なやり方ではない。企業は独占的なソフトウェアを独占したままにすることに重点的に取り組むべきだ。しかし方法論についてはそうではない。私たちは業界内で方法論を共有すべきなのだ。それが私たちの業界がすぐに改善できる唯一の方法だ。ほかの業界ではうまくいっているのだから、ソフトウェア業界でもそうであるはずだ。幸運なことに大企業のいくつかは、惜しみなく方法論を共有してくれている。

世界は、ソフトウェア業界にいる私たちがさらに進歩することを期待している。そしてこの業界の、**ソフトウェア開発職**に就いている全員が進歩し、お互い支え合わなければいけない。私たちは自己規制しなければいけない。そうしなければ、政府が立ち入って私たちを規制しないとは言い切れない。そうしたら世界はいっそう悲惨なことになる。

ある医師が命を救うことにつながる情報を別の病院の医師に渡さないというのは、倫理的ではない。ソフトウェア開発者にも同じことが言える。実際に私たちが行うことで命が救われることもあるし、それこそが私たちがもっとも共有すべきことなのだ。私たちが業界のプロ意識のレベルを上げれば、それは自分たちにも良い形で還元されるだろう。方法論、パターン、原則、プラクティス。これらは共有できる。企業秘密や独占情報は共有する必要はないのだ。

ソフトウェアはこれまでもこれからも未知なるものの世界にあり、絶え間ない技術的で実践的で理論的な進化の途中にある。

簡単な答えはここにはない。しかし私たちらしい独自のスキルを活用して、問題に対処してみよう。議論を公開して標準を共有するのだ。広い心で自分たちにとって重要なものを評価してみよう。

結局、健全な業界を作るには、健全な社会を作るのと同じように、私たち全員の参画が必要だ。メンバーにとってしか効果のない団体が多くある一方で、以前は想像

14.4 ソフトウェア職のスキルを高める | 251

だにしなかったやり方でソフトウェア開発を支える新しい団体が出現し始めている。オープンソースやクリエイティブ・コモンズのようなライセンス、GitHub[7]のようなツールによって、自由にツールやライブラリにアクセスできるようになっている。業界を変えるための基盤は**すでにある**のだ。それを使いたいと強く願うかどうかの問題だ。これは現実だ。

　開発者はどのようにして能力や技術を共有するのだろうか？　どのようにして効率的かつ効果的にお互いに学び合うのだろう？　開発者には、アイデアを共有しお互いに学ぶ場がもっと必要だ。学校には、もっと現実の問題に直結するカリキュラムが必要だ。そして専門家には、学習するために学校から出ていくための外の世界が必要だ。私たちは開発能力により高い価値を置かなければいけない。そして、ソフトウェア開発を、価値に応じた賃金を支払うことで有能な人たちを引き寄せ抱えておくことのできる専門的職業としなければいけない。

　私が「私たち」と言うときはソフトウェア業界にいるすべての人を指しているのだが、私たちは、ここ数十年で大きな進歩を遂げてきた。エクストリームプログラミングだけではなく、たとえばデザインパターンやソフトウェアクラフトマンシップムーブメント、クリーンコードムーブメントなど、そこまでエクストリームではないにしても多くのことを通じて、より保守可能なコードを書いてきた。そこで、私たちは何を学んでいるのだろうか？

　これらの情報すべてに互換性があるという事実は、明るい話題だ。設計の知恵はそれ自体を補強しており、その整合性は良い兆候だ。本書で触れたすべての原則とプラクティスも高い互換性があり、安価に保守や拡張ができるテストしやすいソフトウェアを作る手助けとなるものだ。これは、私たちがものごとを把握し始めていること、そして、よりコスト効率よくソフトウェアを作る方法を理解し始めていることを示している。

　ソフトウェアがようやく独自のものになりつつあり、私たちはその独自の教訓を学んでいる。私たちは、ソフトウェア開発のための効果的な方法を学び、手順どおりにやるだけの冗長なタスクを自動化し、全体で見たときの効率性を改善している。そうして私たちは、仕事の創造的側面に注目できるのだ。未来は明るくなりつつある。しかしまだ私たちは困難を脱してはいない。

　将来私たちは迫り来る災害のためにソフトウェアを非難したくなるかもしれない。

---

†7　GitHub, https://github.com

しかしこれは、タイタニックのリベットやスペースシャトルのタイルを非難している
ようなものだ。破損は発生する。壊れるのは大概いちばん弱いところだ。しかし話は
これだけではない。テスト駆動開発やペアリングなどの技術プラクティスは役に立
つ。しかしやはり、ソフトウェア開発には万能のやり方はないのだ。ときには、オブ
ジェクト指向プログラミングとテスト駆動開発を利用すべきでないこともある。

　結局これらは単なるツールなのだ。ツールが職業を定義するのではない。単に目的
を達成するための手段にすぎない。

　この世界の多くの問題は手続き型だ。階層型のものも多いが、そうでないものもあ
る。私たちには、階層型でも手続き型でもないものをモデル化するための方法が必要
だ。これをソフトウェア開発で行うためのパラダイムはいくつかある。本書ではまず
第一に、オブジェクト指向パラダイムにだけ注目した。しかしソフトウェア開発には
いろいろなパラダイムがあり、超並列コンピューティングの出現でさらに増加した。
しかし、もう一度言う。パラダイムもまた単なるツールだ。アジャイルは単なるツー
ルだ。そこで私はアジャイルやスクラムといった単語をやめて、こう言いたいのだ。

　**私たちはソフトウェア開発者だ。現在利用可能なツールを最大限に活用して、ソフトウェ
アを開発している。**

14.5　アジャイルの向こうへ

　アジャイルよりも良いものが現れたら、私は真っ先に飛びつくつもりだ。私は「ア
ジャイリスト」と呼ばれているが、自分の古いプラクティスを捨て去ったわけではな
い。いまだに若かりし頃に磨いたスキルを利用している。

　本書に書かれたことの大部分が主流になるまでには数年を要するだろう。しかしテ
スト駆動開発はとても有用であり、ソフトウェア開発の多くは**今やその方法で行われ
ている**。現在の私たちにとってのテスト駆動開発とは違うかもしれないし、ツールも
違えば言語も違うかもしれないが、コードが書かれるとすぐ独立して検証されるよう
なやり方がソフトウェア開発プロセスに組み込まれていくだろう。もしかしたらプロ
グラミング言語や IDE に組み込まれることもあるかもしれない。

　そうすることの利点は非常に大きいため、こういうやり方ですることは当然だろ
う。現在多くの開発者が行っているやり方でソフトウェアを作ることは、将来、現在
私たちが機械語でコードを書いている人たちを見るような目で見られるようになるだ
ろう。当然、やればできたことなのに、なぜ今までやろうとしなかったのだろうか？

バイナリスイッチをトグルして操作コードを入力するのは、多くの時間がかかる上につまらないプロセスだ。そういったもののためにコンパイラがあるのであって、人間ゆえに避けられないミスを捕まえるためにユニットテストがあるのだ。だが結論を言えば、ソフトウェアを作ることができるのは限られた人たちだけである。

　ソフトウェア開発は単純労働ではないので、多くのスキルと創造力がなければうまくできない。自分たちの作ったソフトウェアを改善したいと思うのであれば、基準を厳しくし、その基準を達成できる人たちへの報酬を増やすことが必要だ。そうすれば、うまく対処してくれる人が来てくれるだろう。私たちは何を望もうと自由だ。ソフトウェア開発に対してであれば、ほかの何に対してよりも当てはまる。ソフトウェアは純粋な思考で作られたプロダクトだ。思考が頭からまっすぐ出て、指先を通り、コンピューターに流れていくのだ。

　そしてすべてを動かす。

　銀行業、保険業、運送業、金融業、どの業種にいようと、あなたはソフトウェア業に従事している。ソフトウェアはあなたのビジネスを動かしている。まるでビジネスのすべてを動かしているかのようだ。ビジネスが作り出すソフトウェアは、結局は競争優位性のための「秘伝のタレ」だ。

　ソフトウェアはすべての中心にある。私たちの社会における**デウス・エクス・マキナ**[8] である。私たちを動かしたり止めたりもする。それゆえ私たちはみな、ソフトウェアが改善し、より価値が高まっていくのを目にできるという特権を持っているのだ。しかし今の私たちが作るソフトウェアは、私たちのリソースを十分に活用できていない。ここしばらくの私たちは、詳細で正確なモデルを作ることにあまり気を払わないように縛られてきた。私たちは、メモリの使用効率もよく高速に動作するモデルを作ることはできる。だが、ドメインを正確に理解しモデル化する方法をトレーニングされてこなかったために、私たちが作るソフトウェアは意図したとおりには動くものの再利用は困難というものになりがちだ。蓋を開けてみれば、ソフトウェアの生存期間において何度も再利用を重ねるというのに、だ。

　正確なモデルを作るのではなく近道をしようとすれば、私たちの理解は方向性を見失いがちだ。全体像を見失い「理由」を忘れたとき、すべてが機械的になり始める。

---

[8]　訳注：機械仕掛けの神。古代ギリシアの演劇において、劇の内容が錯綜してもつれた糸のように解決困難な局面に陥ったとき、絶対的な力を持つ存在（神）が現れ、混乱した状況に一石を投じて解決に導き、物語を収束させるという手法。https://ja.wikipedia.org/wiki/ デウス・エクス・マキナ

14.6　理解を体現する

　良いソフトウェアを作るための公式はどこにもない。今後もないだろう。良い本を書くため、良い曲を作るため、良い脚本を書くため、良い絵を描くための公式がないのと同じだ。従うことのできる指針、活かすことのできる技術、習得できる（そのあと破ることができる）法則、利用できるプラクティスがあるだけだ。

　これらはすべて単なるツールだ。ほかのものと同じように、結果がどうなるかはあなたが適用する技術や、ツールを**いかにうまく使いこなせるか**にかかっている。ツールが強力になればなるほど、適用を誤りがちになる。のこぎりよりチェーンソーのほうが多くの木を切れるが、自分自身を傷つけるのも簡単だ。物理的な暗喩にすぎないが、仮想のドメインにも当てはまる。ツールが強力になるほど、適用を誤りがちになる。だからこそ私たちは使うツールは慎重に扱わなければいけないし、上手に適用できているか確認しなければいけない。

　私たちは物理科学における莫大な数の飛躍的進歩の端にいる。現存する量子コンピューターは膨大な量のプロセッサをもたらしたが、新たな技術が登場すれば、それらの飛躍的進歩さえも小さく見えてしまうことになる。物理科学は比類なき割合で拡大していっている。だが、実践科学、つまりソフトウェア開発の世界では、私たちは行き詰まってしまっているかのように見える。相変わらず私たちは、過去半世紀にわたって行ってきた方法とほとんど同じやり方でソフトウェアを作っている。アセンブラ、コンパイラ、オブジェクト指向プログラミング言語でさえ、ソフトウェアの設計や開発の方法を根本的に変えることはできていないのだ。

　テスト駆動開発はソフトウェアの開発方法におけるもう1つの小さな変化を表しており、さらに多くの変化も起きそうだ。これらの新しい物理コンピューターを活用するには、さらに多くの変化が**必要になる**。ソフトウェアがハードウェアに遅れを取らないようにするには、指数関数的に成長していくことが必要だ。そしてそれは何よりも、現在と比較して桁違いに少ないエラー、そして桁違いに強い信頼性を意味するのだ。

　ソフトウェアにもっとも刺激的な未開拓分野はまだ訪れていない。今日の私たちが書くソフトウェアは、明日の基準においては初歩的だと見なされるだろう。天気をモデル化したり、それなりの水準の知能を持ったシステムを提供したりするといった、明らかに難しい問題を解くことは、現在のソフトウェア技術の届く範囲をはるかに超えている。

私が20代前半にこの業界で仕事を始めたばかりの頃、自分自身で考えるコンピューターがこの先たった数年で登場すると信じていたこともあった。今私たちは、自分たちがいるのはソフトウェアの最盛期ではないと認識している。私たちがいるのはソフトウェアの石器時代だ。だが私たちは急速に成長していて、ミニ・ルネサンス期に入ろうとしているところだ。人工知能のビジョンを実現するには、さらに50年あるいは500年かかるかもしれない。

私たちの業界の次なる一歩は、基盤を固め構築することだ。星に手を伸ばす前に、大地の上にしっかりと自分自身で立たなければいけない。ソフトウェアは今よりもはるかに信頼性を高めなければいけない。そしてそれを実現するためには、信頼性というものをもっと高く評価しなければいけない。新たに登場してくるコンピューターをプログラムして、難しい問題を解決するためには、今とはまったく違った形でソフトウェアを考え出して提供しなければいけない。だが、慌ててはいけない。それどころか、一歩戻って**理解する**ための効果的な手段に手を伸ばさなければいけない。それが良いソフトウェアのすることだ。

それが**理解を体現する**のだ。

14.7　成長する勇気

結果が期待したものにならなくても、私たちは同じことを繰り返し行ってしまいがちだ。愚かだからではない。未知なるものが、それほど恐ろしいのだ。恐れるにはそれなりの理由がある。無秩序に対処するのは難しいため、それがふさわしくなくても自分の知っていることに固執する傾向があるのだ。

しかし、まだ誰も見つけたことのない新しいものが発見されるのは、未知なるものの内側でだけだ。そこに至るには勇気がいる。勇気が偉大な思想家の最大の資質の1つであると考えるのは奇妙に思えるかもしれない。しかし実際にそうなのだ。勇気にはさまざまな形がある。『Passions and Prejudices』[19]の著者レオ・ロステンは、かつてこう言った。「恐れを知らない者が勇敢なのではない。なぜなら、想像し得るものに対峙する能力が勇気だからだ」と。想像が膨らむほど、大きな勇気が必要だ。

勇気は恐れを厭わないことだけではない。失敗だけでなく成功する可能性に対峙するにも勇気は必要だ。現状を脅かすものは何でも潜在意識のレベルでは恐ろしいのだ。恐怖に打ち勝つには、自分自身を説得するだけでは足りない。安心感を**獲得する**必要があるのだ。激励の言葉は助けになるだろう。しかし意識下の恐怖に対処しよ

うとするなら、潜在意識の言語で、つまりイメージや例えを用いて話をするほうがずっとましだ。

同じような状況で生き残れたときのことを思い出すことによって、心は恐怖を収めることができる。最悪のシナリオにおいては、私が心から怯え恐怖から逃れられないとき、ただ恐怖を受け止め、とにかくやろうとしていたことをやる。恐怖は防御装置だ。恐怖が私たちに伝えるメッセージを尊重すれば、私たちは麻痺をやわらげることができる。

私たちは正しい方法を選択する勇気を持っていたい。なぜそれが重要なのかは私たち自身の理解に大きくかかっている。正直なところ、経験のあるソフトウェア開発者に9つのプラクティスを教えるのには、数時間もあれば十分だろう。すべて書き起こしたとしても10ページ程度だろう。しかし何をすべきか知るだけでは足りない。私たちが知るべきは、**いつやるか**、**どうやるか**、そしてもっとも大切なのは、**なぜやるか**だ。

私たちはソフトウェアの性質を理解することが必要だ。一度やれば、つまりそういったものが私たちにとって疑う余地のないものになれば、この世のほかのものと同じくらい常識的になるだろうし、まったく怖いものではなくなっていくはずだ。

マネジメント側がソフトウェア開発チームに勇気を強いることはできない。チームから生まれるものなのだ。開発者それぞれが、それらのプラクティスが義務ではなしに、より良いソフトウェアを作るための自分たちの助けとなるのだと理解することから生まれるものなのだ。私が知る限り、これらのプラクティスをうまくやっているチームのほとんどが、そのプラクティスの実施を自分たちで自然に決めていた。「これをやりたいんだけど」とマネジメントに対して言っていて、言われてやるようなことはなかった。

これらのプラクティスの背後にある原則を本当に理解すれば、それらは大した負担ではないし、私たちのスピードを大幅に落とすものでもないのだ。私が知っている優れた開発者たちは、保守性の非常に高い、「CLEAN」なコードを、私が今まで出会った誰よりも速く書く。

私たちは創造的な努力の結実を誇りに思うように、あとで自慢に思えるようなやり方でソフトウェアを作りたい。速いほうが安いというイメージを払拭したい。グッドプラクティスに注意を払わなければ、短期的には速く見えるかもしれない。しかしそれでは、自分たちが考えていたよりも早く、砂上の楼閣がぐらりと倒れてしまうだろう。そして私たちの背後にある膨大な失敗の記録を見るには、本書の冒頭を見ること

が必要だ。私たちの業界は失敗が成功のスピードをはるかに上回っているが、そうである必要はないのだ。私たちの顧客はますます洗練されてきている。アルファテスターであることを我慢しなくなり、私たちのソフトウェアをテストするという「特権」のためにお金を払わなければいけなくなるだろう。

　私が言っているのは、一歩下がって自分たちが何をしているのか考えてみようということだ。ソフトウェアを作るのは複雑な活動だ。しかし、自分たちが何を、どのように、なぜやっているのか考える時間を増やせば増やすほど、より良い仕事をすることにもっと集中できるようになるだろう。そしてそれは、不完全であることを受け入れ、新しいプラクティスを試す勇気を持つことから始まるのだ。

　本書で話してきたすべてのことが、あなた方がより良いソフトウェアを作る助けになるよう、私は心から望んでいる。しかしまた同時に、これらのアイデアがより良いものに取って替わられることも望んでいる。それこそが変化の本質であり、私たちが今挑戦していることだ。それは、私たちが現在持っているものを少し良いものに取り替える。そしてそれこそが次の一歩だ。

　私は、世界の最大級規模の組織がソフトウェアを開発するのをいくつも見てきた。いくつかのフォーチュン500の企業を含む、多くの企業と仕事をしてきた。IBMやマイクロソフト、ヤフーでのソフトウェア開発のやり方を知っている。なぜなら、それらの企業で働く何千という開発者をトレーニングして、本書で扱ってきたようなプラクティスを身に付けさせるという仕事をしてきたからだ。これらのプラクティスが現場でうまくいくのを目の当たりにしてきたのだ。

　しかし、車輪の再発明に心を注いで組織が死んでいるのもよく目にする。ソフトウェア開発において広く実践されている標準がほとんどないのだ。開発者は共通のプログラミング言語は知っている。しかし共通の設計方法だとか、共通の美学とか、どうやって機能を作るかその共通のゴールでさえ、共有できているとも限らないのだ。私たちの「良いソフトウェア」の定義はバラバラなのだ。

　それはまるで、全員が異なるパズルのピースを見つけ出したかのようだ。私は顧客に教えてもらった成功するテクニックをほかの人たちに共有しようと努めている。コンサルタントでいることの素晴らしい点の1つがこれだ。私は顧客から学べるのだ。

　問題解決にはさまざまな方法があるというのが、私が学んできたことだ。人が問題のことを考え解決する方法はそれぞれだ。人間が持つ考え方の幅広さは驚くべきものだ。どの方法が正しいのだろう？

　すべてだ！

それぞれの方法にはそれぞれのメリットがある。それを詳しく調べることで、ほかの問題にも適用可能なツールやテクニックを少しずつ拾い集めることができるのだ。

ソフトウェアにはどれをやれば正解か教えてくれる「彼ら」はいない。それでもやはり、私たちはそれを見つけ出そうとしている。新しい働き方をしているとわかっているのは、とても刺激的だ。しかし絶えず新しい道を切り開かなければいけないとすると、いらだたしくもなるだろう。すべての人が開発者や探検家に向いているわけではないのだ。マゼランとルイスとクラークに感謝しよう。ケント・ベックとウォード・カニンガムに感謝しよう。

ソフトウェアの作り方がわかっている人はいる。何分の 1 かのわずかなコストで作ってしまうだけでなく、成功率も高い。この例が私たちに教えてくれるのは、ソフトウェアを作るにはより良いやり方があるということだ。私たちが学んでいることが、私たちの頭の中にある従来の品質のモデルを変化させる。それは一般通例の前ではすぐに飛んでいってしまうが、同時に、私たち自身や周囲の世界へのより深い理解を垣間見せてくれる。

産業革命は私たちに大規模製造を与え、私たちに一貫性と適合性をもたらした。現在は情報革命が始まっており、そこでは今までと完全に異なるやり方が求められている。この革命は私たちの周りにあり、過去の考え方とは根本的に異なる方法で考えることを要求したり、実利主義的な前世紀のやり方のほぼ正反対の位置に置かれた価値を強調したりしている。一貫性と適合性の代わりに、個人性とイノベーションをもたらしている。

参考文献

[1] Ken Schwaber and Mike Beedle. Agile Software Development with Scrum. Prentice Hall, Englewood Cliffs, NJ, 2001.
邦訳『アジャイルソフトウェア開発スクラム』今野睦、長瀬嘉秀（監訳）、スクラムエバンジェリストグループ（訳）、ピアソンエデュケーション

[2] Malcolm Gladwell. Outliers: The Story of Success. Little, Brown and Company, New York, NY, USA, 2008.
邦訳『天才！成功する人々の法則』勝間和代（翻訳）、講談社

[3] Bertrand Meyer. Object-Oriented Software Construction. Prentice Hall, Englewood Cliffs, NJ, Second edition, 1997.
邦訳『オブジェクト指向入門 第2版 原則・コンセプト』酒匂寛（訳）翔泳社、『オブジェクト指向入門 第2版 方法論・実践』酒匂寛（訳）、翔泳社

[4] Mike Cohn. User Stories Applied: For Agile Software Development. AddisonWesley Professional, Boston, MA, 2004.

[5] Frederick P. Brooks Jr. The Mythical Man-Month: Essays on Software Engineering. Addison-Wesley, Reading, MA, Anniversary, 1995.
邦訳『人月の神話』富澤昇、滝沢徹、牧野祐子（訳）、丸善出版

260 | 参考文献

[6] James Shore and Shane Warden. The Art of Agile Development. O'Reilly & Associates, Inc., Sebastopol, CA, 2007.
邦訳『アート・オブ・アジャイル デベロップメント ―組織を成功に導くエクストリームプログラミング』木下史彦、平鍋健児（監訳）、笹井崇司（訳）、オライリー・ジャパン

[7] Kent Beck. Extreme Programming Explained: Embrace Change. AddisonWesley Longman, Reading, MA, 2000.
邦訳『エクストリームプログラミング』角征典（訳）、オーム社

[8] Laurie Williams and Robert Kessler. Pair Programming Illuminated. AddisonWesley, Reading, MA, 2002.
邦訳『ペアプログラミング―エンジニアとしての指南書』長瀬嘉秀、今野睦（監訳）、テクノロジックアート（訳）、ピアソンエデュケーション

[9] Scott Bain. Emergent Design: The Evolutionary Nature of Professional Software Development. Addison-Wesley, Reading, MA, 2008.

[10] Erich Gamma, Richard Helm, Ralph Johnson, and John Vlissides. Design Patterns: Elements of Reusable Object-Oriented Software. Addison-Wesley, Reading, MA, 1995.
邦訳『オブジェクト指向における再利用のためのデザインパターン』本位田真一、吉田和樹（監訳）、ソフトバンククリエイティブ

[11] Martin Fowler, Kent Beck, John Brant, William Opdyke, and Don Roberts. Refactoring: Improving the Design of Existing Code. Addison-Wesley, Reading, MA, 1999.
邦訳『新装版 リファクタリング―既存のコードを安全に改善する』児玉公信、友野晶夫、平澤章、梅澤真史（訳）、オーム社

[12] Kent Beck. Test Driven Development: By Example. Addison-Wesley, Reading, MA, 2002.
邦訳『テスト駆動開発』和田卓人（訳）、オーム社

[13] Ken Pugh. Lean-Agile Acceptance Test-Driven Development: Better Software Through Collaboration. Addison-Wesley, Reading, MA, 2011.

[14] Gojko Adžić. Specification by Example. Manning Publications Co., Greenwich, CT, 2011.

[15] Capers Jones. Patterns of Software System Failure and Success. Intl Thomson Computer Pr (Sd), London, UK, 1995.
邦訳『ソフトウェアの成功と失敗』伊土誠一、富野壽（監訳）、共立出版

[16] Michael Feathers. Working Effectively with Legacy Code. Prentice Hall, Englewood Cliffs, NJ, 2004.
邦訳『レガシーコード改善ガイド』ウルシステムズ株式会社（監訳）平澤章、越智典子、稲葉信之、田村友彦、小堀真義（訳）、翔泳社

[17] Ken Pugh. Prefactoring. O'Reilly & Associates, Inc., Sebastopol, CA, 2005.
邦訳『プレファクタリング ―リファクタリング軽減のための新設計』木下哲也、福龍興業（訳）オライリー・ジャパン

[18] Daniel Brolund and Ola Ellnestam. The Mikado Method, Manning Publications Co., Greenwich, CT, 2012.

[19] Leo Rosten. Passions and Prejudices. McGraw-Hill, Emeryville, CA, 1978.

索 引

数字

2回めは適切にやる 233
3つの状態、開発者 16
5つのプラクティス
　持続可能なコード 208
7つの戦略
　アジャイルインフラストラクチャー 113
　受け入れテスト 176
　クリーンコード 217
　コード品質を上げる 156
　ストーリー 76, 101
　創発設計 216
　ソフトウェア開発計測 99
　テストを仕様にする 200
　バグ修正 202
　ファクタリングの時期 236
　プロダクトオーナー 74
　ペアプログラミング 136
　保守しやすいコード 158
　ユニットテスト 177
　リスクを減らす 115
　リファクタリング 234, 236
　レトロスペクティブ 138
9つのプラクティス 59

C

CHAOS レポート 22
CLEAN コード 141, 154

D

DRY 152

M

MMF 83, 93

Q

QA 12
　QA テスト 163, 165
　QA プロセス 247

S

SME 74

T

TDD 161

あ行

アウトサイドインプログラミング 147
アサーション 194, 195
アジャイル 35, 42
　アジャイルインフラストラクチャー、7つの戦略
　　................................. 113
　アジャイルマニフェスト 37
　実践 38
生きた仕様 195, 201
依存性 75, 207
　依存関係を最小に 102
　依存性注入 228
イテレーション 39

意図によるプログラミング 211
インサイドアウトプログラミング 147
インスタンス化 144, 213
インスタンス変数 49
インターフェイス 145, 146
インラインコード 207
ウォーターフォール 7, 10
　プロダクトオーナー付き 39
受け入れ基準 102
　自動化 73, 176
受け入れテスト 72, 162
　7つの戦略 176
ウソ 80
エクストリームプログラミング 120, 123, 133, 241
エンドツーエンドのテスト 166
オープン・クローズドの原則 52, 231
オフィスレイアウト 121
オブジェクト 144, 207
　オブジェクトセラピー 150
　権威的 150
オブジェクト指向
　言語 146
　設計 216
　プログラミング 143, 241

か行

開発
　開発とテストの分離 11
　開発プラクティス 217
　コスト 115
開発者、3つの状態 16
会話の約束 85
仮説 168
カプセル化 146, 153, 219
　カプセル化の欠如 206
神 API 145
完成の定義 99
カンバン 97
完了／完了の完了／完了の完了の完了 107
技術的卓越性 43
技術的負債 155, 224

既知と未知の分離 87
機能
　機能追加 27
　機能テスト 165
キャズム 42
キャンセル、プロジェクト 26
キュービクルの壁 121
凝集性 142, 153
協働 122
共同体空間 122
クラスの整頓 209
クリーニング対コーディング 209
クリーンコード、7つの戦略 217
グリーン 182
クリップボードから継承 152
計測、7つの戦略 99
継続的
　継続的インテグレーション 105
　継続的結合 113, 115
　継続的デプロイ 107
ケイデンスの予測プロセス 83
欠陥検出／欠陥密度 100
結合 111
　結合テスト 163
　結合度が低い 153
ゲッター 186
言語 189
検証 116
　検証可能なふるまい 60
原則 53, 54
公式とレシピ 11
コーディング対クリーニング 209
コード
　コードカバレッジ 197
　コード品質 153, 155, 156, 217
　コード変更 27, 58, 206, 225
　コードレビュー 133
　死んだコード 208
　つなぎ目 145
　読むため 210
顧客価値 100

顧客テスト 162	スタンディッシュグループ 21
コスト、失敗 30	スタンディッシュレポート、誤り 24
コミュニケーションと協働 122	ストーリー 69, 85, 93
コンストラクター 191	7つの戦略 76, 101
コンポーネントテスト 165	ストーリー分割 83
コンポジション 144	タスクに分解 94
	ストラングラーパターン 229
さ行	ストロングスタイルペアリング 129
最小市場化可能機能セット（MMF）................ 83, 93	スパイク 130
時間、鉄の三角形 82	スプリント 39
時限爆弾 226	生成と利用を分離 213
持続可能	セーフティネット 199
開発 208	セキュリティテスト 165
5つのプラクティス 208	設計
実装 146	ウォーターフォール 8
ウォーターフォール 8	再設計 235
失敗 25	設計方法論 197
CHAOSレポート 22	設計を最後に 200
コスト 30	設計書 16
レシピ 24	センサー 168
質問に応える 75	層 143
自動化されたテスト 73	創発設計 215
自動ビルド 114	7つの戦略 216
シナリオテスト 165	疎結合 144, 145
ジャストインタイム 36	ソフトウェア
ジャストインタイム設計 215	ソフトウェア開発計測、7つの戦略 99
シャドーイング 125	ソフトウェア考古学 6
守 50	よいソフトウェア 57
柔軟 81, 205	ライフサイクル 6
守破離 50	
循環複雑度 212	**た行**
仕様、テスト 195	第一原理 52, 53
冗長でない 151, 153	対応／予測 56
地雷 226	タイムボックス 38, 132
素人業界 17	外側 95
死んだコード 208	タスク 94
スウォーミング 131	タスクに分解 97
スコープ 82	小さなタスク 85
管理 96	単一の責任 142
スコープを箱に収める 39	単一責務の原則 52
スタブアウト 183, 185, 189	断定的 149, 153

抽象 212	
抽象クラス 145	
抽象化 208	
抽象化によるブランチ 230	
抽象化レベル 143	
使われない機能 29	
つなぎ目 145	
デウス・エクス・マキナ 253	
デザインパターン 216	
テスト 161	
一意 197	
ウォーターフォール 9	
受け入れテスト 72, 162	
エンドツーエンドのテスト 166	
結合テスト 163	
コンポーネントテスト 165	
セキュリティテスト 165	
重複 194	
追加 226	
テスト可能なコード 114, 171	
テストでカバー 197	
テストと開発の分離 11	
テストに感染する 175	
テストを仕様にする 195, 200	
テストを文書のように扱う 200	
ピンニングテスト 228	
モジュールだけテスト 109	
良いテスト 167	
テストカバレッジ 198	
テストカバレッジを維持 114	
テスト駆動開発 161, 170, 173, 174, 216	
テストファースト 167, 175, 183	
鉄の三角形 82	
統合 88	
ウォーターフォール 8	
ドキュメンテーション、辛うじて十分な 70	
ドメインモデル 147	
トヨタ 36	
ドライバー 126, 136	
ドラゴン 15	
ドルコスト平均法 55	

な行

内部品質 58
ナビゲーター 126, 136
名前 189
　名前の更新 208

は行

破 51
バージョン管理 113
バグ 198
バグ修正 28
　7つの戦略 202
バックログ、並べ替え 94
パッチ 79, 88
ハッピーパス 72, 184
バディプログラミング 130
パフォーマンステスト 165
ヒポクラテスの誓い 18
ビルド
　高速化 90
　壊れた 114
　自動化 109, 113
　動作する 111
　速くする 109
ビルドサーバー 106
ピンニングテスト 228
ファクタリングの時期、7つの戦略 236
フィーチャーフラグ 112
フィードバック 92
　フィードバックサイクル 88
　フィードバックループの効率計測 101
複雑さ 29
ブランチを避ける 115
ふりかえり 134
　実装 149, 188, 190
　単位 169
　テスト 201
　モデル 51
プレースホルダー 76
プレファクタリング 227
プロジェクト、キャンセル／失敗 25, 26

プロセス 12, 13, 14, 83
プロダクトオーナー 67
　7つの戦略 74
　ウォーターフォール 39
分割 87
ペアプログラミング 123, 124, 126, 127, 133, 134
　7つの戦略 136
平行遊び 119
ベスト・キッド 50
ヘルパーメソッド 200
ベロシティ 155
　計測しない 99
変更
　変更できるコード 58
　変更しやすさ 205, 232
　変更できないコード 27
　変更不可能、ウォーターフォール 10
保守
　ウォーターフォール 9
　保守しやすいコード、7つの戦略 158
ポストモーテム 134
ポリモーフィズム 214, 219

ま行

マネジメント 14
未知 87
密結合 145
ミッションクリティカル 152
見積り 16
無駄をなくす 36
メソッドシグネチャ 149
メンター／メンティー 135
モジュールだけテスト 109
モック 112, 199, 201
モブ 131
問題ドメイン 65

や行

やり方 64, 65
ユニット 169
ユニットテスト 109, 163, 166, 168, 174, 199
　7つの戦略 177
要求 85
　ウォーターフォール 8
予測／対応 56
呼び出し側の視点で設計 149

ら行

ランダムペアリング 129
離 51
リーン 36
リスク 115
理想時間 95
リソース 82
リファクタ 182
リファクタリング
　........ 75, 170, 177, 217, 221, 227, 228, 230, 231, 234
　7つの戦略 234
　変更しやすさ 232
リリース 107
　リリース可能 112
　リリースサイクル 83
例外のスロー 189, 190, 191
レガシーコード 5, 225
レシピと公式 11
レッド 182
レトロスペクティブ 133
　7つの戦略 138

わ行

ワークフローテスト 199, 201
ワックスオン、ワックスオフ 50

● 著者紹介

David Scott Bernstein（デビッド・スコット・バーンスタイン）
IBM、Microsoft、Yahoo を含む何百もの会社の何千人もの開発者とソフトウェアを
作る情熱を共有してきた。彼の会社 To Be Agile 社は、テストファースト開発、ペア
プログラミング、リファクタリングといったエクストリームプログラミングのプラク
ティスをチームに適用するのを助けている。

● 訳者紹介

吉羽 龍太郎（よしば りゅうたろう）
株式会社アトラクタ Founder 兼 CTO / アジャイルコーチ。アジャイル開発、
DevOps、クラウドコンピューティングを中心としたコンサルティングやトレーニ
ングに従事。野村総合研究所、Amazon Web Services などを経て現職。認定チーム
コーチ（CTC）/ 認定スクラムプロフェッショナル（CSP）/ 認定スクラムマスター
（CSM）/ 認定スクラムプロダクトオーナー（CSPO）。 Microsoft MVP for Azure。
青山学院大学非常勤講師（2017 ～）。著書に『SCRUM BOOT CAMP THE BOOK』
（翔泳社）、『業務システム クラウド移行の定石』（日経 BP 社）など、訳書に『カン
バン仕事術』（オライリー・ジャパン）、『ジョイ・インク』（翔泳社）など多数。
Twitter：@ryuzee　ブログ：https://www.ryuzee.com/

永瀬 美穂（ながせ みほ）
株式会社アトラクタ Founder 兼 CBO / アジャイルコーチ。受託開発の現場でソフ
トウェアエンジニア、所属組織のマネージャーとしてアジャイルを導入し実践。ア
ジャイル開発の導入支援、教育研修、コーチングをしながら、大学教育とコミュニ
ティ活動にも力を入れている。産業技術大学院大学特任准教授、東京工業大学、筑波
大学非常勤講師。一般社団法人スクラムギャザリング東京実行委員会理事。著書に
『SCRUM BOOT CAMP THE BOOK』（翔泳社）、訳書に『アジャイルコーチング』
（オーム社）、『ジョイ・インク』（翔泳社）。
Twitter：@miholovesq　ブログ：https://miholovesq.hatenablog.com/

原田 騎郎（はらだ きろう）

株式会社アトラクタ Founder 兼 CEO / アジャイルコーチ。アジャイルコーチ、ドメインモデラー、サプライチェーンコンサルタント。Scrum@Scale Trainer / 認定スクラムプロフェッショナル（CSP）。外資系消費財メーカーの研究開発を経て、2004年よりスクラムによる開発を実践。ソフトウェアのユーザーの業務、ソフトウェア開発・運用の業務の両方を、より楽に安全にする改善に取り組んでいる。訳書に『カンバン仕事術』（オライリー・ジャパン）、『ジョイ・インク』（翔泳社）、『スクラム現場ガイド』（マイナビ出版）、『Software in 30 Days』（KADOKAWA/ アスキー・メディアワークス）。

Twitter：@haradakiro

有野 雅士（ありの まさし）

株式会社アトラクタ アジャイルコーチ。アジャイル開発、DevOps、クラウドコンピューティングのコンサルティングやコーチを行っている。認定スクラムプロフェッショナル（CSP）/ 認定スクラムマスター（CSM）/ 認定スクラムプロダクトオーナー（CSPO）。一般社団法人スクラムギャザリング東京実行委員会理事（2016 〜）。

Twitter：@inda_re

レガシーコードからの脱却
―― ソフトウェアの寿命を延ばし価値を高める 9 つのプラクティス

2019 年 9 月 17 日　初版第 1 刷発行
2020 年 9 月 18 日　初版第 4 刷発行

著　　　　者　David Scott Bernstein（デビッド・スコット・バーンスタイン）
訳　　　　者　吉羽 龍太郎（よしば りゅうたろう）、永瀬 美穂（ながせ みほ）、
　　　　　　　原田 騎郎（はらだ きろう）、有野 雅士（ありの まさし）
発　行　人　ティム・オライリー
制　　　作　株式会社トップスタジオ
印 刷・製 本　株式会社平河工業社
発　行　所　株式会社オライリー・ジャパン
　　　　　　　〒 160-0002　東京都新宿区四谷坂町 12 番 22 号
　　　　　　　Tel　（03）3356-5227
　　　　　　　Fax　（03）3356-5263
　　　　　　　電子メール　japan@oreilly.co.jp
発　売　元　株式会社オーム社
　　　　　　　〒 101-8460　東京都千代田区神田錦町 3-1
　　　　　　　Tel　（03）3233-0641（代表）
　　　　　　　Fax　（03）3233-3440

Printed in Japan（ISBN978-4-87311-886-4）
乱丁、落丁の際はお取り替えいたします。

本書は著作権上の保護を受けています。本書の一部あるいは全部について、株式会社オライリー・ジャパンから文書による許諾を得ずに、いかなる方法においても無断で複写、複製することは禁じられています。